思科系列丛书之 Packet Tracer 经典案例篇

Packet Tracer 经典案例之路由交换综合篇

刘彩凤　编著

電子工業出版社
Publishing House of Electronics Industry
北京 • BEIJING

内 容 简 介

本书基于 Cisco Packet Tracer 开发出 14 个典型、实用、综合，且富有趣味性和挑战性的项目案例，旨在帮助读者提高网络规划与设计及项目实施能力。全书共 10 章，主要内容包括构建企业分支网络、搭建交换式企业网络、升级企业无线网络、规划数据中心网络、部署公司语音网络、搭建安全企业网络、实施 IPv6 分支网络、改造高可用性网络、连接家庭企业网络、综合项目拓展训练。本书最大特色是：案例设计，汇工程项目于教学；案例取材，集精品项目于一体；案例表现，融网络技术于生活。

本书既可作为思科网络技术学院的实验教材，也可作为电子和计算机等专业的网络集成类课程的教材或实验指导书，还可作为计算机网络技能大赛的实训教材，同时也是一本网络工程师和网络规划师在工作和学习中不可多得的参考书。

图书在版编目（CIP）数据

Packet Tracer 经典案例之路由交换综合篇 / 刘彩凤编著. —北京：电子工业出版社，2020.1
（思科系列丛书. Packet Tracer 经典案例篇）

ISBN 978-7-121-37686-3

Ⅰ. ①P…　Ⅱ. ①刘…　Ⅲ. ①计算机网络－网络设备－教学软件－高等学校－教材　Ⅳ. ①TP393

中国版本图书馆 CIP 数据核字 (2019) 第 242908 号

责任编辑：宋　梅
印　　刷：北京天宇星印刷厂
装　　订：北京天宇星印刷厂
出版发行：电子工业出版社
　　　　　北京市海淀区万寿路 173 信箱　邮编　100036
开　　本：787×980　1/16　印张：24.25　字数：559 千字
版　　次：2020 年 1 月第 1 版
印　　次：2021 年 3 月第 2 次印刷
定　　价：88.00 元

凡所购买电子工业出版社图书有缺损问题，请向购买书店调换。若书店售缺，请与本社发行部联系，联系及邮购电话：（010）88254888，88258888。

质量投诉请发邮件至 zlts@phei.com.cn，盗版侵权举报请发邮件至 dbqq@phei.com.cn。

本书咨询联系方式：mariams@phei.com.cn。

序　言

Packet Tracer 是 Cisco 公司为思科网络技术学院开发的一款模拟软件，可模拟各种网络及通信设备。该工具的主要优势是提供了各种可模拟真实网络的网络组件，然后通过互连这些网络组件创建网络拓扑。自从该工具问世以来，随着软件版本的不断升级和功能的不断扩展，越来越得到包括思科网络技术学院教师和学生在内的广大用户的认可，目前，已成为网络学习者的首选学习工具。

随着 Packet Tracer 功能的不断扩展以及所支持的网络设备类型的增加，广大用户急需相关的学习和使用指导资料。烟台职业学院的刘彩凤老师根据自己多年来对 Packet Tracer 工具的不懈探索与钻研，于 2017 年 6 月出版了《Packet Tracer 经典案例之路由交换入门篇》，该书出版发行两年来，被各类院校的网络专业师生广泛采用，深受读者的认可和喜爱。

本书作为《Packet Tracer 经典案例之路由交换入门篇》的姊妹篇，继承了前作的特点，以案例的形式，讲解 Packet Tracer 各项功能和使用方法。使用过 Packet Tracer 的读者应该会注意到，随着每个 Packet Tracer 新版本的发布，软件包中都会包含一些示例文件，用于向用户说明新增功能的使用方法。但是这些示例文件的拓扑比较简单，缺乏综合各项功能的集成应用案例，而刘彩凤老师的这套丛书正好弥补了这一缺陷。刘彩凤老师精心设计了每个案例，力求实用并兼顾趣味性和挑战性。有些案例来源于实际工程项目，读者在学习过程中，不但能掌握 Packet Tracer 的各项功能，而且可使读者有机会了解实际环境中网络的设计方法，启发其思考，激发其创新灵感。

本书的案例丰富多彩，在设计案例的过程中，作者根据不同的专题，循序渐进、由浅入深。不仅涵盖了思科网络技术学院网络课程的所有实验内容，而且还包括现实网络环境中的语音、宽带（光纤）接入、数据中心、通信网络等多项网络技术。在网络教学过程中，由于成本原因，使用真实的硬件设备设计大型网络通常是不可行的，而 Packet Tracer 模拟工具可被用来完成复杂的大型网络设计工作。凭借多年的 Packet Tracer 教学实践经验，刘彩凤老师非常擅长运用 Packet Tracer 工具设计大型网络拓扑，并将网络课程中所涉及的各项技术融入大型网络案例中，充分发挥 Packet Tracer 模拟工具的优势，这些设计独特的案例无一不是作者多年教学经验的结晶。

在思科网络技术学院的教学交流活动中我们经常能看到刘彩凤老师的身影，尤其是她向思科网络技术学院师生们分享的自己在 Packet Tracer 使用和教学方面的心得体会，深受广大师生的欢迎。刘彩凤老师在思科公司举办的各项网络比赛中接连获奖，特别是 2013 年，刘彩凤老师基于 Packet Tracer 开发的教学资源“Skills Challenge”获得思科网络技术学院全球教师教学资源设计竞赛（GIR Contest）第一名，为中国的思科网络技术学院的老师赢得了荣誉，同时也证明了刘彩凤老师在 Packet Tracer 模拟工具的运用及开发方面的强大实力。

本书是刘彩凤老师的又一项重要成果。我作为思科网络技术学院项目的见证者、参与者和推动者，向刘彩凤老师和她的家人、为本书校验做出贡献的师生们，以及电子工业出版社有限公司的宋梅老师表示由衷的感谢。希望广大思科网络技术学院的教师和学生能够从这套丛书中充分汲取营养，使这套丛书能够发挥最大效益。

最后祝愿刘彩凤老师再接再厉，继续为读者奉献更多的好书！

李涤非

思科公司大中华区思科网络技术学院技术经理

2019 年 9 月 30 日

前　言

2017 年，《Packet Tracer 经典案例之路由交换入门篇》问世。该书出版发行两年来，被各类院校广泛使用。现应读者的强烈要求，再出一部综合篇，用于网络实训和备赛训练。为了不辜负大家的厚爱，我一直在着手准备新书出版工作，但由于教学工作繁重，家庭事务缠身，加上 Packet Tracer 版本升级，都给本书按时完稿带来一定困难。本书定稿前经过了两轮教学实践，并在教学中不断修改完善。2018 年寒假，在第一轮教学实践的基础上，初稿编写工作终于完成；2019 年春季学期，初稿又经过新一轮教学实践；2019 年暑假，我和我的学生团队封闭一个多月对书稿进行了修改、完善，终于在暑假结束之前，使其定稿，完成了历时两年的编写工作。

本书目标

本书基于 Cisco Packet Tracer 开发了切合实际的综合性项目案例，其目标是培养读者的网络规划与设计能力，让读者能够综合应用所学网络技术，完成项目实施，成为一名合格的网络工程师，进而打造“互联网+”时代的网络技术精英。

内容组织

案例设计遵循认知规律，由简至繁，由易至难，从 IPv4 到 IPv6，从简单需求到复杂需求，从传统技术到新兴技术。全书共 10 章，各章简要内容如下。

第 1 章　构建企业分支网络：本章案例以学校、企业网络互连互通为项目背景，应用 VLAN 间路由、SSH、口令加密、静态路由、RIPv2、路由重分布、NAT 和 GRE VPN 等技术。

第 2 章　搭建交换式企业网络：本章案例以公司总部与分部网络互连互通为项目背景，应用 PVST、VTP、HSRP、DHCP、PPP、软件防火墙、标准 ACL、扩展 ACL 等技术。

第 3 章　升级企业无线网络：本章案例以多分支企业网络互连互通为项目背景，应用 WLC（无线控制器）及 Fit AP 来规划 WLAN，还涉及 OSPF 和 EtherChannel 等技术。

第 4 章　规划数据中心网络：本章案例以数据中心网络为项目背景，特色是配置服务器集群，如 EMAIL、WEB 和 DNS 等，应用 DHCP Snooping、BPDU 和根防护、PPPoE 以及 Easy VPN 等技术。

第 5 章　部署公司语音网络：本章案例以 IT 服务外包公司对外提供技术服务为项目背景，引入 IP 语音电话服务和 3G/4G 通信服务，应用登录横幅、BGP 以及 IEEE 802.1x 认证等技术。

第 6 章　搭建安全企业网络：本章案例以 XQ 公司为 FFY 公司提供安全云服务为项目背景，引入硬件防火墙实现流控策略，应用 OSPF 认证、CHAP 认证以及 IPSec VPN 等技术。

第 7 章　实施 IPv6 分支网络：本章案例以 IPv6 网络的规划与部署为项目背景，实现两个 IPv6 网络穿越 IPv4 网络互通，应用 OSPFv3、EIGRP for IPv6 以及 IPv6 ACL 等技术。

第 8 章　改造高可用性网络：本章案例以在 IPv4 网络基础上部署 IPv6 网络为项目背景，采用双协议栈，既可采用 IPv4 通信又可采用 IPv6 通信，应用端口安全、SVI、Log 日志、OSPFv2、OSPFv3 以及 IPv6 路由重分布等技术。

第 9 章　连接家庭企业网络：本章案例以 Bosea 公司企业网络以及 Bob 和 Angela 的家庭网络互连互通为项目背景，体现"三网融合"，应用 EIGRP、RIPng、PAP 认证、无线 MAC 地址过滤、WPA2 加密、ADSL 以及 HFC 接入等技术。

第 10 章　综合项目拓展训练：本章通过 5 个综合案例，让读者打开思维，拓宽视野，发挥其丰富的想象空间来完善网络拓扑，进一步提升网络规划与设计能力，应用 OSPF 特殊区域、GRE over IPSec 等技术拓展网络。

本书特色

案例内容丰富、典型、实用、综合、精湛，且富有趣味性和挑战性；案例设计力求创新，设计思路循序渐进，环环相扣；案例形式新颖活泼而不失严谨务实，内容简洁清晰而不失深刻厚重，让读者在仿真环境中快乐学习，启发思考，激发灵感。

案例设计，汇工程项目于教学

风格独特，类型多样。有单网卡设备，也有双网卡设备；有单电源设备，也有双电源设备；有 GRE VPN 和 Easy VPN，也有 IPSec VPN；有 IPv4 网络，也有 IPv6 网络；有有线网络，也有无线网络；有小规模网络，也有大规模网络；有对可靠性要求较高的网络，也有对安全性要求较高的网络；有 IP 语音网络和数据中心网络，也有 3G/4G 通信网络；有家庭网络和企业网络，也有运营商网络；有 ADSL 接入网络和 HFC 接入网络，也有光纤接入网络。

案例取材，集精品项目于一体

多方选材，布局合理。有学生期末设计精品案例改编，如第 4 章 规划数据中心网络；有全国大学生网络规划和设计大赛获奖作品改编，如第 5 章 部署语音网络；有思科网络技术学院全球教师教学资源设计大赛获奖作品改编，如第 9 章 连接家庭企业网络；有思科网络技术学院亚太区教师教学案例设计大赛获奖作品改编，如第 10 章 综合项目拓展训练；有来自课堂的实训项目；有来自比赛的训练项目；也有来自企业的真实项目。

案例表现，融网络技术于生活

贴近实际，易教乐学。把枯燥知识生活化和故事化，借助趣味案例，让读者感到学习的乐趣。有 ZHJQ 公司投资的校企网络；有 LTHB 公司的交换式企业网络；有 HMR 水产公司的多分支企业网络；有 HY 担任项目经理的数据中心网络；有创新未来科技公司部署的 IP 电话网络和 3G/4G 网络；有 XQ 公司提供的安全云服务网络；有 FQHR 公司部署的 IPv6 网络；有 YFF

项目助理模拟实施的 IPv4 网络和 IPv6 网络；有 Bosea 公司的企业网络、Rechie 和 Angela 的家庭网络。

读者对象

本书既可作为思科网络技术学院的实验教材，也可作为电子和计算机等专业的网络集成类课程的教材或实验指导书，还可作为计算机网络技能大赛的实训教材，同时也是一本网络工程师和网络规划师在工作和学习中不可多得的参考书。

阅读建议

因为各项目案例相对独立，所以建议读者在阅读本书时先参考目录，从自己感兴趣的项目入手。

特别说明：本书项目拓扑中，若设备间连线是虚线，表示采用交叉线；若设备间连线是光纤，则图中有特别标注。本书用到的 WEB 页面由团队自行设计，体现 Packet Tracer 支持个性化，读者实际测试的 WEB 页面不必与其一样。

Packet Tracer 是思科网络技术学院的教学工具。思科网络技术学院的教师、学生及校友都可以使用该工具辅助学习 IT 基础、CCNA 路由和交换、CCNA 安全、物联网、无线网络等课程。读者可以通过以下链接注册成为“Packet Tracer 101”课程的学生并下载最新版 Packet Tracer 软件：https://www.netacad.com/about-networking-academy/packet-tracer/。

本书配套有教学资源课件，如有需要，请登录电子工业出版社华信教育资源网（www.hxedu.com.cn），注册后免费下载。

致谢

本书由刘彩凤编写并统稿，参加编写工作的还有韩茂玲、崔玉礼、于洋、张津铭和王笑娟。感谢原思科网络技术学院全球技术总监 John Lim 及其团队，使我有机会参加全球教师资源设计竞赛（GIR Contest），吸收国内外先进教学理念，提升教学设计能力；感谢思科公司大中华区公共事务部总监练沛强先生，本书编写得到练总监的大力支持，书中有关 Cisco Packet Tracer 的官方下载链接由练总监提供；感谢思科网络技术学院全球产品经理刘亢先生，他给予我参与 Cisco Packet Tracer 测试的机会，鼓励我参加基于 Packet Tracer 的教学案例设计竞赛，让我不断提高；感谢原思科公司大中华区企业社会责任经理韩江先生，他让我有幸参与思科校企案例项目开发，积累素材，坚定我的创作信念，本书正是因为他的提议才诞生的；感谢电子工业出版社有限公司宋梅编审，没有宋老师的鞭策和鼓励，本书与读者见面将会遥遥无期，也正是宋老师加班工作，才加快了本书的出版进度；感谢思科公司大中华区网络技术学院技术经理李涤非老师多年来对我的专业指导和经验传授，让我在写作上少走很多弯路；感谢思科公司中国区公共事务部企业社会责任经理徐如滢女士，让我有机会与思科公司合作院校进行交流，一路携手，使我不断提高；感谢思科公司华南区企业社会责任经理熊露颖先生，让我有机会参与思科授课计划制订及 PT 考试系统开发，为本书编写奠定基础。

感谢烟台职业学院院长温金祥教授对本书编写工作给予的支持与关注；感谢烟台职业学院副院长房培玉教授引导我走进思科网络技术学院，开启我的网络教学生涯；感谢烟台职业学院王作鹏副院长在本书创作过程中给予我的支持和指导；感谢烟台职业学院教务处长原宪瑞教授在教育理念和整体架构上给予我的指导和影响；感谢国家精品资源共享课程负责人薛元昕教授在课程建设及资源开发方面给予我的帮助；感谢河南信息工程学校谢晓广老师、门雅范老师，广州黄埔职业技术学校何力老师，吉林铁道职业技术学院王爱华老师，三门峡职业技术学院王献宏老师，中国石油大学肖军弼老师、曹绍华老师等对本书编写工作的大力支持。

感谢我强大的学生团队［于飞凡（16NET1）、甄金强（16NET1）、吕彤辉（17NET2）、李雪林（17NET2）、王军（17NET1）、黄梦茹（18NET2）、胡颖（HY 15NET2）、王雪蕾（XL 15NET2）、尹翠红（11NET1）、卜云霞（11NET1）、黎振（08NET2）、王兆斌（17NET1）、华森（17NET2）、李青翰（17NET2）、柳涛（05NET）等］对本书编写提出的宝贵意见并对相关技术细节进行反复验证，他们对本书贡献巨大。尤其感谢我的学生于飞凡、甄金强、吕彤辉、黄梦茹、胡颖，是他们陪伴我完成了本书的创作。最后，感谢思科公司和思科网络技术学院，以及对本书寄予厚望的老师和历届的学生们，是他们给了我无限动力。

感言

本书创作过程非常艰辛，写作周期长，设计的案例要在实践中不断验证。为潜心创作，我需要阶段性封闭。在封闭期间，通信工具时常会中断，感谢家人、朋友、同事对我的支持、理解和包容。尽管创作艰辛，但我很享受设计灵感一次次迸发的过程，期盼与大家一起分享这份设计成果。虽然尽了最大努力，但因作者水平和视野有限，书中难免存在纰漏和不足之处，恳请读者朋友们指正，我将不胜感激，并会不断修改完善。

电子邮件地址：yantaicfl@126.com

刘彩凤

2019 年 8 月于烟台

目　　录

第1章 >>>

构建企业分支网络

本章要点

- 项目背景
- 项目拓扑
- 项目需求
- 设备选型
- 技术选型
- 地址规划
- VLAN 规划
- 项目实施
- 功能测试
- 本章小结

本章案例以学校企业网络互连互通为项目背景，网络规模较小，本章案例中应用的网络技术相对简单，读者容易上手。本章案例中路由技术包括静态路由、单臂路由以及 RIPv2 等相关内容；交换技术包括 VLAN、Trunk 以及 SVI（交换机虚拟接口）配置等相关内容；网络安全及网络管理技术包括特权密码、口令加密、Telnet（远程终端协议）以及 SSH（安全外壳协议）等相关内容；网络服务包括 WEB、DNS、DHCP 以及 TFTP 等相关内容；WAN 技术包括 NAT（网络地址转换）和 GRE VPN 等相关内容。通过学习本章案例，可培养广大读者的网络规划设计与实施能力，同时，使其对网络工程师的工作流程有一个初步认识。

1.1 项目背景

ZHJQ 是一家投资教育的公司，该公司在 HZ 城成立了一所私立学校。学校在 HZ 城的郊区成立了一家从事校服加工的服装公司，学校与公司都拥有自己的私有网络，通过光纤接入 ISP。目前学校正处于飞速发展阶段，面临扩建带来的资金周转困难问题，无法为服装公司升级企业网络提供资金支持，所以服装公司没有专用的服务器，暂时由学校网络中心为其提供服务支持，学校与公司通过 ISP 建立 VPN 通道实现其网络间互通。

1.2 项目拓扑

项目拓扑，如图 1-1 所示。

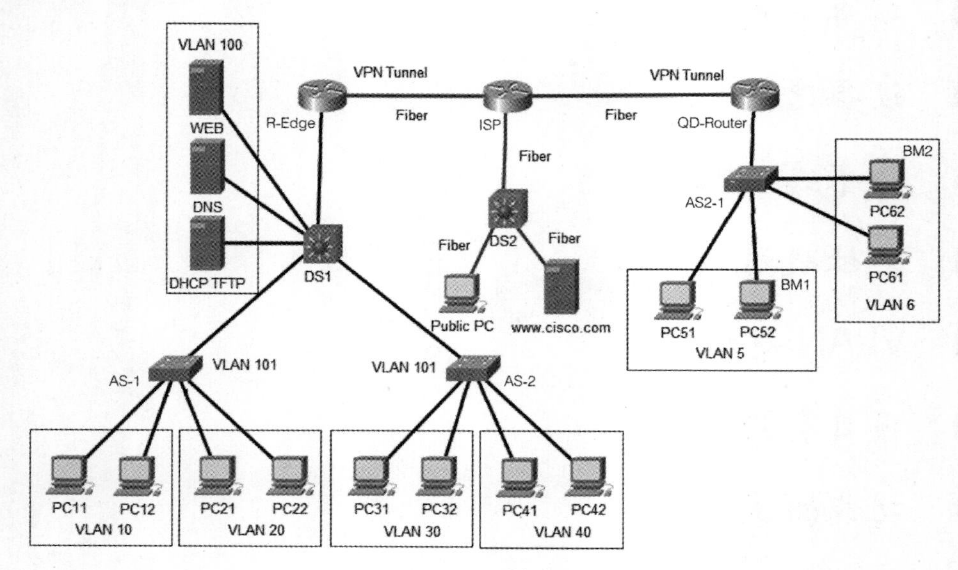

图 1-1 项目拓扑

1.3　项目需求

（1）设备命名及拓扑搭建

- 根据项目拓扑修改所有设备的名称；
- 根据项目拓扑完成设备连接。

（2）VLAN 及 Trunk 配置

- 根据 VLAN 规划表，合理划分 VLAN，确保接口分配正确；
- 根据项目拓扑合理配置 Trunk，其封装模式均为 IEEE 802.1q。

（3）IP 地址配置

- 根据地址规划表完成物理接口或子接口 IP 地址的配置；
- 根据地址规划表完成 SVI 地址配置；
- 查看接口信息，确保接口 IP 地址配置正确且处于 up 状态；
- 根据地址规划表为服务器静态指定 IP 地址，内部网络所使用网关的 IP 地址为对应网段最后一个可使用 IP 地址。

（4）DHCP 服务配置

- 在 QD-Router 路由器上配置 DHCP 服务，为公司 BM1 和 BM2 用户分配 IP 地址；
- 所有终端 PC 要求动态获取 IP 地址；
- 查看 BM1 和 BM2 内 PC 是否获取到对应网段的 IP 地址；
- 在三层交换机 DS1 上配置 DHCP 中继，确保 VLAN 用户可以从专用 DHCP 服务器动态获取 IP 地址。

（5）RIP（路由信息协议）配置

- R-Edge 与 DS1 之间使用 RIPv2，关闭自动路由汇总功能；
- 宣告内网网段；
- 在路由器 R-Edge 上传播默认路由。

（6）静态路由配置

- 在边界路由器 R-Edge 与 QD-Router 上配置静态默认路由；
- 在公网核心交换机 DS2 上配置静态默认路由；

- 在 ISP 与 DS2 间使用静态路由。

（7）单臂路由配置

- 在路由器 QD-Router 上配置单臂路由，实现 VLAN 间路由。

（8）NAT 配置

- 在 R-Edge 与 QD-Router 上配置 NAPT 功能，使内网可以访问公网；
- 在 R-Edge 上配置 NAT 端口映射，使外网可以通过边界路由器的出口 IP 地址访问内网的 WEB 服务器、TFTP 服务器，并可以从外网通过 SSH 访问内网的边界路由器。

（9）GRE Tunnel 配置

- 在路由器 R-Edge 与 QD-Router 上配置 Tunnel（隧道）；
- Tunnel 之间使用静态路由实现互相访问。

（10）服务器配置

- 配置 WEB 服务器，使内网用户和外网用户可以访问相关网站；
- 配置 DNS 服务器，为 WEB 服务器提供域名解析服务；
- 配置 DHCP 服务器，为学校内网用户 PC 分配 IP 地址；
- 配置 TFTP 服务器，将所有设备的配置文件备份至 TFTP 服务器上。

（11）远程访问配置

- 配置 enable 密码为 cisco，每台网络设备最多支持 3 个用户同时采用 Telnet 或者 SSH 登录；
- 二层交换机 AS-1 与 AS-2 登录密码为 17net1；
- 二层交换机 AS2-1 只允许采用 Telnet 登录，登录时需要提供用户名和密码，用户名为 smy，密码为 17net1；
- 三层设备 R-Edge、QD-Router、DS2 以及 ISP 只允许采用 SSH 登录，登录时需要提供用户名和密码，用户名为 smy，密码为 17net1；
- 要求对所有明文密码进行加密操作。

1.4 设备选型

表 1-1 为 ZHJQ 公司设备选型表。

表 1-1　ZHJQ 公司设备选型表

设 备 类 型	设 备 数 量	扩 展 模 块	设备对应名称
Cisco 2960 Switch	3 台	——	AS-1、AS-2、AS2-1
Cisco 3650 Switch	2 台	AC-POWER-SUPPLY GLC-LH-SMD	DS1、DS2
Cisco 2901 Router	1 台	HWIC-1GE-SFP GLC-LH-SMD	R-Edge
Cisco 2911 Router	1 台	HWIC-1GE-SFP GLC-LH-SMD	ISP
Cisco 1941 Router	1 台	HWIC-1GE-SFP GLC-LH-SMD	QD-Router

1.5　技术选型

表 1-2 为 ZHJQ 公司技术选型表。

表 1-2　ZHJQ 公司技术选型表

涉 及 技 术	具 体 内 容
路由技术	直连路由、静态路由、RIPv2、路由重分布、单臂路由
交换技术	VLAN、Trunk、SVI
安全管理技术	enable 密码、口令加密、Telnet、SSH、TFTP 文件备份、DHCP
服务配置技术	WEB、DNS、DHCP、TFTP
WAN 技术	NAT、GRE VPN

1.6　地址规划

1.6.1　交换设备地址规划表

表 1-3 为 ZHJQ 公司交换设备地址规划表。

表 1-3　ZHJQ 公司交换设备地址规划表

设 备 名 称	接　　口	地 址 规 划	接 口 描 述
DS1	Gig1/0/1	——	Link to AS-1 Gig0/1
	Gig1/0/2	——	Link to AS-2 Gig0/1
	Gig1/0/3	10.0.100.2/30	Link to R-Edge Gig0/0
	Gig1/0/4	——	Link to WEB Server
	Gig1/0/5	——	Link to DNS Server

续表

设备名称	接口	地址规划	接口描述
DS1	Gig1/0/6	——	Link to DHCP/TFTP Server
	VLAN 10	10.1.10.254/24	Teacher
	VLAN 20	10.1.20.254/24	Student
	VLAN 30	10.1.30.254/24	Staff
	VLAN 40	10.1.40.254/24	Worker
	VLAN 99	10.0.12.254/24	Admin
	VLAN 100	10.3.100.254/24	Server
AS-1	Gig0/1	——	Link to DS1 Gig1/0/1
	Fa0/1	——	Link to PC11 Fa0
	Fa0/2	——	Link to PC12 Fa0
	Fa0/13	——	Link to PC21 Fa0
	Fa0/14	——	Link to PC22 Fa0
	VLAN 10	——	Teacher
	VLAN 20	——	Student
	VLAN 99	10.0.12.1/24	Admin
AS-2	Gig0/1	——	Link to DS1 Gig1/0/2
	Fa0/1	——	Link to PC31 Fa0
	Fa0/2	——	Link to PC32 Fa0
	Fa0/13	——	Link to PC41 Fa0
	Fa0/14	——	Link to PC42 Fa0
	VLAN 30	——	Staff
	VLAN 40	——	Worker
	VLAN 99	10.0.12.2/24	Admin
DS2	Gig1/1/1	217.9.5.2/30	Link to ISP Gig0/1/0
	Gig1/1/2	222.138.4.254/30	Link to www.cisco.com Gig0
	Gig1/1/3	200.200.200.254/30	Link to Public PC Gig0
AS2-1	Gig0/1	——	Link to QD-Router Gig0/0
	Fa0/1	——	Link to PC51 Fa0
	Fa0/2	——	Link to PC52 Fa0
	Fa0/13	——	Link to PC61 Fa0
	Fa0/14	——	Link to PC61 Fa0
	VLAN 5	——	BM1
	VLAN 6	——	BM2
	VLAN 99	10.8.0.100/24	Admin

说明：本书中，接口的名字均采用简写，其中 Gig 的全称是 GigabitEthernet，Fa 的全称为 FastEthernet，Se 的全称为 Serial，本书后续内容均采用简写来描述网络设备的接口。

1.6.2　路由设备地址规划表

表 1-4 为 ZHJQ 公司路由设备地址规划表。

表 1-4　ZHJQ 公司路由设备地址规划表

设备名称	接　口	地址规划	接口描述
R-Edge	Gig0/0/0	218.12.10.1/30	Link to ISP Gig0/0/0
	Tunnel 1	192.168.12.1/30	Link to QD-Router Tunnel 2
	Gig0/0	10.0.100.1/30	Link to DS1 Gig1/0/3
QD-Router	Gig0/0	——	Link to AS2-1 Gig0/1
	Gig0/0/0	218.12.11.2/30	Link to ISP Gig0/2/0
	Tunnel 2	192.168.12.2/30	Link to R-Edge Tunnel 1
	VLAN 5	10.8.5.254/24	——
	VLAN 6	10.8.6.254/24	——
	VLAN 99	10.8.0.254/24	——

1.6.3　ISP 设备地址规划表

表 1-5 为 ZHJQ 公司 ISP 设备地址规划表。

表 1-5　ZHJQ 公司 ISP 设备地址规划表

设备名称	接　口	地址规划	接口描述
ISP	Gig0/1/0	217.9.5.1/30	Link to DS2 Gig1/1/1
	Gig0/2/0	218.12.11.1/30	Link to QD-Router Gig0/0/0
	Gig0/0/0	218.12.10.2/30	Link to R-Edge Gig0/0/0

1.6.4　终端地址规划表

表 1-6 为 ZHJQ 公司终端设备地址规划表。

表 1-6　ZHJQ 公司终端设备地址规划表

设备名称	接　口	地址规划	接口描述
PC*x*	NIC	DHCP	——
Public PC	NIC	218.12.10.2/30	Link to DS2 Gig1/1/3
www.cisco.com	NIC	217.9.5.2/30	Link to DS2 Gig1/1/2
WEB Server	NIC	10.3.100.4/24	Link to DS1 Gig1/0/4
DNS Server	NIC	10.3.100.5/24	Link to DS1 Gig1/0/5
DHCP/TFTP Server	NIC	10.3.100.6/24	Link to DS1 Gig1/0/6

1.7 VLAN 规划

表 1-7 为 ZHJQ 公司 VLAN 规划表。

表 1-7 ZHJQ 公司 VLAN 规划表

设备名	VLAN ID	VLAN-NAME	接口分配	备注
AS-1	10	Teacher	Fa0/1-12	——
	20	Student	Fa0/13-24	——
AS-2	30	Staff	Fa0/1-12	——
	40	Worker	Fa0/13-24	——
DS1	100	Server	Gig1/0/4-6	服务器
AS-1、AS-2、AS2-1	99	Admin	——	管理 VLAN
AS2-1	5	BM1	Fa0/1-12	——
AS2-1	6	BM2	Fa0/13-24	——

1.8 项目实施

1.8.1 任务一 学校交换机 VLAN 基础配置

（1）在二层交换机 AS-1 上配置主机名、VLAN 及 Trunk

```
Switch>enable
Switch#configure terminal
Switch(config)#hostname AS-1
AS-1(config)#vlan 10
AS-1(config-vlan)#name Teacher
AS-1(config-vlan)#vlan 20
AS-1(config-vlan)#name Student
AS-1(config-vlan)#vlan 99
AS-1(config-vlan)#name Admin
AS-1(config-vlan)#interface range FastEthernet 0/1-12
AS-1(config-if-range)#switchport mode access
AS-1(config-if-range)#switchport access vlan 10
AS-1(config-if-range)#interface range FastEthernet 0/13-24
AS-1(config-if-range)#switchport mode access
AS-1(config-if-range)#switchport access vlan 20
```

```
AS-1(config-if-range)#interface GigabitEthernet 0/1
AS-1(config-if-range)#switchport mode trunk
AS-1(config-if-range)#switchport trunk allowed vlan 10,20,99
```

（2）在二层交换机 AS-2 上配置主机名、VLAN 及 Trunk

```
Switch>enable
Switch#configure terminal
Switch(config)#hostname AS-2
AS-2(config)#vlan 30
AS-2(config-vlan)#name Staff
AS-2(config-vlan)#vlan 40
AS-2(config-vlan)#name Worker
AS-2(config-vlan)#vlan 99
AS-2(config-vlan)#name Admin
AS-2(config-vlan)#interface range FastEthernet 0/1-12
AS-2(config-if-range)#switchport mode access
AS-2(config-if-range)#switchport access vlan 30
AS-2(config-if-range)#interface range FastEthernet 0/13-24
AS-2(config-if-range)#switchport mode access
AS-2(config-if-range)#switchport access vlan 40
AS-2(config-if-range)#interface GigabitEthernet 0/1
AS-2(config-if)#switchport mode trunk
AS-2(config-if)#switchport trunk allowed vlan 30,40,99
```

（3）在三层交换机 DS1 上配置主机名、VLAN 及 Trunk

```
Switch>enable
Switch#configure terminal
Switch(config)#hostname DS1
DS1(config)#interface GigabitEthernet 1/0/1
DS1(config-if)#switchport trunk encapsulation dot1q
DS1(config-if)#switchport mode trunk
DS1(config-if)#switchport allowed vlan all
DS1(config-if)#interface GigabitEthernet 1/0/2
DS1(config-if)#switchport trunk encapsulation dot1q
DS1(config-if)#switchport mode trunk
DS1(config-if)#switchport allowed vlan all
DS1(config-if)#vlan 10
```

```
DS1(config-vlan)#name Teacher
DS1(config-vlan)#vlan 20
DS1(config-vlan)#name Student
DS1(config-vlan)#vlan 30
DS1(config-vlan)#name Staff
DS1(config-vlan)#vlan 40
DS1(config-vlan)#name Worker
DS1(config-vlan)#vlan 99
DS1(config-vlan)#name Admin
DS1(config-vlan)#vlan 100
DS1(config-vlan)#name Server
DS1(config-vlan)#interface range GigabitEthernet 1/0/4-6
DS1(config-if-range)#switchport mode access
DS1(config-if-range)#switchport access vlan 100
```

1.8.2 任务二 学校二层交换机 IP 地址配置

（1）在二层交换机 AS-1 上配置主机名、管理 IP 地址及网关

```
AS-1(config)#interface vlan 99
AS-1(config-if)#ip address 10.0.12.1 255.255.255.0
AS-1(config-if)#no shutdown
AS-1(config-if)#exit
AS-1(config)#ip default-gateway 10.0.12.254
```

（2）在二层交换机 AS-2 上配置主机名、管理 IP 地址及网关

```
AS-2(config)#interface vlan 99
AS-2(config-if)#ip address 10.0.12.2 255.255.255.0
AS-2(config-if)#no shutdown
AS-2(config-if)#exit
AS-2(config)#ip default-gateway 10.0.12.254
```

1.8.3 任务三 学校三层交换机 IP 地址配置

在三层交换机 DS1 上配置 IP 地址：

```
DS1(config)#interface GigabitEthernet 1/0/3
DS1(config-if)#no switchport
```

```
DS1 (config-if)#ip address 10.0.100.2 255.255.255.252
```

1.8.4　任务四　学校边界路由器 IP 地址配置

在路由器 R-Edge 上配置 IP 地址：

```
Router(config)#hostname R-Edge
R-Edge (config)#interface GigabitEthernet0/0
R-Edge (config-if)#ip address 10.0.100.1 255.255.255.252
R-Edge (config-if)#no shutdown
R-Edge (config-if)#interface GigabitEthernet0/0/0
R-Edge (config-if)#ip address 218.12.10.1 255.255.255.252
R-Edge (config-if)#no shutdown
```

1.8.5　任务五　公司交换机 VLAN 基础配置

在二层交换机 AS2-1 上配置主机名、VLAN：

```
Switch>enable
Switch#configure terminal
Switch(config)#hostname AS2-1
AS2-1(config)#vlan 5
AS2-1(config-vlan)#name BM1
AS2-1(config-vlan)#vlan 6
AS2-1(config-vlan)#name BM2
AS2-1(config-vlan)#vlan 99
AS2-1(config-vlan)#name Admin
AS2-1(config-vlan)#interface range FastEthernet 0/1-12
AS2-1(config-if-range)#switchport mode access
AS2-1(config-if-range)#switchport access vlan 5
AS2-1(config-if-range)#interface range FastEthernet 0/13-24
AS2-1(config-if-range)#switchport mode access
AS2-1(config-if-range)#switchport access vlan 6
```

1.8.6　任务六　公司二层交换机 IP 地址配置

在二层交换机 AS2-1 上配置管理 IP 地址及网关：

```
AS2-1(config)#interface vlan 99
AS2-1(config-if)#ip address 10.8.0.100 255.255.255.0
```

```
AS2-1(config-if)#no shutdown
AS2-1(config-if)#exit
AS2-1(config)#ip default-gateway 10.8.0.254
```

1.8.7 任务七 公司边界路由器 IP 地址配置

在路由器 QD-Router 上配置主机名及 IP 地址：

```
Router(config)#hostname QD-Router
QD-Router(config)#interface GigabitEthernet0/0/0
QD-Router(config-if)#ip address 218.12.11.2 255.255.255.252
QD-Router(config-if)#no shutdown
```

1.8.8 任务八 运营商路由器 IP 地址配置

在路由器 ISP 上配置主机名及 IP 地址：

```
Router>enable
Router#configure terminal
Router(config)#hostname ISP
ISP(config)#interface GigabitEthernet0/0/0
ISP(config-if)#ip address 218.12.10.2 255.255.255.252
ISP(config-if)#no shutdown
ISP(config-if)#interface GigabitEthernet0/1/0
ISP(config-if)#ip address 217.9.5.1 255.255.255.252
ISP(config-if)#no shutdown
ISP(config-if)#interface GigabitEthernet0/2/0
ISP(config-if)#ip address 218.12.11.1 255.255.255.252
ISP(config-if)#no shutdown
```

1.8.9 任务九 运营商交换机 IP 地址配置

在三层交换机 DS2 上配置主机名及 IP 地址：

```
Switch>enable
Switch#configure terminal
Switch(config)#hostname DS2
DS2(config)#ip routing
DS2(config)#interface GigabitEthernet1/1/1
DS2(config-if)#no switchport
```

```
DS2 (config-if)#ip address 217.9.5.2 255.255.255.252
DS2(config-if)#interface GigabitEthernet1/1/2
DS2(config-if)#no switchport
DS2(config-if)#ip address 222.138.4.254 255.255.255.252
DS2(config-if)#interface GigabitEthernet1/1/3
DS2(config-if)#no switchport
DS2(config-if)#ip address 200.200.200.254 255.255.255.252
```

1.8.10　任务十　Telnet 远程登录配置

（1）在二层交换机 AS-1 上配置特权口令和 VTY 口令并加密

```
AS-1(config)#enable secret cisco
AS-1(config)#service password-encryption
AS-1(config)#line vty 0 2
AS-1(config-line)#password cisco
AS-1(config-line)#login
```

（2）在二层交换机 AS-2 上配置特权口令和 VTY 口令并加密

```
AS-2(config)#enable secret cisco
AS-2(config)#service password-encryption
AS-2(config)#line vty 0 2
AS-2(config-line)#password cisco
AS-2(config-line)#login
```

（3）在二层交换机 AS2-1 上配置采用 Telnet 远程登录，口令加密

```
AS2-1(config)#enable secret cisco
AS2-1(config)#line vty 0 2
AS2-1(config-line)#transport input telnet
AS2-1(config-line)#login local
AS2-1(config-line)#username smy pass 17net1
AS2-1(config)#service password-encryption
```

（4）在三层交换机 DS1 上配置采用 SSH 远程登录，口令加密

```
DS1(config)#enable secret cisco
DS1(config)#service password-encryption
DS1(config)#ip domain-name 17net1.ytvc
```

```
DS1(config)#username smy password 17net1
DS1(config)#line vty 0 2
DS1(config-line)#transport input ssh
DS1(config-line)#login local
DS1(config-line)#crypto key generate rsa
The name for the keys will be: DS1.17net1.ytvc
Choose the size of the key modulus in the range of 360 to 2048 for your
  General Purpose Keys. Choosing a key modulus greater than 512 may take
  a few minutes.

How many bits in the modulus [512]: 1024
% Generating 1024 bit RSA keys, keys will be non-exportable...[OK]
```

（5）在三层交换机 DS2 上配置采用 SSH 远程登录，口令加密

```
DS2(config)#enable secret cisco
DS2(config)#service password-encryption
DS2(config)#ip domain-name 17net1.ytvc
DS2(config)#username smy password 17net1
DS2(config)#line vty 0 2
DS2(config-line)#transport input ssh
DS2(config-line)#login local
DS2(config-line)#crypto key generate rsa
The name for the keys will be: DS2.17net1.ytvc
Choose the size of the key modulus in the range of 360 to 2048 for your
   General Purpose Keys. Choosing a key modulus greater than 512 may take
   a few minutes.

How many bits in the modulus [512]: 1024
% Generating 1024 bit RSA keys, keys will be non-exportable...[OK]
```

（6）在路由器 R-Edge 上配置采用 SSH 远程登录，口令加密

```
R-Edge(config)#enable secret cisco
R-Edge(config)#service password-encryption
R-Edge(config)#ip domain-name 17net1.ytvc
R-Edge(config)#username smy password 17net1
R-Edge(config)#line vty 0 2
R-Edge(config-line)#transport input ssh
```

```
R-Edge(config-line)#login local
R-Edge(config-line)#crypto key generate rsa
The name for the keys will be: R-Edge.17net1.ytvc
Choose the size of the key modulus in the range of 360 to 2048 for your
   General Purpose Keys. Choosing a key modulus greater than 512 may take
   a few minutes.

How many bits in the modulus [512]: 1024
% Generating 1024 bit RSA keys, keys will be non-exportable...[OK]
```

（7）在路由器 ISP 上配置采用 SSH 远程登录，口令加密

```
ISP(config)#enable secret cisco
ISP(config)#service password-encryption
ISP(config)#ip domain-name 17net1.ytvc
ISP(config)#username smy password 17net1
ISP(config)#line vty 0 2
ISP(config-line)#transport input ssh
ISP(config-line)#login local
ISP(config-line)#crypto key generate rsa
The name for the keys will be: ISP.17net1.ytvc
Choose the size of the key modulus in the range of 360 to 2048 for your
   General Purpose Keys. Choosing a key modulus greater than 512 may take
   a few minutes.

How many bits in the modulus [512]: 1024
% Generating 1024 bit RSA keys, keys will be non-exportable...[OK]
```

（8）在路由器 QD-Router 上配置采用 SSH 远程登录，口令加密

```
QD-Router(config)#enable secret cisco
QD-Router(config)#service password-encryption
QD-Router(config)#ip domain-name 17net1.ytvc
QD-Router(config)#username smy password 17net1
QD-Router(config)#line vty 0 2
QD-Router(config-line)#transport input ssh
QD-Router(config-line)#login local
QD-Router(config-line)#exit
QD-Router(config)#crypto key generate rsa
```

```
The name for the keys will be: QD-Router.17net2.ytvc
Choose the size of the key modulus in the range of 360 to 2048 for your
   General Purpose Keys. Choosing a key modulus greater than 512 may take
   a few minutes.

How many bits in the modulus [512]: 1024
% Generating 1024 bit RSA keys, keys will be non-exportable...[OK]
```

1.8.11 任务十一 SVI 配置

在三层交换机 DS1 上配置 SVI（交换机虚拟接口）的 IP 地址：

```
DS1(config)#ip routing
DS1(config)#interface vlan 10
DS1(config-if)# ip address 10.1.10.254 255.255.255.0
DS1(config-if)#interface vlan 20
DS1(config-if)# ip address 10.1.20.254 255.255.255.0
DS1(config-if)#interface vlan 30
DS1(config-if)# ip address 10.1.30.254 255.255.255.0
DS1(config-if)#interface vlan 40
DS1(config-if)# ip address 10.1.40.254 255.255.255.0
DS1(config-if)#interface vlan 99
DS1(config-if)# ip address 10.0.12.254 255.255.255.0
DS1(config-if)#interface vlan 100
DS1(config-if)# ip address 10.3.100.254 255.255.255.0
```

1.8.12 任务十二 DHCP 服务配置

在路由器 QD-Router 上配置 DHCP 服务：

```
QD-Router(config)#ip dhcp pool BM1
QD-Router(dhcp-config)#network 10.8.5.0 255.255.255.0
QD-Router(dhcp-config)#default-router 10.8.5.254
QD-Router(dhcp-config)#ip dhcp pool BM2
QD-Router(dhcp-config)#network 10.8.6.0 255.255.255.0
QD-Router(dhcp-config)#default-router 10.8.6.254
QD-Router(dhcp-config)#exit
QD-Router(config)#ip dhcp excluded-address 10.8.5.254
QD-Router(config)#ip dhcp excluded-address 10.8.6.254
```

1.8.13　任务十三　DHCP 中继配置

在三层交换机 DS1 上配置 DHCP 中继：

```
DS1(config)#interface vlan 10
DS1(config-if)# ip helper-address 10.3.100.6
DS1(config-if)#interface vlan 20
DS1(config-if)# ip helper-address 10.3.100.6
DS1(config-if)#interface vlan 30
DS1(config-if)# ip helper-address 10.3.100.6
DS1(config-if)#interface vlan 40
DS1(config-if)# ip helper-address 10.3.100.6
```

1.8.14　任务十四　单臂路由配置

（1）在二层交换机 AS2-1 上配置 Trunk

```
AS2-1(config)# interface gigabitEthernet0/1
AS2-1(config-if)#switchport mode trunk
AS2-1(confi g-if)#switchport trunk allowed vlan 5,6,99
```

（2）在路由器 QD-Router 上配置单臂路由

```
QD-Router(config)#interface gigabitEthernet0/0
QD-Router(config-if)#no shutdown
QD-Router(config-if)#interface gigabitEthernet0/0.5
QD-Router(config-subif)#encapsulation dot1Q 5
QD-Router(config-subif)#ip address 10.8.5. 254 255.255.255.0
QD-Router(config- subif))#interface gigabitEthernet0/0.6
QD-Router(config-subif)#encapsulation dot1Q 6
QD-Router(config-subif)#ip address 10.8.6.254 255.255.255.0
QD-Router(config- subif))#interface gigabitEthernet0/0.99
QD-Router(config-subif)#encapsulation dot1Q 99
QD-Router(config-subif)#ip address 10.8.0.254 255.255.255.0
```

1.8.15 任务十五 RIPv2 配置

（1）在三层交换机 DS1 上配置动态路由协议 RIPv2

```
DS1(config)#router rip
DS1(config-router)#version 2
DS1(config-router)#no auto-summary
DS1(config-router)#network 10.0.0.0
```

（2）在路由器 R-Edge 上配置动态路由协议 RIPv2

```
R-Edge(config)#router rip
R-Edge(config-router)#version 2
R-Edge(config-router)#no auto-summary
R-Edge(config-router)#network 10.0.0.0
```

1.8.16 任务十六 默认路由传播

在路由器 R-Edge 上配置静态默认路由并传播：

```
R-Edge(config)#ip route 0.0.0.0 0.0.0.0 218.12.10.2
R-Edge(config)#router rip
R-Edge(config-router)#default-information originate
```

1.8.17 任务十七 NAT 配置

（1）在路由器 QD-Router 上配置静态默认路由及 NAT 功能

```
QD-Router(config)#ip route 0.0.0.0 0.0.0.0 218.12.11.1
QD-Router(config)#access-list 1 permit 10.8.0.0 0.0.255.255
QD-Router(config)#ip nat inside source list 1 interface G0/0/0 overload
QD-Router(config)#interface GigabitEthernet0/0/0
QD-Router(config-if)#ip nat outside
QD-Router(config-if)#interface GigabitEthernet0/0.5
QD-Router(config-subif)#ip nat inside
QD-Router(config-subif)#interface GigabitEthernet0/0.6
QD-Router(config-subif)#ip nat inside
QD-Router(config-subif)#interface GigabitEthernet0/0.99
QD-Router(config-subif)#ip nat inside
```

（2）在路由器 R-Edge 上配置 NAT 功能

```
R-Edge(config)#access-list 1 permit 10.0.0.0 0.3.255.255
R-Edge(config)#ip nat inside source list 1 interface G0/0/0 overload
R-Edge(config)#interface gigabitEthernet0/0/0
R-Edge(config-if)#ip nat outside
R-Edge(config-if)#interface gigabitEthernet0/0
R-Edge(config-if)#ip nat inside
```

1.8.18　任务十八　端口映射配置

在路由器 R-Edge 上配置端口映射：

```
R-Edge(config)#ip nat inside source static tcp 10.3.100.4 80 218.12.10.1 80
R-Edge(config)#ip nat inside source static udp 10.3.100.6 69 218.12.10.1 69
R-Edge(config)#ip nat inside source static tcp 10.0.100.2 22 218.12.10.1 22
```

1.8.19　任务十九　静态路由配置

（1）在三层交换机 DS2 上配置静态默认路由

```
DS2(config)#ip route 0.0.0.0 0.0.0.0 217.9.5.1
```

（2）在路由器 ISP 上配置静态路由

```
ISP(config)#ip route 200.200.200.0 255.255.255.0 217.9.5.2
ISP(config)#ip route 222.138.4.0 255.255.255.0 217.9.5.2
```

1.8.20　任务二十　GRE VPN 配置

（1）在路由器 R-Edge 上配置 GER VPN

```
R-Edge(config)#interface Tunnel 1
R-Edge(config-if)#ip address 192.168.12.1 255.255.255.252
R-Edge(config-if)#tunnel mode gre ip
R-Edge(config-if)#tunnel source GigabitEthernet0/0/0
R-Edge(config-if)#tunnel destination 218.12.11.2
R-Edge(config-if)#exit
R-Edge(config)#ip route 10.8.0.0 255.255.248.0 192.168.12.2
```

（2）在路由器 QD-Router 上配置 GER VPN

```
QD-Rooter(config)#interface Tunnel 1
QD-Rooter(config-if)#ip address 192.168.12.2 255.255.255.252
QD-Rooter(config-if)#tunnel mode gre ip
QD-Rooter(config-if)#tunnel source GigabitEthernet0/0/0
QD-Rooter(config-if)#tunnel destination 218.12.10.1
QD-Rooter(config-if)#exit
QD-Rooter(config)#ip route 10.0.0.0 255.252.0.0 192.168.12.1
```

1.8.21 任务二十一 DHCP 服务器配置

在服务器上配置 DHCP 服务，DHCP 服务器配置如图 1-2 所示。

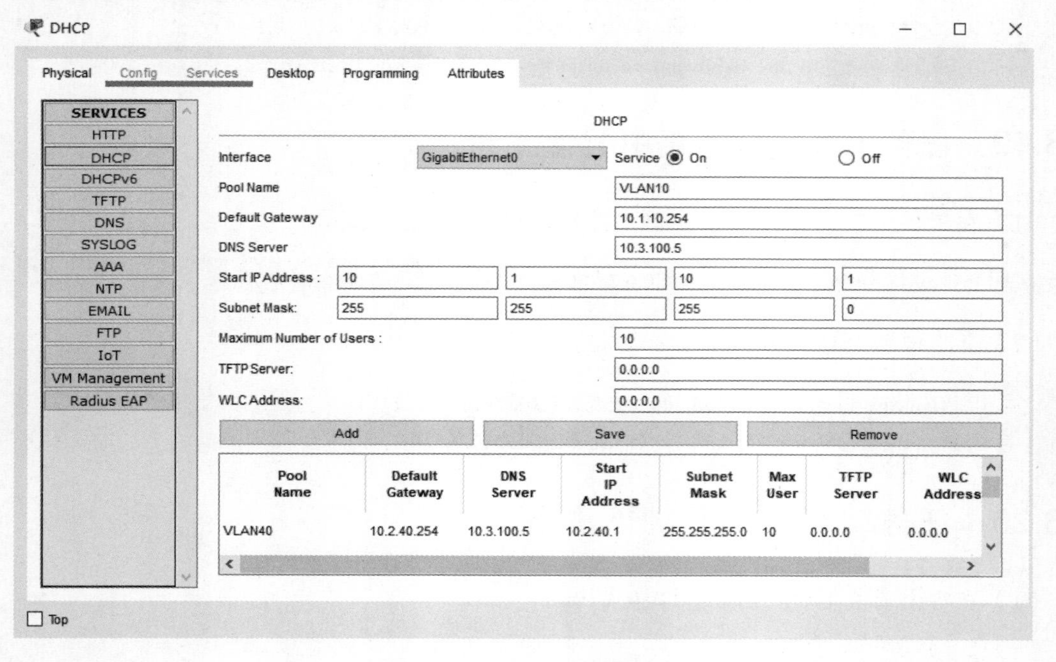

图 1-2 DHCP 服务器配置

1.8.22 任务二十二 DNS 服务器配置

在服务器上配置 DNS 服务，DNS 服务器配置如图 1-3 所示。

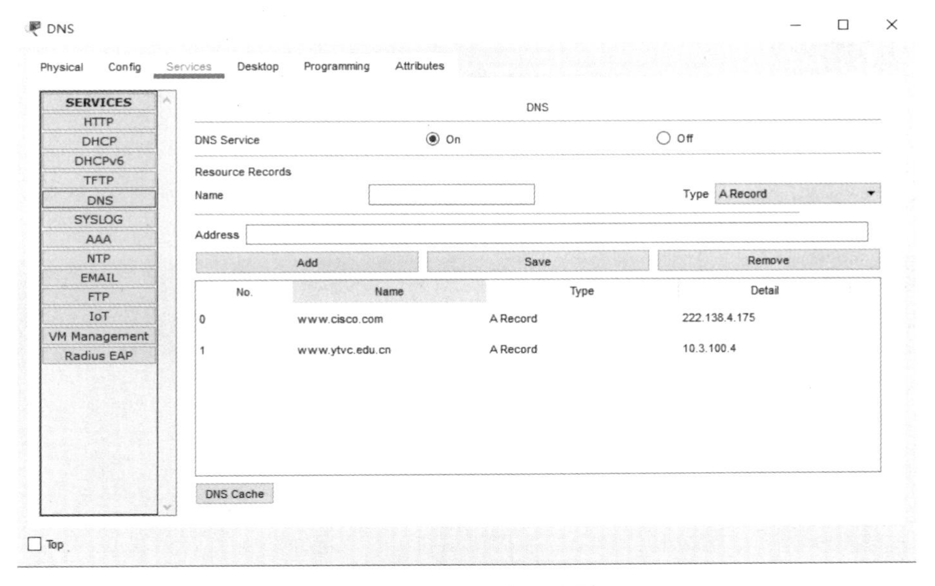

图 1-3　DNS 服务器配置

1.8.23　任务二十三　TFTP 服务器配置

在服务器上配置 TFTP 服务，TFTP 服务器配置如图 1-4 所示。

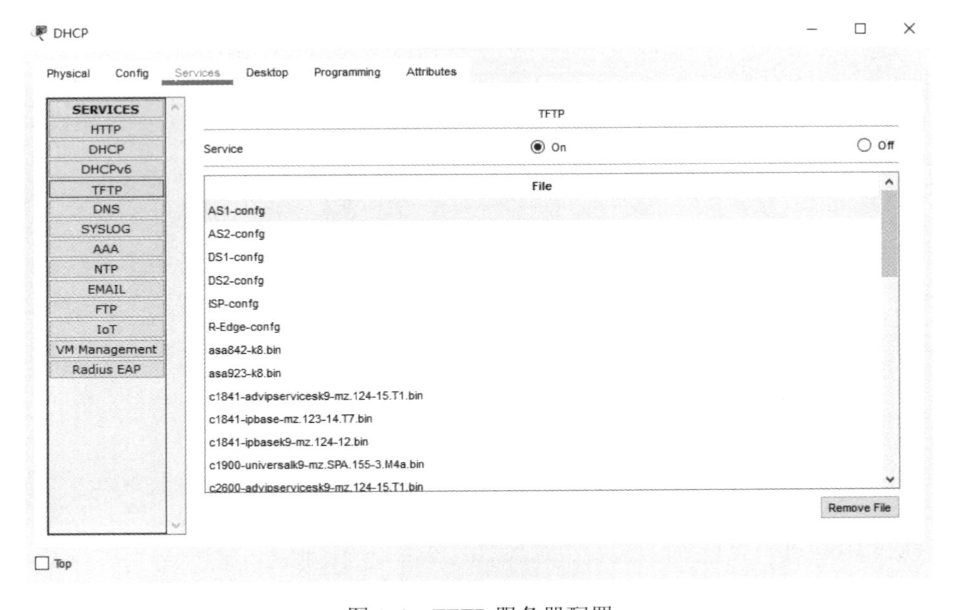

图 1-4　TFTP 服务器配置

1.9 功能测试

1.9.1 终端连通性测试

（1）PC12 与 PC31 的连通性测试（如图 1-5 所示）

```
C:\>ping 10.2.30.1

Pinging 10.2.30.1 with 32 bytes of data:

Request timed out.
Reply from 10.2.30.1: bytes=32 time=1ms TTL=127
Reply from 10.2.30.1: bytes=32 time=2ms TTL=127
Reply from 10.2.30.1: bytes=32 time<1ms TTL=127

Ping statistics for 10.2.30.1:
    Packets: Sent = 4, Received = 3, Lost = 1 (25% loss),
Approximate round trip times in milli-seconds:
    Minimum = 0ms, Maximum = 2ms, Average = 1ms
```

图 1-5　PC12 与 PC31 的连通性测试

（2）PC12 与 Public PC 的连通性测试（如图 1-6 所示）

```
C:\>ping 200.200.200.200

Pinging 200.200.200.200 with 32 bytes of data:

Reply from 200.200.200.200: bytes=32 time=11ms TTL=124
Reply from 200.200.200.200: bytes=32 time<1ms TTL=124
Reply from 200.200.200.200: bytes=32 time<1ms TTL=124
Reply from 200.200.200.200: bytes=32 time<1ms TTL=124

Ping statistics for 200.200.200.200:
    Packets: Sent = 4, Received = 4, Lost = 0 (0% loss),
Approximate round trip times in milli-seconds:
    Minimum = 0ms, Maximum = 11ms, Average = 2ms
```

图 1-6　PC12 与 Public PC 的连通性测试

（3） PC52 与 Public PC 的连通性测试（如图 1-7 所示）

```
C:\>ping 200.200.200.200

Pinging 200.200.200.200 with 32 bytes of data:

Request timed out.
Reply from 200.200.200.200: bytes=32 time<1ms TTL=125
Reply from 200.200.200.200: bytes=32 time<1ms TTL=125
Reply from 200.200.200.200: bytes=32 time<1ms TTL=125

Ping statistics for 200.200.200.200:
    Packets: Sent = 4, Received = 3, Lost = 1 (25% loss),
Approximate round trip times in milli-seconds:
    Minimum = 0ms, Maximum = 0ms, Average = 0ms
```

图 1-7　PC52 与 Public PC 的连通性测试

（4）PC11 与 PC 61 的连通性测试（如图 1-8 所示）

```
C:\>ping 10.8.6.1

Pinging 10.8.6.1 with 32 bytes of data:

Reply from 10.8.6.1: bytes=32 time<1ms TTL=125
Reply from 10.8.6.1: bytes=32 time<1ms TTL=125
Reply from 10.8.6.1: bytes=32 time<1ms TTL=125
Reply from 10.8.6.1: bytes=32 time<1ms TTL=125

Ping statistics for 10.8.6.1:
    Packets: Sent = 4, Received = 4, Lost = 0 (0% loss),
Approximate round trip times in milli-seconds:
    Minimum = 0ms, Maximum = 0ms, Average = 0ms
```

图 1-8　PC11 与 PC 61 的连通性测试

1.9.2　远程登录测试

在 Public PC 上进行的 SSH 测试，如图 1-9 所示。

```
C:\>ssh -l smy 218.12.10.1

Password:



DS1>en
Password:
DS1#
```

图 1-9　在 Public PC 上进行的 SSH 测试

1.9.3　网站访问测试

在 PC61 上访问 www.ytvc.edu.cn，如图 1-10 所示。

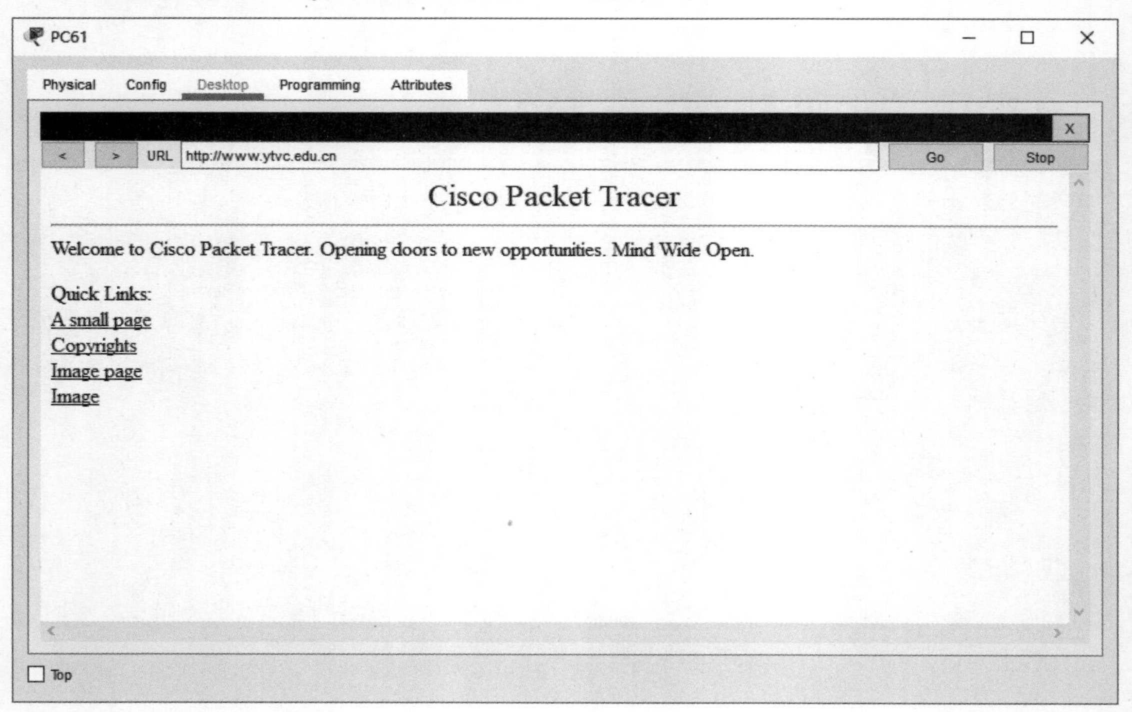

图 1-10　在 PC61 上访问 www.ytvc.edu.cn

通过 DNS（域名系统）服务器解析域名后实现了对内网 WEB 服务器的访问，从而证实 DNS 服务配置正确。

1.9.4　文件备份测试

在路由器 ISP 上将文件备份到内网的 TFTP 服务器上。

```
ISP#copy startup-config tftp
Address or name of remote host []? 218.12.10.1
Destination filename [ISP-confg]?

Writing startup-config....!!
[OK - 1206 bytes]

1206 bytes copied in 3.043 secs (396 bytes/sec)
```

注意：TFTP 服务器是公司内网服务器，外网设备进行备份操作时需要使用采用 NAT 技术完成网络地址转换后的公网 IP 地址。

1.10　本章小结

本章案例的项目背景是学校企业网络的互连互通，通过采用 NAT 技术实现学校企业用户对公网的访问，同时又通过 GRE VPN 实现校企互通。本章案例中 VLAN 间通过 SVI（交换机虚拟接口）和单臂路由两种方式实现通信；NAT 技术采用了静态端口映射和动态端口映射两种方法，大大节约了公网 IP 地址；DHCP 在 SVI 上配置了中继服务，实现跨网段的地址分配；在三层交换机 Cisco 3650 上添加电源模块启动设备，实现电源冗余。通过学习本章案例，可使读者对工程实施有一个整体的认识，培养其工程实施的逻辑思路，为后续的复杂案例的学习奠定了一定基础。

第2章 >>>

搭建交换式企业网络

本章要点

- 项目背景
- 项目拓扑
- 项目需求
- 设备选型
- 技术选型
- 地址规划
- VLAN 规划
- 项目实施
- 功能测试
- 本章小结

本章案例以公司总部与分部的互连互通为项目背景，公司总部与分部均有专用服务器，担任公司网络规划的工程师没有实际工程经验，设计的网络拓扑相对复杂，实施困难。本章案例中路由技术包括静态路由、单臂路由等相关内容；交换技术包括 VLAN、Trunk、HSRP、STP、VTP 以及 SVI 配置等相关内容；网络安全及网络管理技术包括特权密码、口令加密、远程登录等相关内容；网络服务包括 WEB、DNS、DHCP 以及 FTP 等相关内容；WAN 技术包括 NAT、PPP 和 GRE VPN 等相关内容。通过学习本章案例，可使广大读者对网络规划与设计有更深层次的认识和思考，避免因设计缺陷造成对网络性能的影响，从而提高其网络规划与设计能力。

2.1　项目背景

LTHB 企业是一家中型网络设备销售公司，公司总部设在 QD 市，分部设在 YT 市。公司总部成立了 4 个部门，分部成立了 3 个部门。公司的网络由一位初入职场的网络工程师设计规划，总部服务器全部部署在企业网络边界上，公司总部的交换网络采用 2 台三层交换机和 3 台二层交换机构建，分部的交换网络则采用 2 台二层交换机部署。总部通过串行接口接入 ISP，分部则采用光纤接入 ISP。公司总部与分部采用 VPN 技术实现互连互通。

2.2　项目拓扑

项目拓扑，如图 2-1 所示。

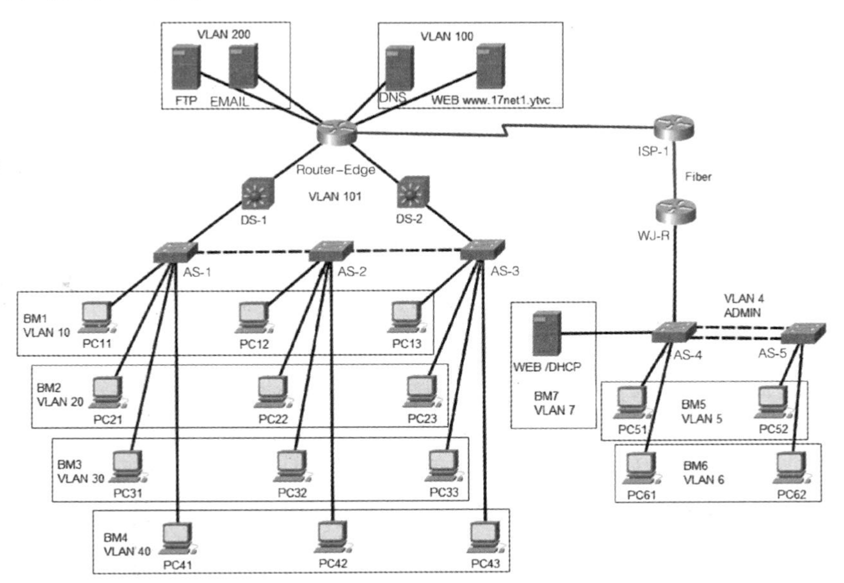

图 2-1　项目拓扑

2.3 项目需求

（1）设备命名及拓扑搭建

- 根据项目拓扑修改所有设备的名称；
- 根据项目拓扑完成设备连接。

（2）VLAN 及 Trunk 配置

- 根据 VLAN 规划表，合理划分 VLAN，确保接口分配正确；
- 根据项目拓扑要求合理配置 Trunk，其封装模式均为 IEEE 802.1q；
- 查看 Trunk 链路信息，确保 Trunk 两端允许通过的 VLAN ID 一致且 Trunk 封装模式正确。

（3）IP 地址配置

- 根据地址规划表配置物理接口或子接口的 IP 地址；
- 根据地址规划表，完成 SVI 地址配置；
- 确保路由器接口 IP 地址配置正确且都处于 up 状态；
- 根据地址规划表静态指定服务器网卡的 IP 地址。

（4）VTP（VLAN 中继协议）配置

- 在二层交换机 AS-1、AS-2 和 AS-3 上配置 VTP，实现 VLAN 间同步，VTP 参数表如表 2-1 所示。

表 2-1 VTP 参数表

设备名称	VTP 域名	VTP 版本	VTP 角色	VTP 密码
AS-1	17net1.ytvc	2	Server	17net1
AS-2			Client	
AS-3			Client	

（5）DHCP 服务配置

- 在三层交换机 DS-1 与 DS-2 上配置 DHCP 服务，为 BM1~BM4 的用户分配 IP 地址；
- 不同部门排除各网段 101~254 地址，不允许分配给 PC 使用；
- 表 2-2 为 LTHB 企业 DS-1 VLAN 地址分配表；
- 表 2-3 为 LTHB 企业 DS-2 VLAN 地址分配表；
- 在路由器 WJ-R 上配置 DHCP 中继，确保相关 PC 可动态获取 IP 地址。

表 2-2　LTHB 企业 DS-1 VLAN 地址分配表

地址池名称	地 址 排 除	DNS 服务器	网　　关
VLAN 10	10.1.10.101~10.1.10.254	10.5.100.252	10.1.10.254
VLAN 20	10.2.20.101~10.2.20.254		10.2.20.254
VLAN 30	10.3.30.101~10.3.30.254		10.3.30.254
VLAN 40	10.4.40.101~10.4.40.254		10.4.40.254

表 2-3　LTHB 企业 DS-2 VLAN 地址分配表

地址池名称	地 址 排 除	DNS 服务器	网　　关
VLAN 10	10.1.10.1~10.1.10.100 10.1.10.252~10.1.10.254	10.5.100.252	10.1.10.254
VLAN 20	10.2.20.1~10.2.20.100 10.2.20.252~10.2.20.254		10.2.20.254
VLAN 30	10.3.30.1~10.3.30.100 10.3.30.252~10.3.30.254		10.3.30.254
VLAN 40	10.4.40.1~10.4.40.100 10.4.40.252~10.4.40.254		10.4.40.254

（6）HSRP（热备份路由协议）配置

- 在三层交换机 DS-1 和 DS-2 上配置 HSRP，实现主机网关冗余，配置参数要求如表 2-4 表所示，该表为 HSRP 参数表；
- 三层交换机 DS-1 和 DS-2 HSRP 组中高优先级设置为 105，低优先级采用默认值；
- DS-1 和 DS-2 均需要开启抢占模式。

表 2-4　HSRP 参数表

VLAN	HSRP 组号	HSRP 虚拟 IP 地址
VLAN 10	10	10.1.10.254
VLAN 20	20	10.2.20.254
VLAN 30	30	10.3.30.254
VLAN 40	40	10.4.40.254
VLAN 101	101	10.0.101.254

（7）STP（生成树协议）配置

- 采用 PVST（每 VLAN 生成树），要求与 HSRP 保持一致；
- 交换机 AS-4 是 VLAN 4 和 VLAN 5 的主根，VLAN 6 和 VLAN 7 的备根；
- 交换机 AS-5 是 VLAN 6 和 VLAN 7 的主根，VLAN 4 和 VLAN 5 的备根；
- 查看 STP 信息，确认主根和备根配置正确。

（8）静态路由配置

- 路由器 Router-Edge 与 DS-1 和 DS-2 之间使用静态路由实现不同部门之间通信；
- 三层交换机 DS-1 与 DS-2 配置静态默认路由，路由器 Router-Edge 配置静态路由。

（9）单臂路由配置

- 在 WJ-R 路由器上配置单臂路由，实现 VLAN 间通信。

（10）NAT 配置

- 在路由器 Router-Edge 与 WJ-R 上配置 NAPT 功能，使内网可以访问公网；
- 查看 NAT 转换表，确保 NAT 转换关系正确。

（11）CHAP（询问握手认证协议）配置

- 路由器 Router-Edge 与 ISP-1 采用 PPP 封装，使用 CHAP 双向认证；
- 用户名为对端主机名，密码为 cisco。

（12）GRE Tunnel 配置

- 在路由器 Router-Edge 与 WJ-R 上配置 Tunnel（隧道）；
- Tunnel（隧道）两端采用静态路由进行访问。

（13）服务器配置

- 配置 WEB 服务器，为内部用户提供网站访问；
- 配置 DNS 服务器，为 WEB 服务器提供域名解析服务；
- 配置 DHCP 服务器，为 YT 市分部用户 PC 分配 IP 地址；
- 配置 FTP 服务器，为提高网络安全系数，要求将公司所有网络设备的配置文件备份到 FTP 服务器上，表 2-5 为 FTP 用户名与密码表。

表 2-5　FTP 用户名与密码表

Username	Password
cisco	cisco
wzhb	123

（14）远程访问配置

- 配置 enable 密码为 cisco，每台网络设备最多支持 3 个用户 Telnet；
- 分部仅支持 Telnet 访问，需要提供用户名与密码，表 2-6 为 Telnet 用户名与密码表；
- 要求对所有明文密码进行加密操作。

表 2-6　Telnet 用户名与密码表

Username	Password
lwj	jwl
ydl	ldy
srk	krs
lts	stl
wzg	gzw

（15）安全访问控制

- 对 DNS 服务器进行安全防护，配置服务器防火墙，拦截 ping 包；
- 对三层交换机 DS-1 进行 VTY 访问限制，只允许 10.4.40.0/24 网段设备登录；
- 考虑 FTP 服务器的安全，不允许 10.1.10.0/24 和 10.2.20.0/24 网段访问。

（16）项目设计缺陷分析

- 请参照项目拓扑，分析设计中存在的缺陷。

2.4　设备选型

表 2-7 为 LTHB 企业设备选型表。

表 2-7　LTHB 企业设备选型表

设 备 类 型	设 备 数 量	扩 展 模 块	对应设备名称
Cisco 3650 Switch	2 台	——	DS-1、DS-2
Cisco 2960 Switch	5 台	——	AS-1、AS-2、AS-3、AS-4、AS-5
Cisco 4321 Router	1 台	NIM-2T NIM-ES2-4	Router-Edge
Cisco 2911 Router	1 台	HWIC-1GE-SFP GLC-LH-SMD HWIC-2T	ISP-1
Cisco 1941 Router	1 台	HWIC-1GE-SFP	WJ-R

2.5　技术选型

表 2-8 为 LTHB 企业技术选型表。

表 2-8　LTHB 企业技术选型表

涉及技术	具体内容
路由技术	直连路由、静态路由、单臂路由
交换技术	VLAN、Trunk、HSRP、STP、VTP、SVI
安全管理	enable 密码、Telnet、TFTP 文件备份、DHCP、安全访问控制
服务配置	WEB、DNS、DHCP、FTP
WAN 技术	NAT、PPP、GRE VPN

2.6　地址规划

2.6.1　二层交换机地址规划表

表 2-9 为企业二层交换机地址规划表。

表 2-9　企业二层交换机地址规划表

设备名称	接口	地址规划	接口描述
AS-1	VLAN 10	——	BM1
	VLAN 20	——	BM2
	VLAN 30	——	BM3
	VLAN 40	——	BM4
	Gig0/1	——	Link to AS-2 Gig0/1
	Gig0/2	——	Link to DS-1 Gig1/0/1
	VLAN 101	10.0.101.1/24	ADMIN
AS-2	VLAN 10	——	BM1
	VLAN 20	——	BM2
	VLAN 30	——	BM3
	VLAN 40	——	BM4
	Gig0/1	——	Link to AS-1 Gig0/1
	Gig0/2	——	Link to AS-3 Gig0/1
	VLAN 101	10.0.101.2/24	ADMIN
AS-3	VLAN 10	——	BM1
	VLAN 20	——	BM2
	VLAN 30	——	BM3
	VLAN 40	——	BM4
	Gig0/1	——	Link to AS-2 Gig0/2
	Gig0/2	——	Link to DS-2 Gig1/0/1
	VLAN 101	10.0.101.3/24	ADMIN

续表

设备名称	接口	地址规划	接口描述
AS-4	VLAN 4	10.8.4.1/24	ADMIN
	VLAN 5	——	BM5
	VLAN 6	——	BM6
	VLAN 7	——	BM7
	Fa0/23	——	Link to AS-5 Fa0/23
	Fa0/24	——	Link to AS-5 Fa0/24
	Gig0/1	——	Link to WJ-R Gig0/0
	Gig0/2	——	Link to WEB/DHCP
AS-5	VLAN 4	10.8.4.2/24	ADMIN
	VLAN 5	——	BM5
	VLAN 6	——	BM6
	VLAN 7	——	BM7
	Fa0/23	——	Link to AS-4 Fa0/23
	Fa0/24	——	Link to AS-4 Fa0/24

2.6.2　三层交换机地址规划表

表 2-10 为 LTHB 企业三层交换机地址规划表。

表 2-10　LTHB 企业三层交换机地址规划表

设备名称	接口	地址规划	接口描述
DS-1	Gig1/0/1	——	Link to AS-1 Gig0/2
	Gig1/0/2	10.0.13.1/24	Link to Router-Edge Gig0/0/0
	VLAN 10	10.1.10.253/24	BM1
	VLAN 20	10.2.20.253/24	BM2
	VLAN 30	10.3.30.253/24	BM3
	VLAN 40	10.4.40.253/24	BM4
	VLAN 101	10.0.101.253/24	ADMIN
	Loopback0	10.1.1.1/32	——
DS-2	Gig1/0/1	——	Link to AS-2 Gig0/2
	Gig1/0/2	10.0.23.2/24	Link to Router-Edge Gig0/0/1
	VLAN 10	10.1.10.252/24	BM1
	VLAN 20	10.2.20.252/24	BM2
	VLAN 30	10.3.30.252/24	BM3
	VLAN 40	10.4.40.252/24	BM4
	VLAN 101	10.0.101.252/24	ADMIN
	Loopback0	10.2.2.2/32	——

2.6.3 路由器地址规划表

表 2-11 为 LTHB 企业路由器地址规划表。

表 2-11 LTHB 企业路由器地址规划表

设备名称	接口	地址规划	接口描述
Router-Edge	Gig1/0/1	10.0.13.3/23	Link to DS-1 Gig1/0/2
	Gig0/0/1	10.0.23.3/23	Link to DS-1 Gig1/0/2
	Se0/2/0	218.12.17.1/30	Link to ISP-1 Se0/0/0
	VLAN 100	10.5.100.254/24	BM5
	VLAN 200	10.6.200.254/24	BM6
	Tunnel 0	10.10.10.1/30	——
	Loopback0	10.3.3.3/32	——
WJ-R	Gig0/0/1	——	Link to AS-4 Gig0/1
	Gig0/0/0	218.12.18.1/30	Link to ISP-1 Gig0/2/0
	Gig0/0.4	10.8.4.254/24	——
	Gig0/0.5	10.8.5.254/24	——
	Gig0/0.6	10.8.6.254/24	——
	Gig0/0.7	10.8.7.254/24	——
	Tunnel 0	10.10.10.2/30	——
ISP-1	Se0/0/0	218.12.17.2/30	Link to Router-Edge Se0/2/0
	Gig0/2/0	218.12.18.2/30	Link to WJ-RGig0/0/0
	Loopback0	200.200.200.200/32	——

2.6.4 终端地址规划表

表 2-12 为 LTHB 企业终端地址规划表。

表 2-12 LTHB 企业终端地址规划表

设备名称	接口	地址规划	接口描述
PC1*x*	NIC	DHCP	——
PC2*x*	NIC	DHCP	——
PC3*x*	NIC	DHCP	——
PC4*x*	NIC	DHCP	——
PC5*x*	NIC	DHCP	——
WEB	NIC	10.5.100.253/24	Link to Router-Edge Gig0/1/0
DNS	NIC	10.5.100.252/24	Link to Router-Edge Gig0/1/1
EMAIL	NIC	10.6.200.253/24	Link to Router-Edge Gig0/1/2
FTP	NIC	10.6.200.252/24	Link to Router-Edge Gig0/1/3
WEB /DHCP	NIC	10.8.7.253/24	Link to AS-4 Gig0/2

2.7 VLAN 规划

表 2-13 为 LTHB 企业 VLAN 规划表。

表 2-13　LTHB 企业 VLAN 规划表

设 备 名	VLAN ID	VLAN-NAME	接 口 分 配	VLAN 成员	备　注
AS-1、AS-2、AS-3	10	BM1	Fa0/1	PC11、PC12、PC13	——
	20	BM2	Fa0/2	PC21、PC22、PC23	——
	30	BM3	Fa0/3	PC31、PC32、PC33	——
	40	BM4	Fa0/4	PC41、PC42、PC43	——
	101	ADMIN	——	——	管理 VLAN
Router-Edge	100	SERVER-W-D	Gig0/1/0～Gig0/1/1	DNS、WEB	DNS/WEB 服务器
	200	SERVER-M-F	Gig0/1/2～Gig0/1/3	EMAIL、FTP	EMAIL/FTP 服务器
AS-4、AS-5	5	BM5	Fa0/1～Fa0/12	PC51、PC52	——
	6	BM6	Fa0/13～Fa0/22	PC61、PC62	——
	7	BM7	Gig0/2	WEB/DHCP	——
	4	ADMIN	——	——	管理 VLAN

2.8 项目实施

2.8.1 任务一　总部交换机 VTP 配置

（1）在二层交换机 AS-1 上配置主机名、VLAN 及 VTP 域

```
Switch>enable
Switch#configure terminal
Switch(config)#hostname AS-1
AS-1(config)#vlan 10
AS-1(config-vlan)#name BM1
AS-1(config-vlan)#vlan 20
AS-1(config-vlan)#name BM2
AS-1(config-vlan)#vlan 30
AS-1(config-vlan)#name BM3
AS-1(config-vlan)#vlan 40
AS-1(config-vlan)#name BM4
AS-1(config-vlan)#vlan 101
```

```
AS-1(config-vlan)#name ADMIN
AS-1(config-vlan)#exit
AS-1(config)#vtp domain 17net1.ytvc
AS-1(config)#vtp version 2
AS-1(config)#vtp mode server
AS-1(config)#vtp password 17net1
```

（2）在二层交换机 AS-2 上配置主机名及 VTP 域

```
Switch>enable
Switch#configure terminal
Switch(config)#hostname AS-2
AS-2(config)#vtp domain 17net1.ytvc
AS-2(config)#vtp version 2
AS-2(config)#vtp mode client
AS-2(config)#vtp password 17net1
```

（3）在二层交换机 AS-3 上配置主机名及 VTP 域

```
Switch>enable
Switch#configure terminal
Switch(config)#hostname AS-3
AS-3(config)#vtp domain 17net1.ytvc
AS-3(config)#vtp version 2
AS-3(config)#vtp mode client
AS-3(config)#vtp password 17net1
```

2.8.2 任务二 总部二层交换机 VLAN 配置

（1）在二层交换机 AS-1 上配置 VLAN 接口、Trunk、管理 IP 地址及网关

```
AS-1(config)#interface range GigabitEthernet 0/1-2
AS-1(config-if-range)#switchport mode trunk
AS-1(config-if-range)#switchport trunk allowed vlan 10,20,30,40,101
AS-1(config-if-range)#exit
AS-1(config)#interface vlan 101
AS-1(config-if)#ip address 10.0.101.1 255.255.255.0
AS-1(config-if)#no shutdown
AS-1(config-if)#exit
```

```
AS-1(config)#ip default-gateway 10.0.101.254
AS-1(config)#interface FastEthernet 0/1
AS-1(config-if)#switchport mode access
AS-1(config-if)#switchport access vlan 10
AS-1(config-if)#interface FastEthernet 0/2
AS-1(config-if)#switchport mode access
AS-1(config-if)#switchport access vlan 20
AS-1(config-if)#interface FastEthernet 0/3
AS-1(config-if)#switchport mode access
AS-1(config-if)#switchport access vlan 30
AS-1(config-if)#interface FastEthernet 0/4
AS-1(config-if)#switchport mode access
AS-1(config-if)#switchport access vlan 40
```

（2）在二层交换机 AS-2 上配置 VLAN 接口、Trunk、管理 IP 地址及网关

```
AS-2(config)#interface range GigabitEthernet 0/1-2
AS-2(config-if-range)#switchport mode trunk
AS-2(config-if-range)#switchport trunk allowed vlan 10,20,30,40,101
AS-2(config)#interface vlan 101
AS-2(config-if)#ip address 10.0.101.2 255.255.255.0
AS-2(config-if)#no shutdown
AS-2(config-if)#exit
AS-2(config)#ip default-gateway 10.0.101.254
AS-2(config)#interface FastEthernet 0/1
AS-2(config-if)#switchport mode access
AS-2(config-if)#switchport access vlan 10
AS-2(config-if)#interface FastEthernet 0/2
AS-2(config-if)#switchport mode access
AS-2(config-if)#switchport access vlan 20
AS-2(config-if)#interface FastEthernet 0/3
AS-2(config-if)#switchport mode access
AS-2(config-if)#switchport access vlan 30
AS-2(config-if)#interface FastEthernet 0/4
AS-2(config-if)#switchport mode access
AS-2(config-if)#switchport access vlan 40
```

（3）在二层交换机 AS-3 上配置 VLAN 接口、Trunk、管理 IP 地址及网关

```
AS-3(config)#interface range GigabitEthernet 0/1-2
AS-3(config-if-range)#switchport mode trunk
AS-3(config-if-range)#switchport trunk allowed vlan 10,20,30,40,101
AS-3(config)#interface vlan 101
AS-3(config-if)#ip address 10.0.101.3 255.255.255.0
AS-3(config-if)#no shutdown
AS-3(config-if)#exit
AS-3(config)#ip default-gateway 10.0.101.254
AS-3(config)#interface FastEthernet 0/1
AS-3(config-if)#switchport mode access
AS-3(config-if)#switchport access vlan 10
AS-3(config-if)#interface FastEthernet 0/2
AS-3(config-if)#switchport mode access
AS-3(config-if)#switchport access vlan 20
AS-3(config-if)#interface FastEthernet 0/3
AS-3(config-if)#switchport mode access
AS-3(config-if)#switchport access vlan 30
AS-3(config-if)#interface FastEthernet 0/4
AS-3(config-if)#switchport mode access
AS-3(config-if)#switchport access vlan 40
```

（4）在二层交换机 AS-1 上查看 VTP 服务器状态信息

```
AS-1#show vtp status
VTP Version                          : 2
Configuration Revision               : 11
Maximum VLANs supported locally      : 255
Number of existing VLANs             : 10
VTP Operating Mode                   : Server
VTP Domain Name                      : 17net1.ytvc
VTP Pruning Mode                     : Disabled
VTP V2 Mode                          : Enabled
VTP Traps Generation                 : Disabled
MD5 digest                           : 0x9F 0xF7 0x15 0xF2 0x67 0x62 0x4F 0x4A
Configuration last modified by 0.0.0.0 at 3-1-93 01:16:57
```

（5）在二层交换机 AS-2 上查看 VTP 客户端信息

```
AS-2#show vtp status
VTP Version                         : 2
Configuration Revision              : 11
Maximum VLANs supported locally     : 255
Number of existing VLANs            : 10
VTP Operating Mode                  : Client
VTP Domain Name                     : 17net1.ytvc
VTP Pruning Mode                    : Disabled
VTP V2 Mode                         : Enabled
VTP Traps Generation                : Disabled
MD5 digest                          : 0x9F 0xF7 0x15 0xF2 0x67 0x62 0x4F 0x4A
Configuration last modified by 0.0.0.0 at 3-1-93 01:16:57
```

2.8.3　任务三　分部二层交换机 VLAN 配置

（1）在二层交换机 AS-4 上配置主机名、VLAN 及 Trunk

```
Switch>enable
Switch#configure terminal
Switch(config)#hostname AS-4
AS-4(config)#interface range GigabitEthernet 0/1,FastEthernet 0/23-24
AS-4(config-if-range)#switchport mode trunk
AS-4(config-if-range)#switchport trunk allowed vlan 4,5,6,7
AS-4(config-if-range)#vlan 4
AS-4(config-vlan)#name ADMIN
AS-4(config-vlan)#vlan 5
AS-4(config-vlan)#name BM5
AS-4(config-vlan)#vlan 6
AS-4(config-vlan)#name BM6
AS-4(config-vlan)#vlan 7
AS-4(config-vlan)#name BM7
AS-4(config-vlan)#interface range FastEthernet 0/1-12
AS-4(config-if-range)#switchport mode access
AS-4(config-if-range)#switchport access vlan 5
AS-4(config-if-range)#interface range FastEthernet 0/13-22
AS-4(config-if-range)#switchport mode access
```

```
AS-4(config-if-range)#switchport access vlan 6
AS-4(config-if-range)#interface GigabitEthernet 0/2
AS-4(config-if)#switchport mode access
AS-4(config-if)#switchport access vlan 7
```

（2）在二层交换机 AS-5 上配置配置主机名、VLAN 及 Trunk

```
Switch>enable
Switch#configure terminal
Switch(config)#hostname AS-5
AS-5(config)#interface range FastEthernet 0/23-24
AS-5(config-if-range)#switchport mode trunk
AS-5(config-if-range)#switchport trunk allowed vlan 4,5,6,7
AS-5(config-if-range)#vlan 4
AS-5(config-vlan)#name ADMIN
AS-5(config-vlan)#vlan 5
AS-5(config-vlan)#name BM5
AS-5(config-vlan)#vlan 6
AS-5(config-vlan)#name BM6
AS-5(config-vlan)#vlan 7
AS-5(config-vlan)#name BM7
AS-5(config-vlan)#interface range FastEthernet 0/1-12
AS-5(config-if-range)#switchport mode access
AS-5(config-if-range)#switchport access vlan 5
AS-5(config-if-range)#interface range FastEthernet 0/13-22
AS-5(config-if-range)#switchport mode access
AS-5(config-if-range)#switchport access vlan 6
```

2.8.4 任务四　总部边界路由器 VLAN 配置

在路由器 Router-Edge 上配置主机名、VLAN 及 Trunk：

```
Router>enable
Router#configure terminal
Router(config)#hostname Router-Edge
Router-Edge(config)#exit
Router-Edge#vlan database
Router-Edge(vlan)#vlan 100 name SERVER-W-D
Router-Edge(vlan)#vlan 200 name SERVER-M-F
```

```
Router-Edge(vlan)#exit
Router-Edge#configure terminal
Router-Edge(config)#interface range GigabitEthernet 0/1/0- 1
Router-Edge(config-if-range)#switchport mode access
Router-Edge(config-if-range)#switchport access vlan 100
Router-Edge(config-if-range)#interface range GigabitEthernet 0/1/2-3
Router-Edge(config-if-range)#switchport mode access
Router-Edge(config-if-range)#switchport access vlan 200
```

2.8.5　任务五　三层交换机基础 IP 地址配置

（1）在交换机 DS-1 上配置主机名、IP 地址及 SVI 地址

```
Switch>enable
Switch#configure terminal
Switch(config)#hostname DS-1
DS-1(config)#ip routing
DS-1(config)#interface GigabitEthernet 1/0/2
DS-1(config-if)#no switchport
DS-1(config-if)#ip address 10.0.13.1 255.255.255.0
DS-1(config-if)#interface GigabitEthernet1/0/1
DS-1(config-if)#switchport trunk encapsulation dot1q
DS-1(config-if)#switchport mode trunk
DS-1(config-if)#switchport trunk allowed vlan 10,30,20,40,101
DS-1(config-if)#vlan 10
DS-1(config-vlan)#name BM1
DS-1(config-vlan)#vlan 20
DS-1(config-vlan)#name BM2
DS-1(config-vlan)#vlan 30
DS-1(config-vlan)#name BM3
DS-1(config-vlan)#vlan 40
DS-1(config-vlan)#name BM4
DS-1(config-vlan)#vlan 101
DS-1(config-vlan)#name ADMIN
DS-1(config-vlan)#interface vlan 10
DS-1(config-if)#ip address 10.1.10.253 255.255.255.0
DS-1(config-if)#interface vlan 20
DS-1(config-if)#ip address 10.2.20.253 255.255.255.0
```

```
DS-1(config-if)#interface vlan 30
DS-1(config-if)#ip address 10.3.30.253 255.255.255.0
DS-1(config-if)#interface vlan 40
DS-1(config-if)#ip address 10.4.40.253 255.255.255.0
DS-1(config-if)#interface vlan 101
DS-1(config-if)#ip address 10.0.101.253 255.255.255.0
DS-1(config-if)#no shutdown
DS-1(config-if)#interface loopback 0
DS-1(config-if)#ip address 10.1.1.1 255.255.255.255
```

（2）在交换机 DS-1 上查看 Trunk 信息

```
DS-1#show interface trunk
Port        Mode          Encapsulation   Status        Native vlan
Gig1/0/1    on            802.1q          trunking        1

Port        Vlans allowed on trunk
Gig1/0/1    10,20,30,40,101

Port        Vlans allowed and active in management domain
Gig1/0/1    10,20,30,40,101

Port        Vlans in spanning tree forwarding state and not pruned
Gig1/0/1    10,20,30,40,101
```

通过查看 Trunk 信息可以清楚地知道允许通过的 VLAN 数据流以及数据的封装格式，确保每一个活跃 VLAN 的数据流均可以通过 Trunk 链路。

（3）在交换机 DS-2 上配置主机名、IP 地址及 SVI 地址

```
Switch>enable
Switch#configure terminal
Switch(config)#hostname DS-2
DS-2(config)#ip routing
DS-2(config)#interface GigabitEthernet 1/0/2
DS-2(config-if)#no switchport
DS-2(config-if)#ip address 10.0.23.2 255.255.255.0
DS-2(config-if)#interface GigabitEthernet1/0/1
DS-2(config-if)#switchport trunk encapsulation dot1q
DS-2(config-if)#switchport mode trunk
```

```
DS-2(config-if)#switchport trunk allowed vlan 10,30,20,40,101
DS-2(config-if)#vlan 10
DS-2(config-vlan)#name BM1
DS-2(config-vlan)#vlan 20
DS-2(config-vlan)#name BM2
DS-2(config-vlan)#vlan 30
DS-2(config-vlan)#name BM3
DS-2(config-vlan)#vlan 40
DS-2(config-vlan)#name BM4
DS-2(config-vlan)#vlan 101
DS-2(config-vlan)#name ADMIN
DS-2(config-vlan)#interface vlan 10
DS-2(config-if)#ip address 10.1.10.252 255.255.255.0
DS-2(config-if)#interface vlan 20
DS-2(config-if)#ip address 10.2.20.252 255.255.255.0
DS-2(config-if)#interface vlan 30
DS-2(config-if)#ip address 10.3.30.252 255.255.255.0
DS-2(config-if)#interface vlan 40
DS-2(config-if)#ip address 10.4.40.252 255.255.255.0
DS-2(config-if)#interface vlan 101
DS-2(config-if)#ip address 10.0.101.252 255.255.255.0
DS-2(config-if)#no shutdown
DS-2(config-if)#interface loopback 0
DS-2(config-if)#ip address 10.2.2.2 255.255.255.255
```

2.8.6　任务六　二层交换机管理 IP 地址配置

（1）在二层交换机 AS-4 上配置管理 IP 地址

```
AS-4(config)#interface vlan 4
AS-4(config-if)#ip address 10.8.4.1 255.255.255.0
AS-4(config-if)#no shutdown
AS-4(config-if)#exit
AS-4(config)#ip default-gateway 10.8.4.254
```

（2）在二层交换机 AS-5 上配置管理 IP 地址

```
AS-5(config)#interface vlan 4
```

```
AS-5(config-if)#ip address 10.8.4.2 255.255.255.0
AS-5(config-if)#no shutdown
AS-5(config-if)#exit
AS-5(config)#ip default-gateway 10.8.4.254
```

2.8.7 任务七 边界路由器基础 IP 地址配置

在路由器 Router-Edge 上配置 IP 地址及 SVI 地址：

```
Router-Edge(config)#interface Serial 0/2/0
Router-Edge(config-if)#ip address 218.12.17.1 255.255.255.252
Router-Edge(config-if)#no shutdown
Router-Edge(config-if)#interface GigabitEthernet 0/0/0
Router-Edge(config-if)#ip address 10.0.13.3 255.255.255.0
Router-Edge(config-if)#no shutdown
Router-Edge(config-if)#interface GigabitEthernet 0/0/1
Router-Edge(config-if)#ip address 10.0.23.3 255.255.255.0
Router-Edge(config-if)#no shutdown
Router-Edge(config-if)#interface Loopback 0
Router-Edge(config-if)#ip add 10.3.3.3 255.255.255.255
Router-Edge(config-if)#exit
Router-Edge(config)#interface vlan 100
Router-Edge(config-if)#ip address 10.5.100.254 255.255.255.0
Router-Edge(config-if)#interface vlan 200
Router-Edge(config-if)#ip address 10.6.200.254 255.255.255.0
```

2.8.8 任务八 ISP 路由器基本配置

在网络运营商路由器 ISP-1 上配置接口 IP 地址：

```
Router>enable
Router#configure terminal
Router(config)#hostname ISP-1
ISP-1(config)#interface Serial0/0/0
ISP-1(config-if)#ip address 218.12.17.2 255.255.255.252
ISP-1(config-if)#clock rate 128000
ISP-1(config-if)#no shutdown
ISP-1(config-if)#interface GigabitEthernet 0/2/0
ISP-1(config-if)#ip address 218.12.18.2 255.255.255.252
```

```
ISP-1(config-if)#no shutdown
ISP-1(config-if)#interface Loopback 0
ISP-1(config-if)#ip address 200.200.200.200 255.255.255.255
```

2.8.9　任务九　HSRP 配置

（1）在三层交换机 DS-1 上配置 HSRP

```
DS-1(config)#interface vlan 10
DS-1(config-if)#standby 10 ip 10.1.10.254
DS-1(config-if)#standby 10 priority 105
DS-1(config-if)#standby 10 preempt
DS-1(config-if)#standby 10 track g1/0/2
DS-1(config-if)#interface vlan 20
DS-1(config-if)#standby 20 ip 10.2.20.254
DS-1(config-if)#standby 20 preempt
DS-1(config-if)#interface vlan 30
DS-1(config-if)#standby 30 ip 10.3.30.254
DS-1(config-if)#standby 30 priority 105
DS-1(config-if)#standby 30 preempt
DS-1(config-if)#standby 30 track g1/0/2
DS-1(config-if)#interface vlan 40
DS-1(config-if)#standby 40 ip 10.4.40.254
DS-1(config-if)#standby 40 preempt
DS-1(config-if)#interface vlan 101
DS-1(config-if)#standby 101 ip 10.0.101.254
DS-1(config-if)#standby 101 priority 105
DS-1(config-if)#standby 101 preempt
DS-1(config-if)#standby 101 track g1/0/2
DS-1(config-if)#no shutdown
```

（2）在三层交换机 DS-2 上配置 HSRP

```
DS-2(config)#interface vlan 10
DS-2(config-if)#standby 10 ip 10.1.10.254
DS-2(config-if)#standby 10 preempt
DS-2(config-if)#interface vlan 20
DS-2(config-if)#standby 20 ip 10.2.20.254
```

```
DS-2(config-if)#standby 20 priority 105
DS-2(config-if)#standby 20 preempt
DS-2(config-if)#standby 20 track GigabitEthernet 1/0/2
DS-2(config-if)#interface vlan 30
DS-2(config-if)#standby 30 ip 10.3.30.254
DS-2(config-if)#standby 30 preempt
DS-2(config-if)#interface vlan 40
DS-2(config-if)#standby 40 ip 10.4.40.254
DS-2(config-if)#standby 40 priority 105
DS-2(config-if)#standby 40 preempt
DS-2(config-if)#standby 40 track GigabitEthernet 1/0/2
DS-2(config-if)#interface vlan 101
DS-2(config-if)#standby 101 ip 10.0.101.254
DS-2(config-if)#standby 101 preempt
```

（3）在三层交换机 DS-2 上查看 HSRP 相关信息

```
DS-2#show standby brief
                     P indicates configured to preempt.
                     |
Interface   Grp  Pri  P State    Active        Standby       Virtual IP
Vl10         10  100  P Standby  10.1.10.253   local         10.1.10.254
Vl20         20  105  P Active   local         10.2.20.253   10.2.20.254
Vl30         30  100  P Standby  10.3.30.253   local         10.3.30.254
Vl40         40  105  P Active   local         10.4.40.253   10.4.40.254
Vl101       101  100  P Standby  10.0.101.253  local         10.0.101.254
```

从以上输出信息可知，VLAN 20 与 VLAN 40 是以本地交换机 DS-2 作为主网关的，所有出方向的数据流均通过 DS-2；同时 DS-1 作为 VLAN 20 与 VLAN 40 的备份网关，避免因链路故障影响正常通信。

2.8.10 任务十 PVST 配置

（1）在交换机 AS-4 上配置 PVST

```
AS-4(config)#spanning-tree mode pvst
AS-4(config)#spanning-tree vlan 4,5 root primary
AS-4(config)#spanning-tree vlan 6,7 root secondary
```

（2）在交换机 AS-5 上配置 PVST

```
AS-5(config)#spanning-tree mode pvst
AS-5(config)#spanning-tree vlan 4,5 root secondary
AS-5(config)#spanning-tree vlan 6,7 root primary
```

（3）在交换机 AS-5 上查看 PVST 信息

```
AS-5#show spanning-tree vlan 6
VLAN0006
  Spanning tree enabled protocol ieee
  Root ID        Priority      24582
                 Address       0010.11B2.3646
                 This bridge is the root
                 Hello Time   2 sec   Max Age 20 sec   Forward Delay 15 sec

  Bridge ID      Priority      24582   (priority 24576 sys-id-ext 6)
                 Address       0010.11B2.3646
                 Hello Time   2 sec   Max Age 20 sec   Forward Delay 15 sec
                 Aging Time   20

Interface           Role Sts Cost        Prio.Nbr Type
---------------- ---- --- --------- -------- --------------------------------
Fa0/13                Desg FWD 19             128.13     P2p
Fa0/24                Desg FWD 19             128.24     P2p
Fa0/23                Desg FWD 19             128.23     P2p
```

2.8.11　任务十一　单臂路由配置

在路由器 WJ-R 上配置单臂路由：

```
Router>enable
Router#configure terminal
Router(config)#hostname WJ-R
WJ-R(config)#interface GigabitEthernet 0/0
WJ-R(config-if)#no ip address
WJ-R(config-if)#no shutdown
WJ-R(config-if)#interface GigabitEthernet 0/0.4
WJ-R(config-subif)#encapsulation dot1Q 4
```

```
WJ-R(config-subif)#ip address 10.8.4.254 255.255.255.0
WJ-R(config-subif)#interface GigabitEthernet 0/0.5
WJ-R(config-subif)#encapsulation dot1Q 5
WJ-R(config-subif)#ip address 10.8.5.254 255.255.255.0
WJ-R(config-subif)#interface GigabitEthernet 0/0.6
WJ-R(config-subif)#encapsulation dot1Q 6
WJ-R(config-subif)#ip address 10.8.6.254 255.255.255.0
WJ-R(config-subif)#interface GigabitEthernet 0/0.7
WJ-R(config-subif)#encapsulation dot1Q 7
WJ-R(config-subif)#ip address 10.8.7.254 255.255.255.0
WJ-R(config-subif)#interface GigabitEthernet 0/0/0
WJ-R(config-if)#ip address 218.12.8.1 255.255.255.252
WJ-R(config-if)#no shutdown
```

2.8.12 任务十二 DHCP 服务配置

（1）在路由器 DS-1 上配置 DHCP 服务，排除相应 IP 地址

```
DS-1(config)#ip dhcp excluded-address 10.1.10.101 10.1.10.254
DS-1(config)#ip dhcp excluded-address 10.2.20.101 10.2.20.254
DS-1(config)#ip dhcp excluded-address 10.3.30.101 10.3.30.254
DS-1(config)#ip dhcp excluded-address 10.4.40.101 10.4.40.254
DS-1(config)#ip dhcp pool VLAN10
DS-1(dhcp-config)#network 10.1.10.0 255.255.255.0
DS-1(dhcp-config)#default-router 10.1.10.254
DS-1(dhcp-config)#dns-server 10.5.100.252
DS-1(dhcp-config)#ip dhcp pool VLAN20
DS-1(dhcp-config)#network 10.2.20.0 255.255.255.0
DS-1(dhcp-config)#default-router 10.2.20.254
DS-1(dhcp-config)#dns-server 10.5.100.252
DS-1(dhcp-config)#ip dhcp pool VLAN30
DS-1(dhcp-config)#network 10.3.30.0 255.255.255.0
DS-1(dhcp-config)#default-router 10.3.30.254
DS-1(dhcp-config)#dns-server 10.5.100.252
DS-1(dhcp-config)#ip dhcp pool VLAN40
DS-1(dhcp-config)#network 10.4.40.0 255.255.255.0
DS-1(dhcp-config)#default-router 10.4.40.254
DS-1(dhcp-config)#dns-server 10.5.100.252
```

（2）在路由器 DS-2 上配置 DHCP 服务，排除相应 IP 地址

```
DS-2(config)#ip dhcp excluded-address 10.1.10.1 10.1.10.100
DS-2(config)#ip dhcp excluded-address 10.2.20.1 10.2.20.100
DS-2(config)#ip dhcp excluded-address 10.3.30.1 10.3.30.100
DS-2(config)#ip dhcp excluded-address 10.4.40.1 10.4.40.100
DS-2(config)#ip dhcp excluded-address 10.1.10.252 10.1.10.254
DS-2(config)#ip dhcp excluded-address 10.2.20.252 10.2.20.254
DS-2(config)#ip dhcp excluded-address 10.3.30.252 10.3.30.254
DS-2(config)#ip dhcp excluded-address 10.4.40.252 10.4.40.254
DS-2(config)#ip dhcp pool VLAN10
DS-2(dhcp-config)#network 10.1.10.0 255.255.255.0
DS-2(dhcp-config)#default-router 10.1.10.254
DS-2(dhcp-config)#dns-server 10.5.100.252
DS-2(dhcp-config)#ip dhcp pool VLAN20
DS-2(dhcp-config)#network 10.2.20.0 255.255.255.0
DS-2(dhcp-config)#default-router 10.2.20.254
DS-2(dhcp-config)#dns-server 10.5.100.252
DS-2(dhcp-config)#ip dhcp pool VLAN30
DS-2(dhcp-config)#network 10.3.30.0 255.255.255.0
DS-2(dhcp-config)#default-router 10.3.30.254
DS-2(dhcp-config)#dns-server 10.5.100.252
DS-2(dhcp-config)#ip dhcp pool VLAN40
DS-2(dhcp-config)#network 10.4.40.0 255.255.255.0
DS-2(dhcp-config)#default-router 10.4.40.254
DS-2(dhcp-config)#dns-server 10.5.100.252
```

2.8.13　任务十三　DHCP 中继配置

当 PC 与 DHCP 服务器处于不同 VLAN 时，需要配置 DHCP 中继来实现跨网段 IP 地址分配。

```
WJ-R(config)#interface GigabitEthernet 0/0.5
WJ-R(config-subif)#ip helper-address 10.8.7.253
WJ-R(config-subif)#interface GigabitEthernet 0/0.6
WJ-R(config-subif)#ip helper-address 10.8.7.253
```

2.8.14　任务十四　静态路由配置

（1）在路由器 Router-Edge 上配置静态路由

```
Router-Edge(config)#ip route 10.0.0.0 255.248.0.0 10.0.13.1
```

```
Router-Edge(config)#ip route 10.0.0.0 255.248.0.0 10.0.23.2
```

（2）在三层交换机 DS-1 上配置静态默认路由

```
DS-1(config)#ip route 0.0.0.0 0.0.0.0 10.0.13.3
```

（3）在三层交换机 DS-2 上配置静态默认路由

```
DS-2(config)#ip route 0.0.0.0 0.0.0.0 10.0.23.3
```

（4）在路由器 Router-Edge 上配置静态默认路由

```
Router-Edge(config)#ip route 0.0.0.0 0.0.0.0 serial 0/2/0
```

（5）在路由器 WJ-R 上配置静态默认路由

```
WJ-R(config)#ip route 0.0.0.0 0.0.0.0 218.12.8.2
```

（6）在三层交换机 DS-1 上查看路由表

```
DS-1#show ip route
Codes: C - connected, S - static, I - IGRP, R - RIP, M - mobile, B - BGP
       D - EIGRP, EX - EIGRP external, O - OSPF, IA - OSPF inter area
       N1 - OSPF NSSA external type 1, N2 - OSPF NSSA external type 2
       E1 - OSPF external type 1, E2 - OSPF external type 2, E - EGP
       i - IS-IS, L1 - IS-IS level-1, L2 - IS-IS level-2, ia - IS-IS inter area
       * - candidate default, U - per-user static route, o - ODR
       P - periodic downloaded static route

Gateway of last resort is 10.0.13.3 to network 0.0.0.0

     10.0.0.0/8 is variably subnetted, 7 subnets, 2 masks
C       10.0.13.0/24 is directly connected, GigabitEthernet1/0/2
C       10.0.101.0/24 is directly connected, Vlan101
C       10.1.1.1/32 is directly connected, Loopback0
C       10.1.10.0/24 is directly connected, Vlan10
C       10.2.20.0/24 is directly connected, Vlan20
C       10.3.30.0/24 is directly connected, Vlan30
C       10.4.40.0/24 is directly connected, Vlan40
S*   0.0.0.0/0 [1/0] via 10.0.13.3
```

从以上输出可知，DS-1 所有直连路由全部出现在路由表内，同时配置的静态默认路由也均出现在路由表内，表明接口配置完全没有问题。

2.8.15　任务十五　NAT 配置

（1）在边界路由器 Router-Edge 上配置 NAT 功能

```
Router-Edge(config)#ip access-list standard NAT-17NET1
Router-Edge(config-std-nacl)#permit 10.0.0.0 0.7.255.255
Router-Edge(config-std-nacl)#exit
Router-Edge(config)#ip nat inside source list NAT-17NET1 interface serial 0/2/0 overload
Router-Edge(config)#ip nat inside source static tcp 10.5.100.253 80 218.12.17.1 80
Router-Edge(config)#interface GigabitEthernet 0/0/0
Router-Edge(config-if)#ip nat inside
Router-Edge(config-if)#interface GigabitEthernet 0/0/1
Router-Edge(config-if)#ip nat inside
Router-Edge(config)#interface vlan 100
Router-Edge(config-if)#ip nat inside
Router-Edge(config-if)#interface vlan 200
Router-Edge(config-if)#ip nat inside
Router-Edge(config-if)#interface serial 0/2/0
Router-Edge(config-if)#ip nat outside
```

（2）在路由器 Router-Edge 上查看 NAT 转换表

```
Router-Edge#show ip nat translations
Pro   Inside global      Inside local      Outside local      Outside global
icmp 218.12.17.1:1      10.2.20.102:1     218.12.17.2:1      218.12.17.2:1
icmp 218.12.17.1:2      10.1.10.101:2     218.12.17.2:2      218.12.17.2:2
icmp 218.12.17.1:3      10.1.10.101:3     218.12.17.2:3      218.12.17.2:3
icmp 218.12.17.1:4      10.1.10.101:4     218.12.17.2:4      218.12.17.2:4
icmp 218.12.17.1:5      10.1.10.101:5     218.12.17.2:5      218.12.17.2:5
```

配置 NAPT（Network Address Port Translation，网络端口地址转换）功能可减少公网 IP 地址的浪费，从转换表中我们可以发现，所有的内网地址均转换为同一个公网 IP 地址，以不同的端口号来区分内网中不同 PC。

（3）在路由器 WJ-R 上配置 NAT 功能

```
WJ-R(config)#access-list 88 permit 10.8.0.0 0.0.255.255
```

```
WJ-R(config)#ip nat inside source list 88 interface GigabitEthernet 0/0/0 overload
WJ-R(config)#interface GigabitEthernet 0/0/0
WJ-R(config-if)#ip nat outside
WJ-R(config-if)#interface GigabitEthernet 0/0.4
WJ-R(config-subif)#ip nat inside
WJ-R(config-subif)#interface GigabitEthernet 0/0.5
WJ-R(config-subif)#ip nat inside
WJ-R(config-subif)#interface GigabitEthernet 0/0.6
WJ-R(config-subif)#ip nat inside
WJ-R(config-subif)#interface GigabitEthernet 0/0.7
WJ-R(config-subif)#ip nat inside
```

2.8.16 任务十六 CHAP 认证配置

（1）在路由器 Router-Edge 上配置 PPP，开启 CHAP 认证

```
Router-Edge(config)#username ISP-1 password cisco
Router-Edge(config)#interface Serial0/2/0
Router-Edge(config-if)#encapsulation ppp
Router-Edge(config-if)#ppp authentication chap
```

（2）在路由器 ISP-1 上配置 PPP，开启 CHAP 认证

```
ISP-1(config)#username Router-Edge password cisco
ISP-1(config)#interface Serial0/0/0
ISP-1(config-if)#encapsulation ppp
ISP-1(config-if)#ppp authentication chap
```

2.8.17 任务十七 GRE VPN 配置

（1）在路由器 Router-Edge 上配置 Tunnel（隧道）

```
Router-Edge(config)#interface Tunnel0
Router-Edge(config-if)#ip address 10.10.10.1 255.255.255.252
Router-Edge(config-if)#tunnel source Serial0/2/0
Router-Edge(config-if)#tunnel destination 218.12.18.1
```

（2）在路由器 WJ-R 上配置 Tunnel（隧道）

```
WJ-R(config)#interface Tunnel0
```

```
WJ-R(config-if)#ip address 10.10.10.2 255.255.255.252
WJ-R(config-if)#tunnel source GigabitEthernet0/0/0
WJ-R(config-if)#tunnel destination 218.12.17.1
```

（3）在路由器 Router-Edge 上配置静态路由

```
Router-Edge(config)#ip route 10.8.4.0 255.255.255.0 10.10.10.2
Router-Edge(config)#ip route 10.8.5.0 255.255.255.0 10.10.10.2
Router-Edge(config)#ip route 10.8.6.0 255.255.255.0 10.10.10.2
Router-Edge(config)#ip route 10.8.7.0 255.255.255.0 10.10.10.2
```

（4）在路由器 WJ-R 上配置静态路由

```
WJ-R(config)#ip route 10.0.0.0 255.248. 0.0 10.10.10.1
```

（5）查看路由器 WJ-R 的路由表

```
WJ-R#show ip route
Codes: L - local, C - connected, S - static, R - RIP, M - mobile, B - BGP
       D - EIGRP, EX - EIGRP external, O - OSPF, IA - OSPF inter area
       N1 - OSPF NSSA external type 1, N2 - OSPF NSSA external type 2
       E1 - OSPF external type 1, E2 - OSPF external type 2, E - EGP
       i - IS-IS, L1 - IS-IS level-1, L2 - IS-IS level-2, ia - IS-IS inter area
       * - candidate default, U - per-user static route, o - ODR
       P - periodic downloaded static route

Gateway of last resort is 218.12.18.2 to network 0.0.0.0

     10.0.0.0/8 is variably subnetted, 11 subnets, 4 masks
S       10.0.0.0/13 [1/0] via 10.10.10.1
C       10.8.4.0/24 is directly connected, GigabitEthernet0/0.4
L       10.8.4.254/32 is directly connected, GigabitEthernet0/0.4
C       10.8.5.0/24 is directly connected, GigabitEthernet0/0.5
L       10.8.5.254/32 is directly connected, GigabitEthernet0/0.5
C       10.8.6.0/24 is directly connected, GigabitEthernet0/0.6
L       10.8.6.254/32 is directly connected, GigabitEthernet0/0.6
C       10.8.7.0/24 is directly connected, GigabitEthernet0/0.7
L       10.8.7.254/32 is directly connected, GigabitEthernet0/0.7
C       10.10.10.0/30 is directly connected, Tunnel0
```

```
L        10.10.10.2/32 is directly connected, Tunnel0
     218.12.18.0/24 is variably subnetted, 2 subnets, 2 masks
C        218.12.18.0/30 is directly connected, GigabitEthernet0/0/0
L        218.12.18.1/32 is directly connected, GigabitEthernet0/0/0
S*    0.0.0.0/0 [1/0] via 218.12.18.2
```

2.8.18 任务十八 DHCP 服务器配置

在服务器上配置 DHCP 服务。DHCP 服务器配置，如图 2-2 所示。

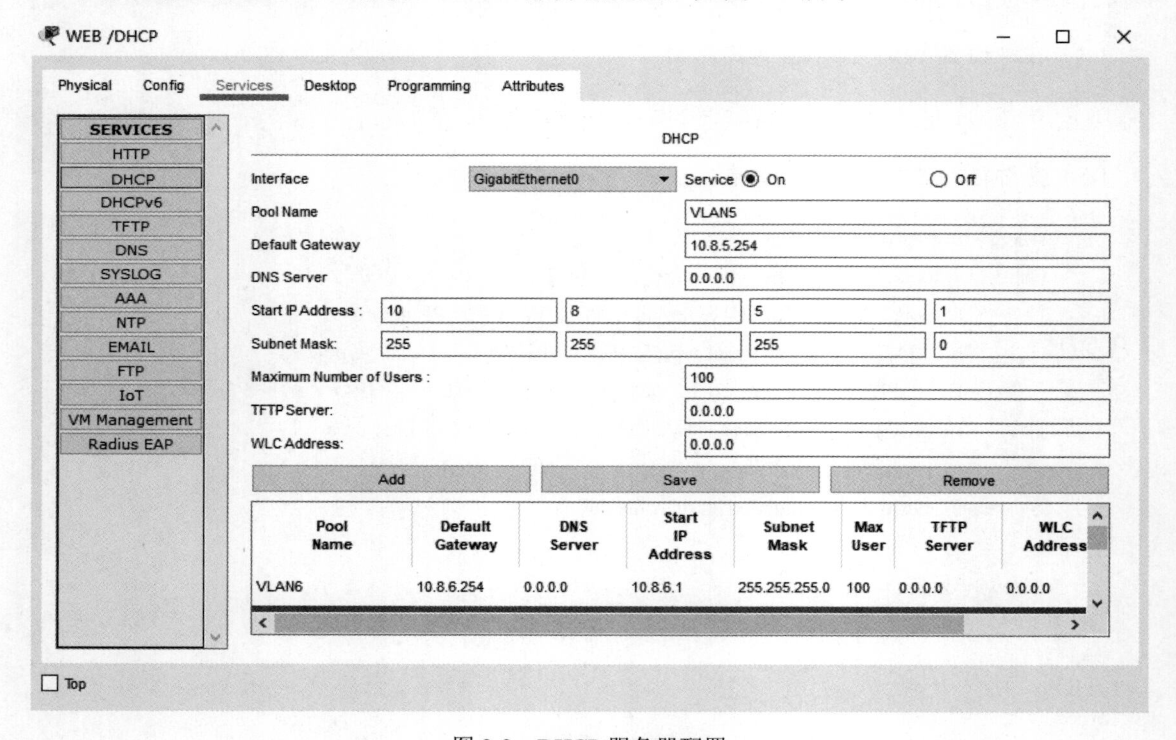

图 2-2 DHCP 服务器配置

2.8.19 任务十九 DNS 服务器配置

在服务器上配置 DNS 服务。DNS 服务器配置，如图 2-3 所示。

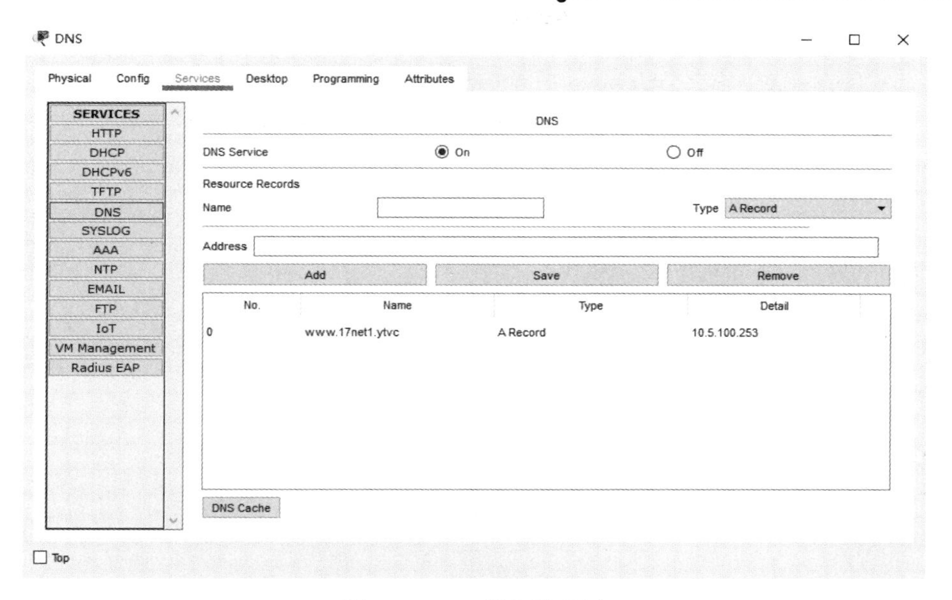

图 2-3　DNS 服务器配置

2.8.20　任务二十　FTP 服务器配置

在服务器上配置 FTP 服务。FTP 服务器配置，如图 2-4 所示。

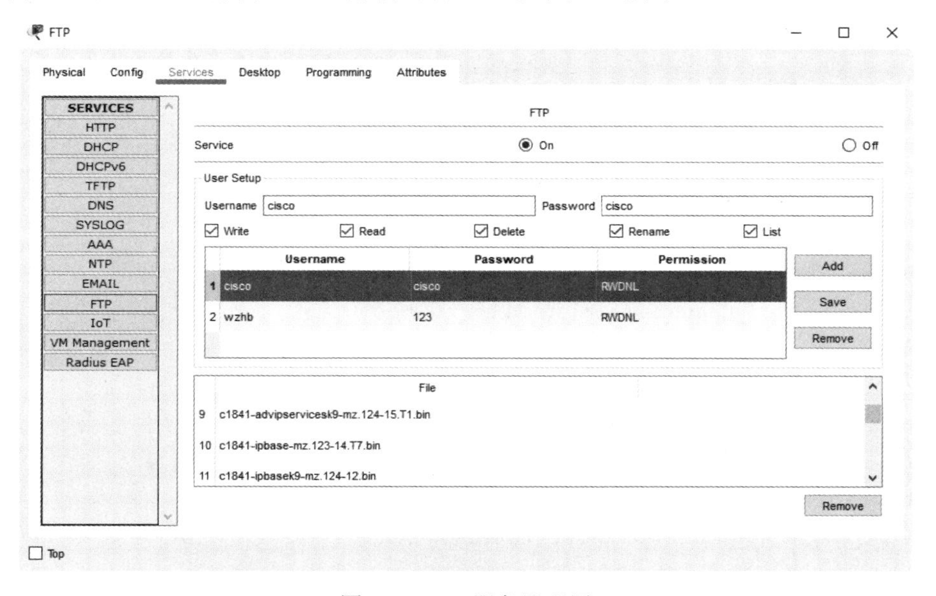

图 2-4　FTP 服务器配置

2.8.21 任务二十一 远程访问配置

（1）在交换机 DS-1 和 DS-2 上配置 Telnet（以交换机 DS-1 为例）

```
DS-1(config)#enable secret cisco
DS-1(config)#username lwj secret jwl
DS-1(config)#username ydl secret ldy
DS-1(config)#username srk secret krs
DS-1(config)#username lts secret stl
DS-1(config)#username wzg secret gzw
DS-1(config)#line vty 0 2
DS-1(config-line)#transport input telnet
DS-1(config-line)#login local
```

（2）在交换机 AS-1、AS-2 和 AS-3 上配置 Telnet（以交换机 AS-1 为例）

```
AS-1(config)#enable secret cisco
AS-1(config)#username lwj secret jwl
AS-1(config)#username ydl secret ldy
AS-1(config)#username srk secret krs
AS-1(config)#username lts secret stl
AS-1(config)#username wzg secret gzw
AS-1(config)#line vty 0 2
AS-1(config-line)#transport input telnet
AS-1(config-line)#login local
```

（3）在路由器 Router-Edge 上配置 Telnet

```
Router-Edge(config)#enable secret cisco
Router-Edge(config)#username lwj secret jwl
Router-Edge(config)#username ydl secret ldy
Router-Edge(config)#username srk secret krs
Router-Edge(config)#username lts secret stl
Router-Edge(config)#username wzg secret gzw
Router-Edge(config)#line vty 0 2
Router-Edge(config-line)#transport input telnet
Router-Edge(config-line)#login local
```

2.8.22　任务二十二　软件防火墙配置

服务器防火墙配置，如图 2-5 所示。

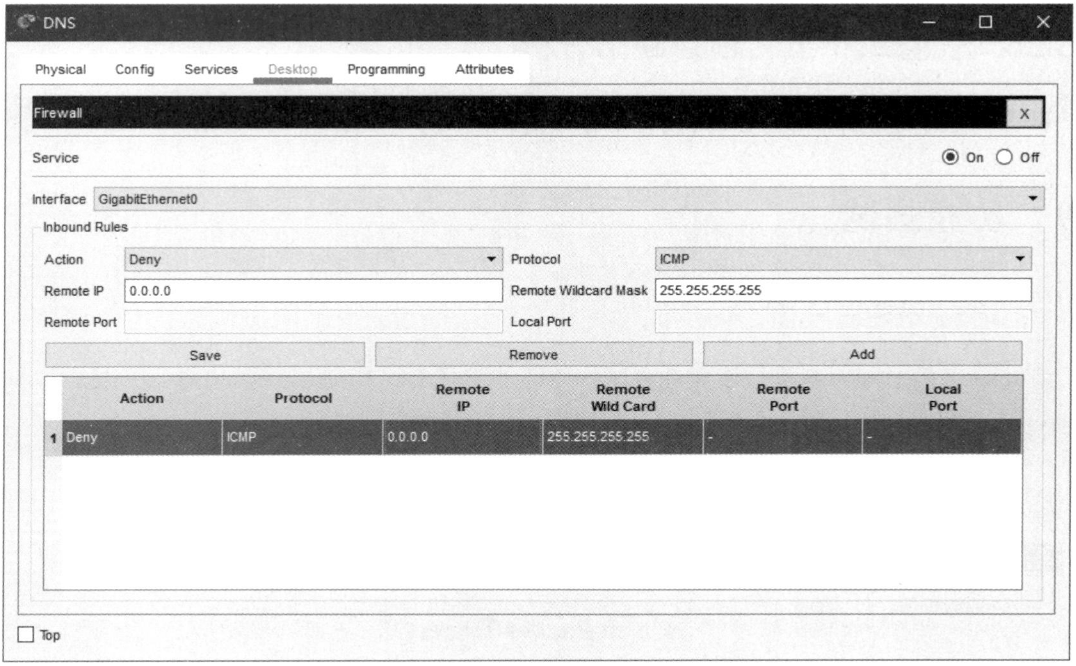

图 2-5　服务器防火墙配置

2.8.23　任务二十三　VTY 访问控制

在交换机 DS-1 上配置 VTY 访问限制。

```
DS-1(config)#access-list 1 permit 10. 4.40.0 0.0.0.255
DS-1(config)#line vty 0 2
DS-1(config-line)#access-class 1 in
```

2.8.24　任务二十四　扩展 ACL 配置

在边界路由器上配置扩展 ACL，确保 FTP 服务器的安全。

```
Router-Edge(config)#ip access-list extended denyFTP
Router-Edge(config-ext-nacl)#deny ip 10.1.10.0 0.0.0.255 host 10.6.200.252
Router-Edge(config-ext-nacl)#deny ip 10.2.20.0 0.0.0.255 host 10.6.200.252
```

```
Router-Edge(config-ext-nacl)#permit ip any any
Router-Edge(config)#interface vlan 200
Router-Edge(config-if)#ip access-group denyFTP out
```

2.8.25 任务二十五 项目缺陷分析

请大家以小组为单位分析网络设计中存在的缺陷。

2.9 功能测试

2.9.1 终端连通性测试

在不同部门之间网络进行连通性测试，BM4 的主机 PC42 成功访问 WEB 服务器，如图 2-6 所示。

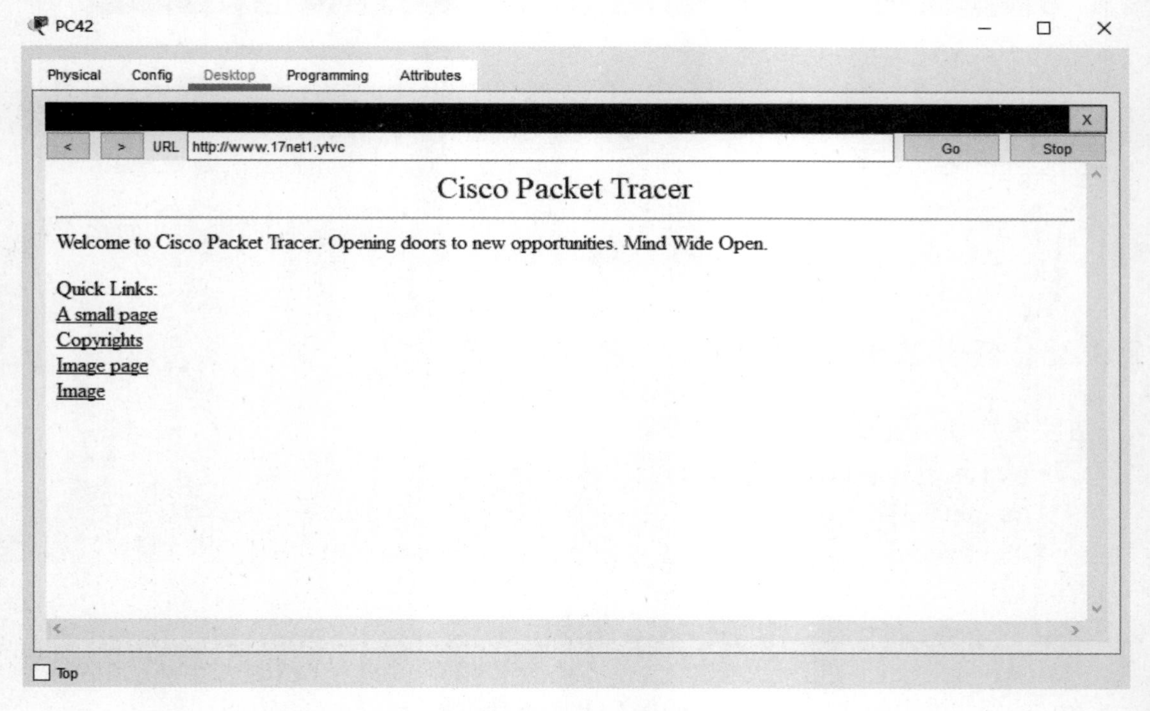

图 2-6 BM4 的主机 PC42 成功访问 WEB 服务器

BM6 的主机 PC61 成功访问 WEB 服务器，如图 2-7 所示。

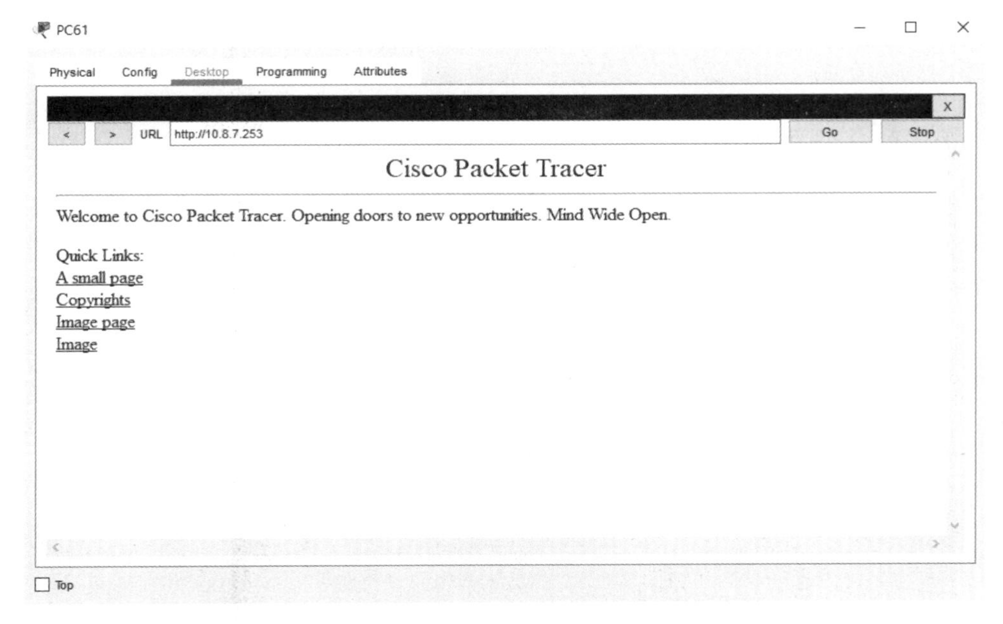

图 2-7　BM6 的主机 PC61 成功访问 WEB 服务器

完成内网设备访问外网连通性测试。BM1 的主机 PC12 成功访问公网环回地址，主机 PC12 的 tracert（路由跟踪）结果如图 2-8 所示。

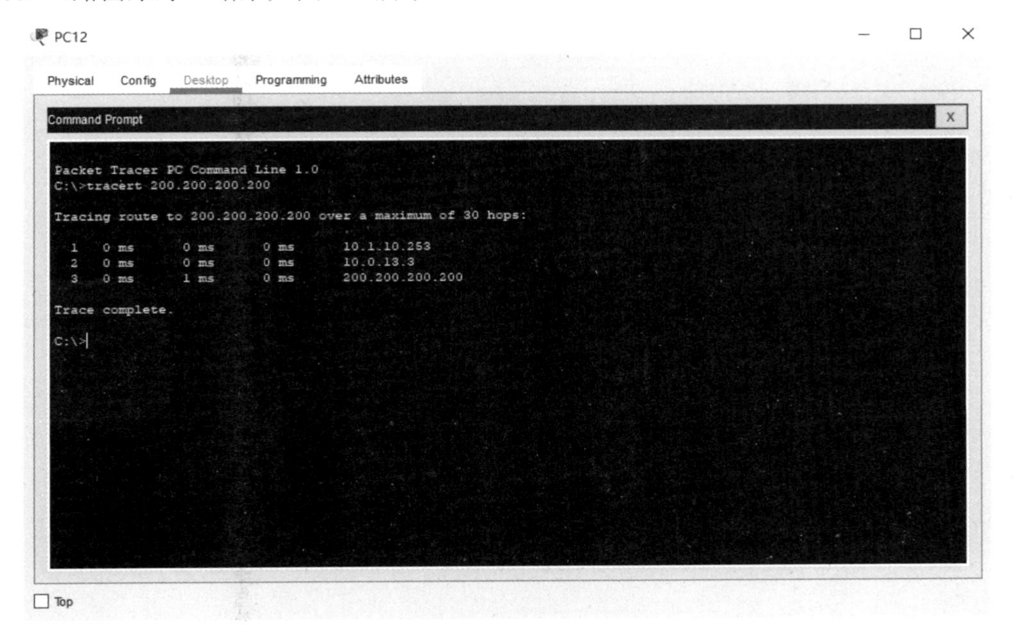

图 2-8　主机 PC12 的 tracert（路由跟踪）结果

BM2 的主机 PC21 成功访问公网环回地址，其 tracert（路由跟踪）结果如图 2-9 所示。

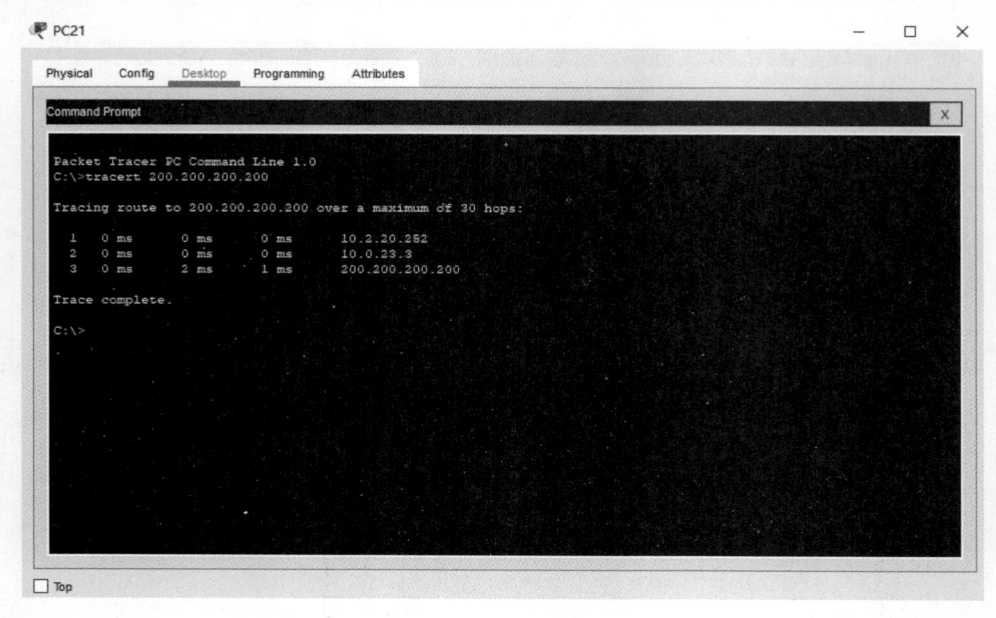

图 2-9　主机 PC21 的 tracert（路由跟踪）结果

BM5 的主机 PC51 成功访问公网环回地址，其 ping 操作结果如图 2-10 所示。

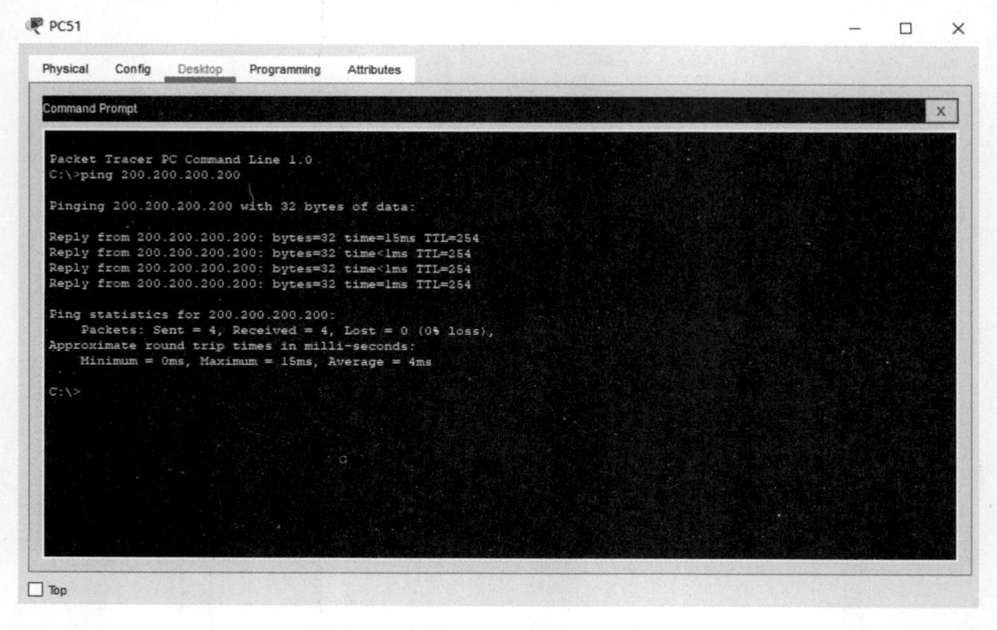

图 2-10　主机 PC51 的 ping 操作结果

2.9.2　远程访问测试

```
Packet Tracer PC Command Line 1.0
C:\>telnet 10.2.2.2
Trying 10.2.2.2 ...Open

User Access Verification

Username: lwj
Password:
DS-2>enable
Password:
DS-2#
```

2.9.3　文件备份测试

（1）在交换机 AS-1 上创建用户名和密码

```
AS-1>enable
Password:
AS-1#configure terminal
AS-1(config)#ip ftp username cisco
AS-1(config)#ip ftp password cisco
```

注意：与 TFTP 不同，进行 FTP 备份配置时需要在本地创建用户名和密码，经 FTP 服务器认证通过后，才能登录服务器进行后续操作。

（2）将交换机 AS-1 的配置文件备份到 FTP 服务器上

```
AS-1#copy startup-config ftp
Address or name of remote host []? 10.6.200.252
Destination filename [AS-1-confg]?

Writing startup-config...
[OK - 1996 bytes]

1996 bytes copied in 0.023 secs (86000 bytes/sec)
```

（3）将路由器 Router-Edge 的 VLAN 配置文件备份到 FTP 服务器上

```
Router-Edge#copy flash ftp
Source filename []? vlan.dat
Address or name of remote host []? 10.6.200.252
Destination filename [vlan.dat]? Router-Edge-vlan.dat

Writing vlan.dat...
[OK - 676 bytes]

676 bytes copied in 0.05 secs (13000 bytes/sec)
Router-Edge#
```

（4）查看备份信息

在 FTP 服务器上查看备份信息，FTP 服务器文件备份结果如图 2-11 所示。

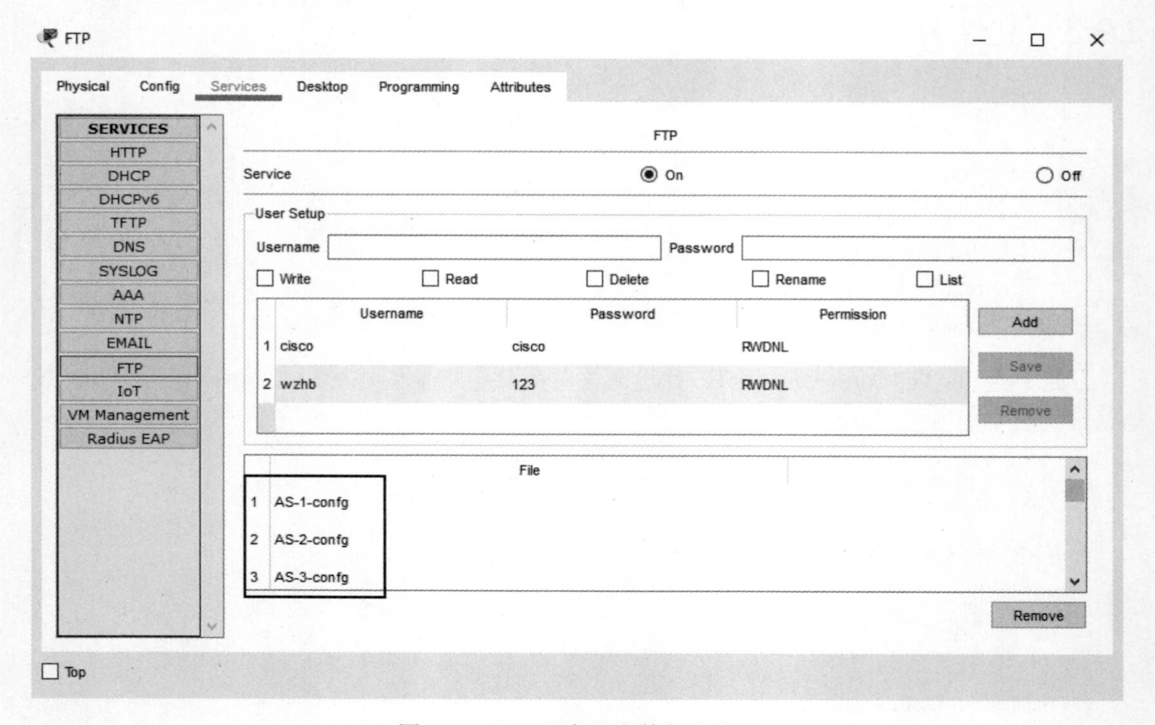

图 2-11 FTP 服务器文件备份结果

2.9.4　软件防火墙测试

（1）配置服务器防火墙前进行的 ping 测试

```
DS-1#ping 10.5.100.252

Type escape sequence to abort.
Sending 5, 100-byte ICMP Echos to 10.6.200.252, timeout is 2 seconds:
!!!!!
Success rate is 100 percent (5/5), round-trip min/avg/max = 0/0/1 ms
```

（2）配置服务器防火墙后再次进行的 ping 测试

```
DS-1#ping 10.5.100.252

Type escape sequence to abort.
Sending 5, 100-byte ICMP Echos to 10.6.200.252, timeout is 2 seconds:
.....
Success rate is 0 percent (0/5)
```

2.9.5　VTY 限制测试

（1）PC11 远程登录交换机 DS-1

```
C:\>telnet 10.1.1.1
Trying 10.1.1.1 ...Open

[Connection to 10.1.1.1 closed by foreign host]
C:\>
```

（2）PC41 远程登录交换机 DS-1

```
C:\>telnet 10.1.1.1
Trying 10.1.1.1 ...Open



User Access Verification
```

```
Username: srk
Password:
DS-1>
```

2.9.6 扩展 ACL 测试

PC11 访问 FTP 服务器的测试结果如下：

```
C:\>ftp 10.6.200.252
Trying to connect...10.6.200.252

%Error opening ftp://10.6.200.252/ (Timed out)
.

(Disconnecting from ftp server)


C:\>
```

PC31 可以访问 FTP 服务器并成功下载文件，如下所示：

```
C:\>ftp 10.6.200.252
Trying to connect...10.6.200.252
Connected to 10.6.200.252
220- Welcome to PT Ftp server
Username:cisco
331- Username ok, need password
Password:
230- Logged in
(passive mode On)
ftp>
ftp>get vlan.dat-AS1

Reading file vlan.dat-AS1 from 10.6.200.252:
File transfer in progress...

[Transfer complete - 856 bytes]

856 bytes copied in 0 secs
```

2.10　本章小结

本章案例的项目背景是公司总部与分部网络的互连互通。公司总部和分部都采用 NAT 技术接入 Internet，采用 GRE VPN 实现互通。总部 PC 通过三层交换机提供 DCHP 服务，分部则通过专用 DHCP 服务器提供 IP 地址，通过在子接口上配置 DHCP 中继，实现跨网段 IP 地址分配。内网访问公网以及外网访问内网 WEB 服务器采用相同公网 IP 地址。总部采用 HSRP 技术，让终端用户实现网关冗余；总部出口和 ISP 间采用双向 CHAP 认证。分部二层交换机配置了 STP 负载均衡。本章案例中采用标准 ACL 限制 VTY 访问；用扩展 ACL 限制对 FTP 服务器的访问；用软件防火墙拦截对 DNS 服务器的 ping 攻击。通过学习本章案例，可使读者对不同网络环境、不同应用需求、采用不同技术有一定的认识，同时通过设计有缺陷的网络拓扑使读者意识到潜在的隐患，进而认识到前期网络规划和设计的重要性。

第3章 >>>

升级企业无线网络

本章要点

- 项目背景
- 项目拓扑
- 项目需求
- 设备选型
- 技术选型
- 地址规划
- VLAN 规划
- 项目实施
- 功能测试
- 本章小结

本章案例以多分支企业网络的互连互通为项目背景，由于公司网络规模较大，加上对网络应用需求较多，因此给网络实施带来一定难度。本章案例中路由技术包括静态路由、单臂路由、RIPv2 以及 OSPF 等相关内容，交换技术包括 VLAN、Trunk、HSRP、STP 及 EtherChannel 等相关内容；无线技术包括 WLC（无线局域网控制器）及 Fit AP 配置等相关内容；网络安全及网络管理技术包括特权密码、口令加密、远程登录 Telnet 及 SSH 等相关内容；网络服务包括 WEB、DNS 以及 DHCP 等相关内容；WAN 技术包括 NAT 和 GRE VPN 等相关内容。通过学习本章案例，可使读者对无线网络的部署及应用有一定认识，引导读者分析项目中存在的设计缺陷并采取相应解决方案，进而提高其对现实网络部署的应变能力。

3.1　项目背景

HMR 公司是一家实力雄厚的大型水产加工公司，近几年大量订单通过互联网完成。公司总部设立在 YT 市的 ZF 区，两个分支分别设立在该市的 MP 区与 KF 区。MP 区的分支对网络可靠性要求较高，KF 区的分支办公区域比较分散，网络布线相对困难，因此采用 WLC 及 Fit AP 进行无线部署。网络对大带宽有一定要求，公司的三层交换机全部采用 Cisco C3650-24PS 双电源冗余。总部与分支之间、分支与分支之间都有专用的 VPN 通道实现互连互通。

3.2　项目拓扑

项目拓扑，如图 3-1 所示。

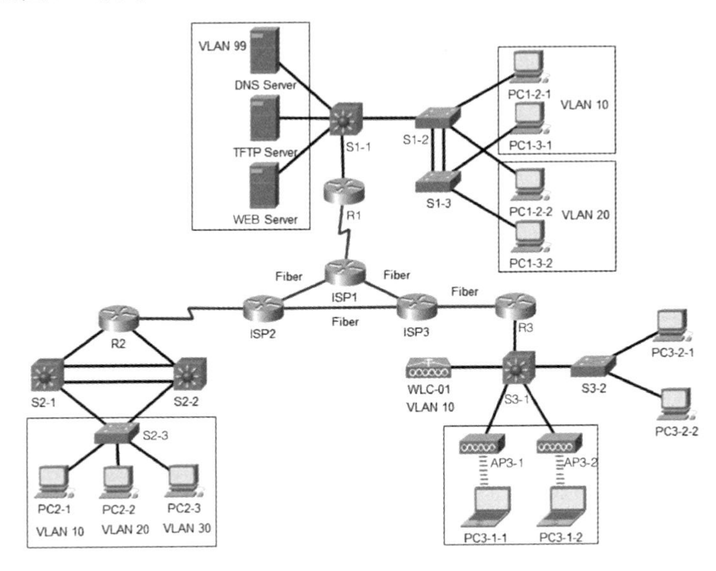

图 3-1　项目拓扑

3.3 项目需求

（1）设备命名及拓扑搭建

- 根据项目拓扑修改所有设备的名称；
- 根据项目拓扑完成设备连接。

（2）VLAN 及 Trunk 配置

- 根据 VLAN 规划表合理划分 VLAN，确保接口分配正确；
- 根据项目拓扑要求合理配置 Trunk，其封装模式均为 IEEE 802.1q；
- 查看 Trunk 链路信息，确保 Trunk 两端允许通过的 VLAN ID 一致且 Trunk 封装模式正确。

（3）IP 地址配置

- 根据地址规划表配置物理接口或子接口的 IP 地址；
- 根据地址规划表完成 SVI 地址配置；
- 确保路由器接口 IP 地址配置正确且都处于 up 状态；
- 根据地址规划表静态指定服务器网卡的 IP 地址。

（4）链路聚合配置

- 在二层交换机 S1-2 和 S1-3 之间配置二层链路聚合；
- 在三层交换机 S2-1 和 S2-2 之间配置三层链路聚合；
- 请手动指定 EtherChannel 协商方式。

（5）DHCP 服务配置

- 在三层交换机 S1-1 上配置 DHCP 服务，为内网各网段分配 IP 地址；
- 在三层交换机 S2-1 和 S2-2 上配置 DHCP 服务，为内网各网段分配 IP 地址；
- 在三层交换机 S3-1 上配置 DHCP 服务，为内网各网段分配 IP 地址。

（6）HSRP 配置

- 在三层交换机 S2-1 和 S2-2 上配置 HSRP，实现主机网关冗余，HSRP 参数表如表 3-1 所示；
- S2-1 和 S2-2 各 HSRP 组中高优先级设置为 150，低优先级设置为 120。

表 3-1　HSRP 参数表

VLAN	HSRP 组号	HSRP 虚拟 IP 地址
VLAN 10	10	10.2.1.254
VLAN 20	20	10.2.2.254
VLAN 30	30	10.2.3.254
VLAN 100	100	10.2.100.254

（7）RIPv2 配置

- 在 R3 和 S3-1 之间使用 RIPv2，关闭自动路由汇总功能；
- 宣告内网路由；
- 在路由器 R3 上传播默认路由。

（8）OSPF 配置

- 在三层设备 R2、S2-1、S2-2 上使用 OSPF，进程号为 10；
- 在 ISP1、ISP2、ISP3 上使用 OSPF，进程号为 20；
- 宣告内网路由；
- 在路由器 R2 上传播默认路由。

（9）NAT 配置

- 在路由器 R1、R2、R3 上配置 NAPT 功能，使内网可以访问公网；
- 在路由器 R1 上配置端口映射，将 TFTP Server 的 TFTP 端口映射为公网地址。

（10）GRE Tunnel 配置

- 配置 Tunnel（隧道），使路由器 R1、R2、R3 之间可以通过 Tunnel 实现私网连接；
- 隧道之间使用静态路由实现互相访问。

（11）服务配置

- 配置 DNS 服务器，使其可以解析 www.cisco.com；
- 配置 WEB 服务器，使其可以对内网提供 WEB 服务；
- 配置 TFTP 服务器，使其可以对内网提供 TFTP 服务，将内网设备配置上传至 TFTP 服务器进行备份。

（12）无线网络配置

- 配置 WLC，可以使 AP 与 WLC 连接并下发配置。

（13）拓展思维挑战

- 请指出项目拓扑设计中至少存在的两种类型的缺陷；
- 请修改项目拓扑并完成相应的网络地址规划与配置。

3.4 设备选型

表 3-2 为设备选型表。

表 3-2 设备选型表

设 备 类 型	设 备 数 量	扩 展 模 块	对应设备名称
C2960-24TT Switch	4 台	——	S2-3、S3-2、S1-3、S1-2
C3650-24PS Switch	4 台	AC-POWER-SUPPLY	S1-1、S2-1、S2-2、S3-1
Cisco ISR4321 Router	2 台	NIM-2T	R1、R2
Cisco 2901 Router	1 台	HWIC-1GE-SFP	R3
Cisco 2911 Router	3 台	HWIC-2T HWIC-1GE-SFP GLC-LH-SMD	ISP1、ISP2、ISP3

3.5 技术选型

表 3-3 为技术选型表。

表 3-3 技术选型表

涉 及 技 术	具 体 内 容
路由技术	直连路由、静态路由、RIPv2、OSPF、路由重分布
交换技术	VLAN、Trunk、HSRP、STP、EtherChannel
无线技术	WLC、Fit AP
安全管理	enable 密码、SSH、DHCP
服务配置	DNS、WEB、TFTP
WAN 技术	NAT、GRE VPN

3.6 地址规划

3.6.1 总部设备地址规划表

表 3-4 为总部设备地址规划表。

表 3-4　总部设备地址规划表

设备名称	接口	地址规划	接口描述
S1-1	Gig1/0/24	10.0.0.2/30	Link to R1 Gig0/0/1
	VLAN 10	10.1.1.254/24	BM1
	VLAN 20	10.1.2.254/24	BM2
	VLAN 99	10.1.99.254/24	Server
	VLAN 100	10.1.100.254/24	Manage
S1-2	VLAN 100	10.1.100.1/24	Manage
S1-3	VLAN 100	10.1.100.2/24	Manage
R1	Gig0/0/1	10.0.0.1/30	Link to S1-2 Gig1/0/24
	Se0/1/0	203.2.24.2/30	Link to ISP1 Se0/1/0
	Tunnel 0	10.4.1.2/30	Link to R2 Tunnel 1
	Tunnel 1	10.4.2.2/30	Link to R3 Tunnel 1
PC1-2-1	NIC	DHCP	——
PC1-2-2	NIC	DHCP	——
PC1-3-1	NIC	DHCP	——
PC1-3-2	NIC	DHCP	——
DNS Server	NIC	10.1.99.10/24	——
WEB Server	NIC	10.1.99.20/24	——
TFTP Server	NIC	10.1.99.30/24	——

3.6.2　分支设备地址规划表

表 3-5 为分支设备地址规划表。

表 3-5　分支设备地址规划表

设备名称	接口	地址规划	接口描述
S2-1	Gig1/0/24	10.2.12.1/30	Link to R2 Gig0/0/1
	Port-channel1	10.2.21.1/30	Link to S2-2 Port-channel1
	VLAN 10	10.2.1.252/24	BM1
	VLAN 20	10.2.2.252/24	BM2
	VLAN 30	10.2.3.252/24	BM3
	VLAN 100	10.2.100.252/24	Manage
	Loopback0	21.21.21.21/32	——
S2-2	Gig1/0/24	10.2.22.1/30	Link to R2 Gig0/0/0
	Port-channel1	10.2.21.2/30	Link to S2-1 Port-channel1
	VLAN 10	10.2.1.253/24	BM1

续表

设备名称	接口	地址规划	接口描述
S2-2	VLAN 20	10.2.2.253/24	BM2
	VLAN 30	10.2.3.253/24	BM3
	VLAN 100	10.2.100.253/24	Manage
	Loopback0	22.22.22.22/30	——
S2-3	VLAN 100	10.2.100.1/24	Manage
S3-1	Gig1/0/3	10.3.13.2/30	Link to R2 Gig0/0/0
	Gig1/0/4	10.3.2.254/24	Link to S3-2 Gig0/1
	VLAN 10	10.3.1.254/24	BM1
R2	Gig0/0/0	10.2.22.2/30	Link to S2-2 Gig1/0/24
	Gig0/0/1	10.2.12.2/30	Link to S2-1 Gig1/0/24
	Se0/1/0	216.9.5.1/30	Link to ISP2 Se0/1/0
	Tunnel 0	10.4.0.1/30	Link to R3 Tunnel 0
	Tunnel 1	10.4.1.1/30	Link to R1 Tunnel 0
	Loopback0	2.2.2.2/32	——
R3	Gig0/0	10.3.13.1/30	Link to S3-1 Gig1/0/3
	Gig0/0/0	219.7.10.1/30	Link to ISP3 Gig0/0/0
	Tunnel 0	10.4.0.2/30	Link to R3 Tunnel 0
	Tunnel 1	10.4.2.1/30	Link to R1 Tunnel 1
WLC-01	Gig1	10.3.1.250/24	Link to S3-1 Gig1/0/5
AP3-1	Gig0	DHCP	——
AP3-2	Gig0	DHCP	——
PC2-1	NIC	DHCP	——
PC2-2	NIC	DHCP	——
PC2-3	NIC	DHCP	——
PC3-1-1	Wireless0	DHCP	——
PC3-1-2	Wireless0	DHCP	——
PC3-2-1	NIC	DHCP	——
PC3-2-2	NIC	DHCP	——
DNS Server	NIC	10.1.99.10/24	——
WEB Server	NIC	10.1.99.20/24	——
TFTP Server	NIC	10.1.99.30/24	——

3.6.3 ISP 设备地址规划表

表 3-6 为 ISP 设备地址规划表。

表 3-6　ISP 设备地址规划表

设备名称	接　　口	地址规划	接口描述
ISP1	Gig0/0/0	219.7.6.2/30	Link to ISP2 Gig0/0/0
	Gig0/2/0	197.12.16.2/30	Link to ISP3 Gig0/2/0
	Se0/1/0	203.2.24.1/30	Link to R1 Se0/1/0
	Loopback0	219.11.11.11/32	——
ISP2	Gig0/0/0	219.7.6.1/30	Link to ISP1 Gig0/0/0
	Gig0/3/0	198.1.18.1/30	Link to ISP3 Gig0/3/0
	Se0/1/0	216.9.5.2/30	Link to R2 Se0/1/0
	Loopback0	219.22.22.22/32	——
ISP3	Gig0/0/0	219.7.10.2/30	Link to R3 Gig0/0/0
	Gig0/2/0	197.12.16.1/30	Link to ISP1 Gig0/2/0
	Gig0/3/0	198.1.18.2/30	Link to ISP2 Gig0/3/0
	Loopback0	217.33.33.33/32	——

3.7　VLAN 规划

表 3-7 为 HMR 公司 VLAN 规划表。

表 3-7　HMR 公司 VLAN 规划表

设备名	VLAN ID	VLAN 名称	接口分配	备　注
S1-2、S1-3	10	BM1	Fa0/1～Fa0/10	——
	20	BM2	Fa0/11～Fa0/20	——
	99	Server	——	服务器
	100	Manage	——	管理 VLAN
S2-1、S2-2	10	BM1	——	——
	20	BM2	——	——
	30	BM3	——	——
	100	Manage	——	管理 VLAN
S2-3	10	BM1	Fa0/1～Fa0/5	——
	20	BM2	Fa0/6～Fa0/10	——
	30	BM3	Fa0/11～Fa0/15	——
	100	Manage	——	管理 VLAN
S3-1	10	BM1	Gig1/0/1,Gig1/0/2,Gig1/0/5	——

3.8 项目实施

3.8.1 任务一 二层交换机基础配置

（1）在二层交换机 S1-2 上配置主机名、VLAN、Trunk、管理 IP 地址及网关

```
Switch>enable
Switch#configure terminal
Switch(config)#hostname S1-2
S1-2(config)#vlan 10
S1-2(config-vlan)#name BM1
S1-2(config-vlan)#vlan 20
S1-2(config-vlan)#name BM2
S1-2(config-vlan)#vlan 99
S1-2(config-vlan)#name Server
S1-2(config-vlan)#vlan 100
S1-2(config-vlan)#name Manage
S1-2(config-if)#interface range FastEthernet0/1-10
S1-2(config-if-range)#switchport mode access
S1-2(config-if-range)#switchport access vlan 10
S1-2(config-if-range)#interface range FastEthernet0/11-20
S1-2(config-if-range)#switchport mode access
S1-2(config-if-range)#switchport access vlan 20
S1-2(config-if-range)#interface GigabitEthernet0/1
S1-2(config-if)#switchport mode trunk
S1-2(config-if)#interface Vlan100
S1-2(config-if)#ip address 10.1.100.1 255.255.255.0
S1-2(config-if)#ip default-gateway 10.1.100.254
```

（2）在二层交换机 S1-3 上配置主机名、VLAN、Trunk、管理 IP 地址及网关

```
Switch>enable
Switch#configure terminal
Switch(config)#hostname S1-3
S1-3(config)#vlan 10
S1-3(config-vlan)#name BM1
S1-3(config-vlan)#vlan 20
S1-3(config-vlan)#name BM2
```

```
S1-3(config-vlan)#vlan 99
S1-3(config-vlan)#name Server
S1-3(config-vlan)#vlan 100
S1-3(config-vlan)#name Manage
S1-3(config-if)#interface range FastEthernet0/1-10
S1-3(config-if-range)#switchport mode access
S1-3(config-if-range)#switchport access vlan 10
S1-3(config-if-range)#interface range FastEthernet0/11-20
S1-3(config-if-range)#switchport mode access
S1-3(config-if-range)#switchport access vlan 20
S1-3(config-if-range)#interface Vlan100
S1-3(config-if)#ip address 10.1.100.2 255.255.255.0
S1-3(config-if)#ip default-gateway 10.1.100.254
```

（3）在二层交换机 S2-3 上配置主机名、VLAN、Trunk、管理 IP 地址及网关

```
Switch>enable
Switch#configure terminal
Switch(config)#hostname S2-3
S2-3(config)#vlan 10
S2-3(config-vlan)#name BM1
S2-3(config-vlan)#vlan 20
S2-3(config-vlan)#name BM2
S2-3(config-vlan)#vlan 30
S2-3(config-vlan)#name BM3
S2-3(config-vlan)#vlan 100
S2-3(config-vlan)#name Manage
S2-3(config)#interface range FastEthernet0/1-5
S2-3(config-if-range)#switchport mode access
S2-3(config-if-range)#switchport access vlan 10
S2-3(config-if-range)#interface range FastEthernet0/6-10
S2-3(config-if-range)#switchport mode access
S2-3(config-if-range)#switchport access vlan 20
S2-3(config-if-range)#interface range FastEthernet0/11-15
S2-3(config-if-range)#switchport mode access
S2-3(config-if-range)#switchport access vlan 30
S2-3(config-if-range)#interface range GigabitEthernet0/1-2
S2-3(config-if-range)#switchport mode trunk
```

```
S2-3(config-if-range)#interface Vlan100
S2-3(config-if)#ip address 10.2.100.1 255.255.255.0
S2-3(config-if)#ip default-gateway 10.2.100.252
```

3.8.2 任务二 三层交换机基础配置

结合地址规划表，为三层交换机配置物理接口或 SVI 的 IP 地址，确保直连路由没有问题。

（1）在三层交换机 S1-1 上配置主机名、Trunk、SVI 地址

```
Switch>enable
Switch#configure terminal
Switch(config)#hostname S1-1
S1-1(config)#ip routing
S1-1(config)#vlan 10
S1-1(config-vlan)#name BM1
S1-1(config-vlan)#vlan 20
S1-1(config-vlan)#name BM2
S1-1(config-vlan)#vlan 99
S1-1(config-vlan)#name Server
S1-1(config-vlan)#vlan 100
S1-1(config-vlan)#name Manage
S1-1(config-vlan)#interface range GigabitEthernet1/0/1-5
S1-1(config-if-range)#switchport mode access
S1-1(config-if-range)#switchport access vlan 99
S1-1(config-if-range)#interface GigabitEthernet1/0/23
S1-1(config-if)#switchport trunk encapsulation dot1q
S1-1(config-if)#switchport mode trunk
S1-1(config-if)#interface GigabitEthernet1/0/24
S1-1(config-if)#no switchport
S1-1(config-if)#ip address 10.0.0.2 255.255.255.252
S1-1(config-if)#interface Vlan10
S1-1(config-if)#ip address 10.1.1.254 255.255.255.0
S1-1(config-if)#interface Vlan20
S1-1(config-if)#ip address 10.1.2.254 255.255.255.0
S1-1(config-if)#interface Vlan99
S1-1(config-if)#ip address 10.1.99.254 255.255.255.0
```

```
S1-1(config-if)#interface Vlan100
S1-1(config-if)#ip address 10.1.100.254 255.255.255.0
```

（2）在三层交换机 S2-1 上配置主机名、Trunk、IP 地址、SVI 地址

```
Switch>enable
Switch#configure terminal
Switch(config)#hostname S2-1
S2-1(config)#ip routing
S2-1(config)#vlan 10
S2-1(config-vlan)#name BM1
S2-1(config-vlan)#vlan 20
S2-1(config-vlan)#name BM2
S2-1(config-vlan)#vlan 30
S2-1(config-vlan)#name BM3
S2-1(config-vlan)#vlan 100
S2-1(config-vlan)#name Manage
S2-1(config-vlan)#interface Loopback0
S2-1(config-if)#ip address 21.21.21.21 255.255.255.255
S2-1(config-if)#interface GigabitEthernet1/0/1
S2-1(config-if)#switchport trunk encapsulation dot1q
S2-1(config-if)#switchport mode trunk
S2-1(config-if)#interface GigabitEthernet1/0/24
S2-1(config-if)#no switchport
S2-1(config-if)#ip address 10.2.12.1 255.255.255.252
S2-1(config-if)#interface Vlan10
S2-1(config-if)#ip address 10.2.1.252 255.255.255.0
S2-1(config-if)#interface Vlan20
S2-1(config-if)#ip address 10.2.2.252 255.255.255.0
S2-1(config-if)#interface Vlan30
S2-1(config-if)#ip address 10.2.3.252 255.255.255.0
S2-1(config-if)#interface Vlan100
S2-1(config-if)#ip address 10.2.100.252 255.255.255.0
```

（3）在三层交换机 S2-2 上配置主机名、Trunk、IP 地址、SVI 地址

```
Switch>enable
Switch#configure terminal
Switch(config)#hostname S2-2
```

```
S2-2(config)#ip routing
S2-2(config)#vlan 10
S2-2(config-vlan)#name BM1
S2-2(config-vlan)#vlan 20
S2-2(config-vlan)#name BM2
S2-2(config-vlan)#vlan 30
S2-2(config-vlan)#name BM3
S2-2(config-vlan)#vlan 100
S2-2(config-vlan)#name Manage
S2-2(config-vlan)#interface Loopback0
S2-2(config-if)#ip address 22.22.22.22 255.255.255.255
S2-2(config-if)#interface GigabitEthernet1/0/1
S2-2(config-if)#switchport trunk encapsulation dot1q
S2-2(config-if)#switchport mode trunk
S2-2(config-if)#interface GigabitEthernet1/0/24
S2-2(config-if)#no switchport
S2-2(config-if)#ip address 10.2.22.1 255.255.255.252
S2-2(config-if)#interface Vlan10
S2-2(config-if)#ip address 10.2.1.253 255.255.255.0
S2-2(config-if)#interface Vlan20
S2-2(config-if)#ip address 10.2.2.253 255.255.255.0
S2-2(config-if)#interface Vlan30
S2-2(config-if)#ip address 10.2.3.253 255.255.255.0
S2-2(config-if)#interface Vlan100
S2-2(config-if)#ip address 10.2.100.253 255.255.255.0
```

（4）在三层交换机 S3-1 上配置 VLAN

```
Switch>enable
Switch#configure terminal
Switch(config)#hostname S2-3
S3-1(config)#ip routing
S3-1(config)#vlan 10
S3-1(config-vlan)#name BM1
S3-1(config-vlan)#interface range GigabitEthernet1/0/1-2
S3-1(config-if-range)#switchport mode access
S3-1(config-if-range)#switchport access vlan 10
S3-1(config-if-range)#interface GigabitEthernet1/0/5
```

```
S3-1(config-if)#switchport mode access
S3-1(config-if)#switchport access vlan 10
S3-1(config-if)#interface GigabitEthernet1/0/3
S3-1(config-if)#no switchport
S3-1(config-if)#ip address 10.3.13.2 255.255.255.252
S3-1(config-if)#interface GigabitEthernet1/0/4
S3-1(config-if)#no switchport
S3-1(config-if)#ip address 10.3.2.254 255.255.255.0
S3-1(config-if)#interface Vlan10
S3-1(config-if)#ip address 10.3.1.254 255.255.255.0
```

3.8.3　任务三　路由器接口基础配置

结合地址规划表，为路由器物理接口配置 IP 地址，确保直连路由没有问题。

（1）在路由器 R1 上配置主机名及 IP 地址

```
Router>enable
Router#configure terminal
Router(config)#hostname R1
R1(config)#interface Tunnel0
R1(config-if)#ip address 10.4.1.2 255.255.255.252
R1(config-if)#interface Tunnel1
R1(config-if)#ip address 10.4.2.2 255.255.255.252
R1(config-if)#interface GigabitEthernet0/0/1
R1(config-if)#ip address 10.0.0.1 255.255.255.252
R1(config-if)#no shutdown
R1(config-if)#interface Serial0/1/0
R1(config-if)#ip address 203.2.24.2 255.255.255.252
R1(config-if)#no shutdown
```

（2）在路由器 R2 上配置主机名及 IP 地址

```
Router>enable
Router#configure terminal
Router(config)#hostname R2
R2(config)#interface Loopback0
R2(config-if)#ip address 2.2.2.2 255.255.255.255
R2(config-if)#interface Tunnel0
```

```
R2(config-if)#ip address 10.4.0.1 255.255.255.252
R2(config-if)#interface Tunnel1
R2(config-if)#ip address 10.4.1.1 255.255.255.252
R2(config-if)#interface GigabitEthernet0/0/0
R2(config-if)#ip address 10.2.22.2 255.255.255.252
R2(config-if)#no shutdown
R2(config-if)#interface GigabitEthernet0/0/1
R2(config-if)#ip address 10.2.12.2 255.255.255.252
R2(config-if)#no shutdown
R2(config-if)#interface Serial0/1/0
R2(config-if)#ip address 216.9.5.1 255.255.255.252
R2(config-if)#no shutdown
```

（3）在路由器 R3 上配置主机名及 IP 地址

```
Router>enable
Router#configure terminal
Router(config)#hostname R3
R3(config)#interface Tunnel0
R3(config-if)#ip address 10.4.0.2 255.255.255.252
R3(config-if)#interface Tunnel1
R3(config-if)#ip address 10.4.2.1 255.255.255.252
R3(config-if)#interface GigabitEthernet0/0
R3(config-if)#ip address 10.3.13.1 255.255.255.252
R3(config-if)#no shutdown
R3(config-if)#interface GigabitEthernet0/0/0
R3(config-if)#ip address 219.7.10.1 255.255.255.252
R3(config-if)#no shutdown
```

3.8.4 任务四 运营商接口基础配置

结合地址规划表，为运营商设备物理接口配置 IP 地址，确保直连路由没有问题。

（1）在运营商 ISP1 上配置主机名及 IP 地址

```
Router>enable
Router#configure terminal
Router(config)#hostname ISP1
ISP1(config)#interface Loopback0
```

```
ISP1(config-if)#ip address 219.11.11.11 255.255.255.255
ISP1(config-if)#interface GigabitEthernet0/0/0
ISP1(config-if)#ip address 219.7.6.2 255.255.255.252
ISP1(config-if)#no shutdown
ISP1(config-if)#interface Serial0/1/0
ISP1(config-if)#ip address 203.2.24.1 255.255.255.252
ISP1(config-if)#no shutdown
ISP1(config-if)#interface GigabitEthernet0/2/0
ISP1(config-if)#ip address 197.12.16.2 255.255.255.252
ISP1(config-if)#no shutdown
```

（2）在运营商 ISP2 上配置主机名及 IP 地址

```
Router>enable
Router#configure terminal
Router(config)#hostname ISP2
ISP2(config)#interface Loopback0
ISP2(config-if)#ip address 219.22.22.22 255.255.255.255
ISP2(config-if)#interface GigabitEthernet0/0/0
ISP2(config-if)#ip address 219.7.6.1 255.255.255.252
ISP2(config-if)#no shutdown
ISP2(config-if)#interface Serial0/1/0
ISP2(config-if)#ip address 216.9.5.2 255.255.255.252
ISP2(config-if)#no shutdown
ISP2(config-if)#interface GigabitEthernet0/3/0
ISP2(config-if)#ip address 198.1.18.1 255.255.255.252
ISP2(config-if)#no shutdown
```

（3）在运营商 ISP3 上配置主机名及 IP 地址

```
Router>enable
Router#configure terminal
Router(config)#hostname ISP3
ISP3(config)#interface Loopback0
ISP3(config-if)#ip address 217.33.33.33 255.255.255.255
ISP3(config-if)#interface GigabitEthernet0/0/0
ISP3(config-if)#ip address 219.7.10.2 255.255.255.252
ISP3(config-if)#no shutdown
ISP3(config-if)#interface GigabitEthernet0/2/0
```

```
ISP3(config-if)#ip address 197.12.16.1 255.255.255.252
ISP3(config-if)#no shutdown
ISP3(config-if)#interface GigabitEthernet0/3/0
ISP3(config-if)#ip address 198.1.18.2 255.255.255.252
ISP3(config-if)#no shutdown
```

3.8.5 任务五 二层链路聚合配置

（1）在二层交换机 S1-2 和 S1-3 上配置二层 EtherChannel

```
S1-2(config)#interface range FastEthernet0/23-24
S1-2(config-if-range)#switchport mode trunk
S1-2(config-if-range)#channel-group 1 mode on
S1-2(config -if-range)#interface Port-channel1
S1-2(config-if)#switchport mode trunk
S1-3(config-if-range)#interface range FastEthernet0/23-24
S1-3(config-if-range)#switchport mode trunk
S1-3(config-if-range)#channel-group 1 mode on
S1-3(config -if-range)#interface Port-channel1
S1-3(config-if)#switchport mode trunk
```

（2）在交换机 S1-3 上查看链路聚合状态

```
S1-3#show etherchannel summary
Flags:  D - down          P - in port-channel
        I - stand-alone s - suspended
        H - Hot-standby (LACP only)
        R - Layer3        S - Layer2
        U - in use        f - failed to allocate aggregator
        u - unsuitable for bundling
        w - waiting to be aggregated
        d - default port

Number of channel-groups in use: 1
Number of aggregators:           1

Group  Port-channel  Protocol    Ports
------+-------------+-----------+----------------------------------------------

1      Po1(SU)           -        Fa0/23(P) Fa0/24(P)
```

3.8.6 任务六　三层链路聚合配置

（1）在三层交换机 S2-1 和 S2-2 上配置三层 EtherChannel

```
S2-1(config)#interface range GigabitEthernet1/0/22-23
S2-1(config-if-range)#no switchport
S2-1(config-if-range)#channel-group 1 mode on
S2-1(config-if-range)#interface Port-channel1
S2-1(config-if)#no switchport
S2-1(config-if)#ip address 10.2.21.1 255.255.255.252
S2-2(config-if)#interface range GigabitEthernet1/0/22-23
S2-2(config-if-range)#no switchport
S2-2(config-if-range)#channel-group 1 mode on
S2-2(config-if-range)#interface Port-channel1
S2-2(config-if)#no switchport
S2-2(config-if)#ip address 10.2.21.2 255.255.255.252
```

（2）在交换机 S2-1 上查看链路聚合状态

```
S2-1#show etherchannel summary
Flags:  D - down          P - in port-channel
        I - stand-alone s - suspended
        H - Hot-standby (LACP only)
        R - Layer3        S - Layer2
        U - in use        f - failed to allocate aggregator
        u - unsuitable for bundling
        w - waiting to be aggregated
        d - default port


Number of channel-groups in use: 1
Number of aggregators:           1

Group  Port-channel  Protocol    Ports
------+-------------+-----------+-----------------------------------------------

1      Po1(RU)          -        Gig1/0/22(P) Gig1/0/23(P)
```

3.8.7 任务七 DHCP 服务配置

在 S1-1、S2-1、S2-2 和 S3-1 上配置 DHCP 服务，使内网主机可以通过 DHCP 获取到 IP 地址及其他信息。

（1）在三层交换机 S1-1 上配置 DHCP 服务

```
S1-1(config)#ip dhcp pool lan10
S1-1(dhcp-config)#network 10.1.1.0 255.255.255.0
S1-1(dhcp-config)#default-router 10.1.1.254
S1-1(dhcp-config)#dns-server 10.1.99.10
S1-1(dhcp-config)#ip dhcp pool lan20
S1-1(dhcp-config)#network 10.1.2.0 255.255.255.0
S1-1(dhcp-config)#default-router 10.1.2.254
S1-1(dhcp-config)#dns-server 10.1.99.10
```

（2）在三层交换机 S2-1 上配置 DHCP 服务

```
S2-1(config)#ip dhcp pool lan10
S2-1(dhcp-config)#network 10.2.1.0 255.255.255.0
S2-1(dhcp-config)#default-router 10.2.1.254
S2-1(dhcp-config)#dns-server 10.1.99.10
S2-1(dhcp-config)#ip dhcp pool lan30
S2-1(dhcp-config)#network 10.2.3.0 255.255.255.0
S2-1(dhcp-config)#default-router 10.2.3.254
S2-1(dhcp-config)#dns-server 10.1.99.10
```

（3）在三层交换机 S2-2 上配置 DHCP 服务

```
S2-2(config)#ip dhcp pool lan20
S2-2(dhcp-config)#network 10.2.2.0 255.255.255.0
S2-2(dhcp-config)#default-router 10.2.2.254
S2-2(dhcp-config)#dns-server 10.1.99.10
```

（4）在三层交换机 S3-1 上配置 DHCP 服务

```
S3-1(config)#ip dhcp pool lan10
S3-1(dhcp-config)#network 10.3.1.0 255.255.255.0
S3-1(dhcp-config)#default-router 10.3.1.254
S3-1(dhcp-config)#option 43 ip 10.3.1.250
```

```
S3-1(dhcp-config)#dns-server 10.1.99.10
S3-1(dhcp-config)#ip dhcp pool lan20
S3-1(dhcp-config)#network 10.3.2.0 255.255.255.0
S3-1(dhcp-config)#default-router 10.3.2.254
S3-1(dhcp-config)#dns-server 10.1.99.10
```

3.8.8　任务八　HSRP 配置

通过 HSRP 实现网络的可靠性和流量的负载分担。

（1）在三层交换机 S2-1 上配置 HSRP

```
S2-1(config)#interface Vlan10
S2-1(config-if)#standby 10 ip 10.2.1.254
S2-1(config-if)#standby 10 priority 150
S2-1(config-if)#standby 10 preempt
S2-1(config-if)#interface Vlan20
S2-1(config-if)#standby 20 ip 10.2.2.254
S2-1(config-if)#standby 20 priority 120
S2-1(config-if)#standby 20 preempt
S2-1(config-if)#interface Vlan30
S2-1(config-if)#standby 30 ip 10.2.3.254
S2-1(config-if)#standby 30 priority 150
S2-1(config-if)#standby 30 preempt
S2-1(config-if)#interface Vlan100
S2-1(config-if)#standby 100 ip 10.2.100.254
S2-1(config-if)#standby 100 priority 120
S2-1(config-if)#standby 100 preempt
```

（2）在三层交换机 S2-2 上配置 HSRP

```
S2-2(config)#interface Vlan10
S2-2(config-if)#standby 10 ip 10.2.1.254
S2-2(config-if)#standby 10 priority 120
S2-2(config-if)#standby 10 preempt
S2-2(config-if)#interface Vlan20
S2-2(config-if)#standby 20 ip 10.2.2.254
S2-2(config-if)#standby 20 priority 150
S2-2(config-if)#standby 20 preempt
```

```
S2-2(config-if)#interface Vlan30
S2-2(config-if)#standby 30 ip 10.2.3.254
S2-2(config-if)#standby 30 priority 120
S2-2(config-if)#standby 30 preempt
S2-2(config-if)#interface Vlan100
S2-2(config-if)#standby 100 ip 10.2.100.254
S2-2(config-if)#standby 100 priority 150
S2-2(config-if)#standby 100 preempt
```

（3）在交换机 S2-1 上查看 HSRP 的状态信息

```
S2-1#show standby brief
                     P indicates configured to preempt.
                     |
Interface   Grp   Pri P  State     Active        Standby      Virtual IP
Vl10         10   150 P  Active    local         10.2.1.253   10.2.1.254
Vl20         20   120 P  Standby   10.2.2.253    local        10.2.2.254
Vl30         30   150 P  Active    local         10.2.3.253   10.2.3.254
Vl100       100   120 P  Standby   10.2.100.253  local        10.2.100.254
```

3.8.9 任务九 RIPv2 配置

（1）在路由器 R3 上配置 RIPv2

```
R3(config)#router rip
R3(config-router)#version 2
R3(config-router)#network 10.0.0.0
R3(config-router)#default-information originate
R3(config-router)#no auto-summary
```

（2）在三层交换机 S3-1 上配置 RIPv2

```
S3-1(config)#router rip
S3-1(config-router)#version 2
S3-1(config-router)#network 10.0.0.0
S3-1(config-router)#no auto-summary
```

（3）在路由器 R3 上查看路由表

```
R3#show ip route rip
```

```
        10.0.0.0/8 is variably subnetted, 18 subnets, 3 masks
R           10.3.1.0/24 [120/1] via 10.3.13.2, 00:00:05, GigabitEthernet0/0
R           10.3.2.0/24 [120/1] via 10.3.13.2, 00:00:05, GigabitEthernet0/0
R           10.3.3.0/30 [120/1] via 10.3.13.2, 00:00:05, GigabitEthernet0/0
R           10.3.4.0/24 [120/1] via 10.3.13.2, 00:00:05, GigabitEthernet0/0
        219.7.10.0/24 is variably subnetted, 2 subnets, 2 masks
```

3.8.10　任务十　OSPF 配置

（1）在路由器 R2 上配置 OSPF

```
R2(config)#router ospf 10
R2(config-router)#network 10.2.12.0 0.0.0.3 area 0
R2(config-router)#network 10.2.22.0 0.0.0.3 area 0
R2(config-router)#network 2.2.2.2 0.0.0.0 area 0
R2(config-router)#default-information originate
```

（2）在三层交换机 S2-1 上配置 OSPF

```
S2-1(config)#router ospf 10
S2-1(config-router)#network 10.2.12.0 0.0.0.3 area 0
S2-1(config-router)#network 21.21.21.21 0.0.0.0 area 0
S2-1(config-router)#network 10.2.1.0 0.0.0.255 area 0
S2-1(config-router)#network 10.2.2.0 0.0.0.255 area 0
S2-1(config-router)#network 10.2.3.0 0.0.0.255 area 0
S2-1(config-router)#network 10.2.100.0 0.0.0.255 area 0
```

（3）在三层交换机 S2-2 上配置 OSPF

```
S2-2(config)#router ospf 10
S2-2(config-router)#network 10.2.1.0 0.0.0.255 area 0
S2-2(config-router)#network 10.2.2.0 0.0.0.255 area 0
S2-2(config-router)#network 10.2.3.0 0.0.0.255 area 0
S2-2(config-router)#network 10.2.100.0 0.0.0.255 area 0
S2-2(config-router)#network 10.2.22.0 0.0.0.3 area 0
S2-2(config-router)#network 22.22.22.22 0.0.0.0 area 0
```

（4）在路由器 ISP1 上配置 OSPF

```
ISP1(config)#router ospf 20
```

```
ISP1(config-router)#network 219.7.6.0 0.0.0.3 area 0
ISP1(config-router)#network 203.2.24.0 0.0.0.3 area 0
ISP1(config-router)#network 197.12.16.0 0.0.0.3 area 0
ISP1(config-router)#network 219.11.11.11 0.0.0.0 area 0
```

（5）在路由器 ISP2 上配置 OSPF

```
ISP2(config)#router ospf 20
ISP2(config-router)#network 219.7.6.0 0.0.0.3 area 0
ISP2(config-router)#network 216.9.5.0 0.0.0.3 area 0
ISP2(config-router)#network 198.1.18.0 0.0.0.3 area 0
ISP2(config-router)#network 219.22.22.22 0.0.0.0 area 0
```

（6）在路由器 ISP3 上配置 OSPF

```
ISP3(config)#router ospf 20
ISP3(config-router)#network 219.7.10.0 0.0.0.3 area 0
ISP3(config-router)#network 197.12.16.0 0.0.0.3 area 0
ISP3(config-router)#network 198.1.18.0 0.0.0.3 area 0
ISP3(config-router)#network 217.33.33.33 0.0.0.0 area 0
```

（7）在路由器 R2 上查看 OSPF 路由表

```
R2#show ip route ospf
     10.0.0.0/8 is variably subnetted, 18 subnets, 3 masks
O         10.2.1.0     [110/2] via 10.2.12.1, 00:34:29, GigabitEthernet0/0/1
                       [110/2] via 10.2.22.1, 00:34:29, GigabitEthernet0/0/0
O         10.2.2.0     [110/2] via 10.2.12.1, 00:34:29, GigabitEthernet0/0/1
                       [110/2] via 10.2.22.1, 00:34:29, GigabitEthernet0/0/0
O         10.2.3.0     [110/2] via 10.2.12.1, 00:34:29, GigabitEthernet0/0/1
                       [110/2] via 10.2.22.1, 00:34:29, GigabitEthernet0/0/0
O         10.2.100.0   [110/2] via 10.2.12.1, 00:34:29, GigabitEthernet0/0/1
                       [110/2] via 10.2.22.1, 00:34:29, GigabitEthernet0/0/0
      21.0.0.0/32 is subnetted, 1 subnets
O         21.21.21.21  [110/2] via 10.2.12.1, 00:34:29, GigabitEthernet0/0/1
      22.0.0.0/32 is subnetted, 1 subnets
O         22.22.22.22  [110/2] via 10.2.22.1, 00:34:39, GigabitEthernet0/0/0
```

3.8.11　任务十一　被动接口配置

（1）在三层交换机 S2-1 上配置被动接口

```
S2-1(config)#router ospf 10
S2-1(config-router)#passive-interface Vlan10
S2-1(config-router)#passive-interface Vlan20
S2-1(config-router)#passive-interface Vlan30
```

（2）在三层交换机 S2-2 上配置被动接口

```
S2-2(config)#router ospf 10
S2-2(config-router)#passive-interface Vlan10
S2-2(config-router)#passive-interface Vlan20
S2-2(config-router)#passive-interface Vlan30
```

3.8.12　任务十二　静态默认路由配置

（1）在路由器 R1 上配置静态默认路由

```
R1(config)#ip route 0.0.0.0 0.0.0.0 203.2.24.1
```

（2）在路由器 R2 上配置静态默认路由

```
R2(config)#ip route 0.0.0.0 0.0.0.0 216.9.5.2
```

（3）在路由器 R3 上配置静态默认路由

```
R3(config)#ip route 0.0.0.0 0.0.0.0 219.7.10.2
```

3.8.13　任务十三　NAT 配置

（1）在路由器 R1 上配置 NAT 功能

```
R1(config)#access-list 1 permit 10.1.1.0 0.0.0.255
R1(config)#access-list 1 permit 10.1.2.0 0.0.0.255
R1(config)#access-list 1 permit 10.1.99.0 0.0.0.255
R1(config)#access-list 1 permit 10.1.100.0 0.0.0.255
R1(config)#ip nat inside source list 1 interface Serial0/1/0 overload
R1(config)#ip nat inside source static udp 10.1.99.30 69 203.2.24.2 69
```

```
R1(config)#interface GigabitEthernet0/0/1
R1(config-if)#ip nat inside
R1(config-if)#interface Serial0/1/0
R1(config-if)#ip nat outside
```

（2）在路由器 R2 上配置 NAT 功能

```
R2(config)#access-list 1 permit 10.2.1.0 0.0.0.255
R2(config)#access-list 1 permit 10.2.2.0 0.0.0.255
R2(config)#access-list 1 permit 10.2.3.0 0.0.0.255
R2(config)#access-list 1 permit 10.2.100.0 0.0.0.255
R2(config)#ip nat inside source list 1 interface Serial0/1/0 overload
R2(config)#interface GigabitEthernet0/0/0
R2(config-if)#ip nat inside
R2(config-if)#interface GigabitEthernet0/0/1
R2(config-if)#ip nat inside
R2(config-if)#interface Serial0/1/0
R2(config-if)#ip nat outside
```

（3）在路由器 R3 上配置 NAT 功能

```
R3(config)#access-list 1 permit 10.3.1.0 0.0.0.255
R3(config)#access-list 1 permit 10.3.2.0 0.0.0.255
R3(config)#ip nat inside source list 1 interface GigabitEthernet0/0/0 overload
R3(config)#interface GigabitEthernet0/0
R3(config-if)#ip nat inside
R3(config-if)#interface GigabitEthernet0/0/0
R3(config-if)#ip nat outside
```

（4）在路由器 R1 上查看 NAT 映射状态表

```
R1#show ip nat translations
Pro     Inside global        Inside local       Outside local       Outside global
icmp    203.2.24.2:1024      10.1.2.1:1         219.7.6.2:1         219.7.6.2:1024
icmp    203.2.24.2:1025      10.1.1.3:1         219.7.6.2:1         219.7.6.2:1025
icmp    203.2.24.2:1026      10.1.99.10:1       219.7.6.2:1         219.7.6.2:1026
icmp    203.2.24.2:1027      10.1.99.20:1       219.7.6.2:1         219.7.6.2:1027
icmp    203.2.24.2:1028      10.1.99.30:1       219.7.6.2:1         219.7.6.2:1028
icmp    203.2.24.2:1         10.1.1.1:1         219.7.6.2:1         219.7.6.2:1
icmp    203.2.24.2:2         10.1.1.2:2         219.7.6.2:2         219.7.6.2:2
udp     203.2.24.2:69        10.1.99.30:69        ---                 ---
```

3.8.14　任务十四　GRE VPN 配置

（1）在路由器 R1 上配置 Tunnel（隧道）

```
R1(config)#interface Tunnel 0
R1(config-if)#tunnel source Serial0/1/0
R1(config-if)#tunnel destination 216.9.5.1
R1(config-if)#interface Tunnel 1
R1(config-if)#tunnel source Serial0/1/0
R1(config-if)#tunnel destination 219.7.10.1
```

（2）在路由器 R2 上配置 Tunnel（隧道）

```
R2(config)#interface Tunnel 0
R2(config-if)#tunnel source Serial0/1/0
R2(config-if)#tunnel destination 219.7.10.1
R2(config-if)#interface Tunnel 1
R2(config-if)#tunnel source Serial0/1/0
R2(config-if)#tunnel destination 203.2.24.2
```

（3）在路由器 R3 上配置 Tunnel（隧道）

```
R3(config)#interface Tunnel 0
R3(config-if)#tunnel source GigabitEthernet0/0/0
R3(config-if)#tunnel destination 216.9.5.1
R3(config-if)#interface Tunnel 1
R3(config-if)#tunnel source GigabitEthernet0/0/0
R3(config-if)#tunnel destination 203.2.24.2
```

（4）查看路由器 R1 Tunnel（隧道）状态信息

```
R1#show ip interface brief | include                     up              up
GigabitEthernet0/0/1        10.0.0.1          YES manual up              up
Serial0/1/0                 203.2.24.2        YES manual up              up
Tunnel0                     10.4.1.2          YES manual up              up
Tunnel1                     10.4.2.2          YES manual up              up
```

3.8.15　任务十五　静态路由配置

（1）在路由器 R1 上配置静态路由

```
R1(config)#ip route 10.1.1.0 255.255.255.0 10.0.0.2
```

```
R1(config)#ip route 10.1.2.0 255.255.255.0 10.0.0.2
R1(config)#ip route 10.1.99.0 255.255.255.0 10.0.0.2
R1(config)#ip route 10.1.100.0 255.255.255.0 10.0.0.2
```

（2）在三层交换机 S1-1 上配置静态路由

```
S1-1(config)#ip route 0.0.0.0 0.0.0.0 10.0.0.1
```

（3）在 Tunnel（隧道）上配置静态路由

```
R1(config)#ip route 2.2.2.2 255.255.255.255 10.4.1.1
R1(config)#ip route 21.21.21.21 255.255.255.255 10.4.1.1
R1(config)#ip route 22.22.22.22 255.255.255.255 10.4.1.1
R1(config)#ip route 10.2.12.0 255.255.255.252 10.4.1.1
R1(config)#ip route 10.2.22.0 255.255.255.252 10.4.1.1
R1(config)#ip route 10.2.21.0 255.255.255.252 10.4.1.1
R1(config)#ip route 10.2.1.0 255.255.255.0 10.4.1.1
R1(config)#ip route 10.2.2.0 255.255.255.0 10.4.1.1
R1(config)#ip route 10.2.3.0 255.255.255.0 10.4.1.1
R1(config)#ip route 10.2.100.0 255.255.255.0 10.4.1.1
R1(config)#ip route 10.3.13.0 255.255.255.252 10.4.2.1
R1(config)#ip route 10.3.1.0 255.255.255.0 10.4.2.1
R1(config)#ip route 10.3.2.0 255.255.255.0 10.4.2.1
```

（4）在路由器 R1 上查看静态路由

```
R1#show ip route static
     2.0.0.0/32 is subnetted, 1 subnets
S       2.2.2.2 [1/0] via 10.4.1.1
     10.0.0.0/8 is variably subnetted, 20 subnets, 3 masks
S       10.1.1.0/24 [1/0] via 10.0.0.2
S       10.1.2.0/24 [1/0] via 10.0.0.2
S       10.1.99.0/24 [1/0] via 10.0.0.2
S       10.1.100.0/24 [1/0] via 10.0.0.2
S       10.2.1.0/24 [1/0] via 10.4.1.1
S       10.2.2.0/24 [1/0] via 10.4.1.1
S       10.2.3.0/24 [1/0] via 10.4.1.1
S       10.2.12.0/30 [1/0] via 10.4.1.1
```

```
S        10.2.21.0/30 [1/0] via 10.4.1.1
S        10.2.22.0/30 [1/0] via 10.4.1.1
S        10.2.100.0/24 [1/0] via 10.4.1.1
S        10.3.1.0/24 [1/0] via 10.4.2.1
S        10.3.2.0/24 [1/0] via 10.4.2.1
S        10.3.13.0/30 [1/0] via 10.4.2.1
          21.0.0.0/32 is subnetted, 1 subnets
S         21.21.21.21 [1/0] via 10.4.1.1
          22.0.0.0/32 is subnetted, 1 subnets
S         22.22.22.22 [1/0] via 10.4.1.1
S*        0.0.0.0/0 [1/0] via 203.2.24.1
```

（5）在路由器 R2 上配置静态路由

```
R2(config)#ip route 10.3.1.0 255.255.255.0 10.4.0.2
R2(config)#ip route 10.3.2.0 255.255.255.0 10.4.0.2
R2(config)#ip route 10.1.1.0 255.255.255.0 10.4.1.2
R2(config)#ip route 10.1.2.0 255.255.255.0 10.4.1.2
R2(config)#ip route 10.1.99.0 255.255.255.0 10.4.1.2
R2(config)#ip route 10.1.100.0 255.255.255.0 10.4.1.2
```

（6）在路由器 R3 上配置静态路由

```
R3(config)#ip route 10.2.1.0 255.255.255.0 10.4.0.1
R3(config)#ip route 10.2.2.0 255.255.255.0 10.4.0.1
R3(config)#ip route 10.2.3.0 255.255.255.0 10.4.0.1
R3(config)#ip route 10.2.100.0 255.255.255.0 10.4.0.1
R3(config)#ip route 10.1.1.0 255.255.255.0 10.4.2.2
R3(config)#ip route 10.1.2.0 255.255.255.0 10.4.2.2
R3(config)#ip route 10.1.99.0 255.255.255.0 10.4.2.2
R3(config)#ip route 10.1.100.0 255.255.255.0 10.4.2.2
```

3.8.16　任务十六　WLC 配置

WLC（无线局域网控制器）配置过程，如图 3-2～图 3-9 所示，具体如下所述。

① 在 WLC 上配置 IP 地址，WLC 管理地址配置如图 3-2 所示。

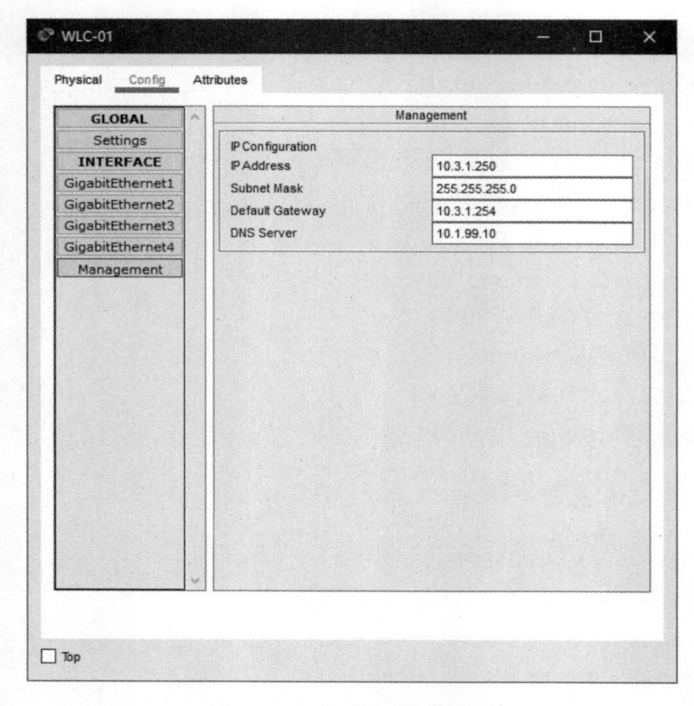

图 3-2 WLC 管理地址配置

② 通过 PC 的图形化界面登录 WLC，WLC 登录界面如图 3-3 所示。

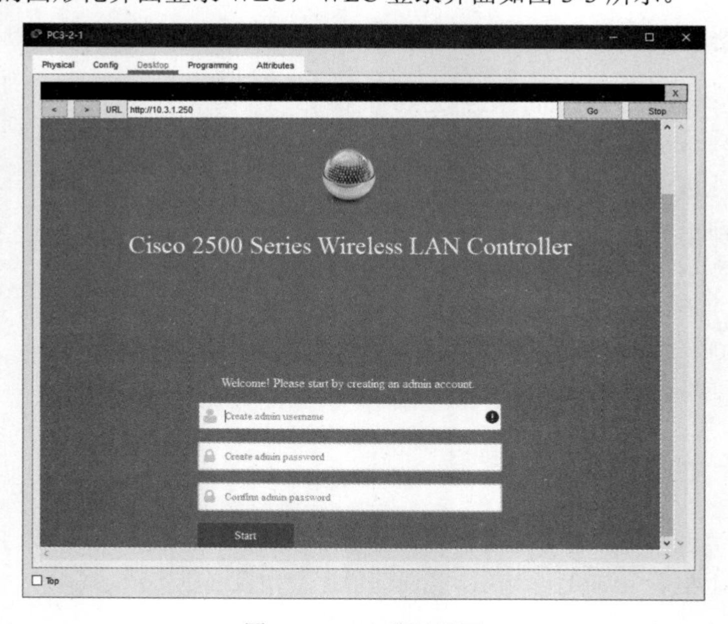

图 3-3 WLC 登录界面

③ 配置好初始用户名和密码后进入 WLC 的配置界面，WLC 初始化配置如图 3-4 所示。

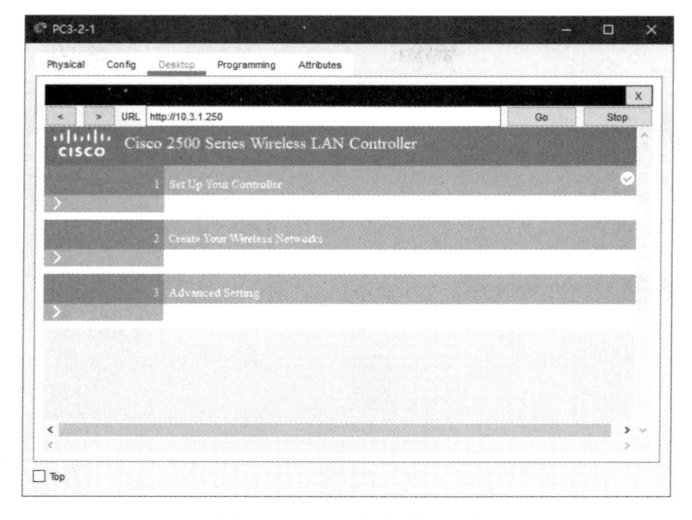

图 3-4 WLC 初始化配置

④ 选项一：对 WLC 的 IP 地址、名称等信息进行配置，WLC 基础信息配置如图 3-5 所示。

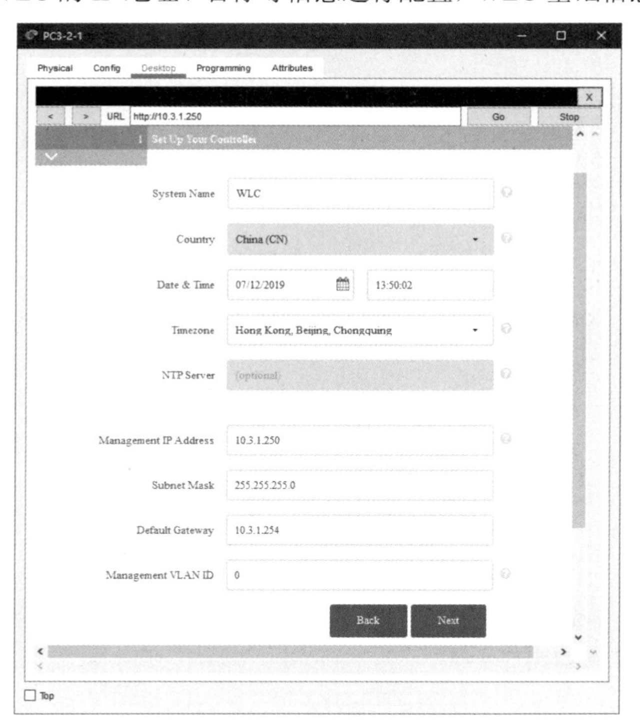

图 3-5 WLC 基础信息配置

⑤ 选项二：对 WLC 的 SSID 等信息进行配置，WLC 的 SSID 配置如图 3-6 所示。

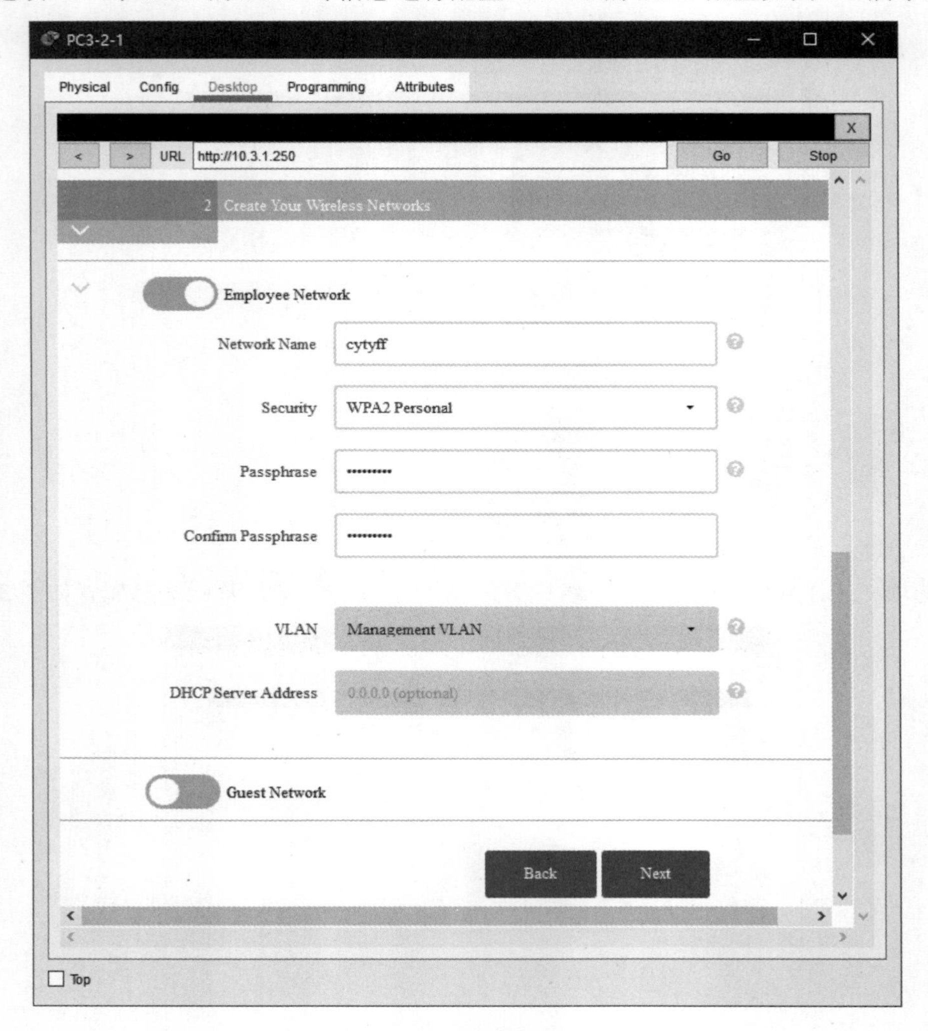

图 3-6　WLC 的 SSID 配置

⑥ 选项三：对 WLC 进行高级配置，虚拟 IP 地址配置如图 3-7 所示。

⑦ 完成以上配置之后，单击“next”按钮进入应用界面。WLC 配置完成图如图 3-8 所示。

⑧ 单击“Apply”按钮后，完成 WLC 的初始配置。此时，无线终端可以通过无线方式访问外网。无线连接示意图如图 3-9 所示。

注意：在第一次登录 WLC 时请使用 HTTP，初始化配置完成后请使用 HTTPS 进入图形化界面。

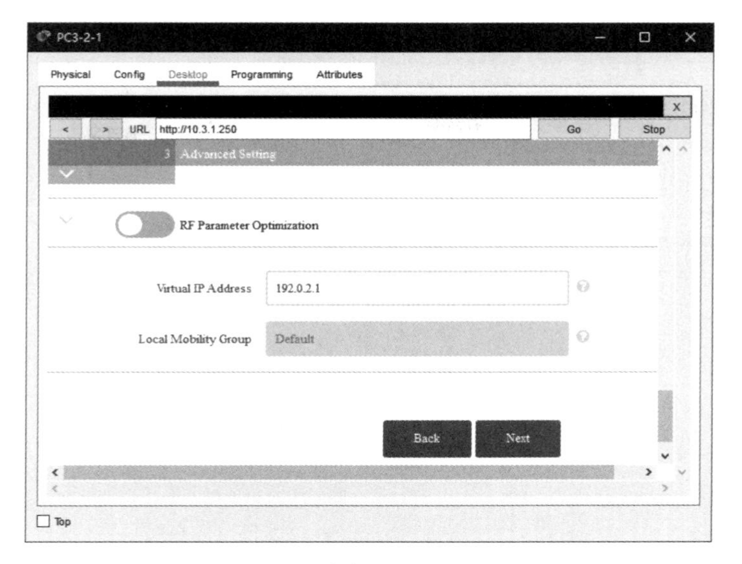

图 3-7　虚拟 IP 地址配置

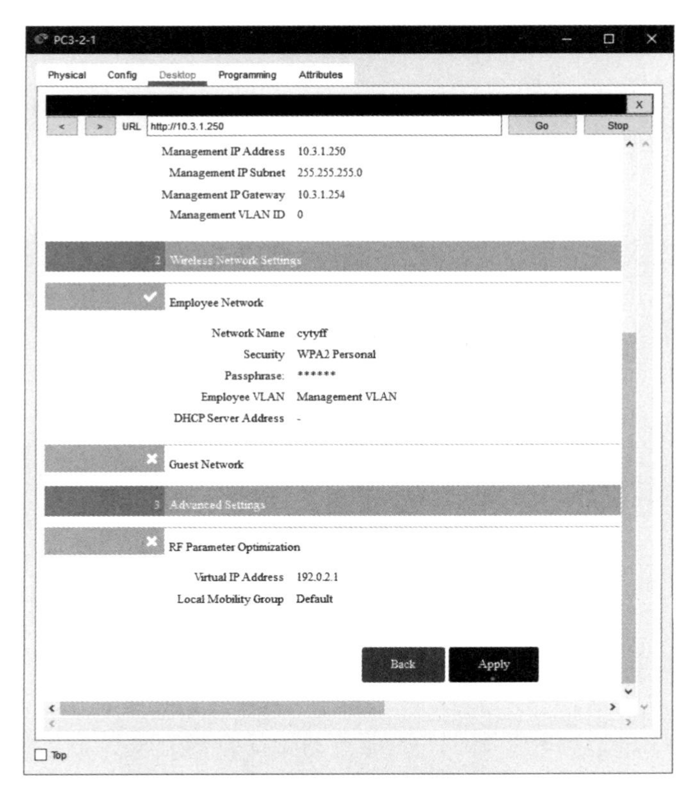

图 3-8　WLC 配置完成图

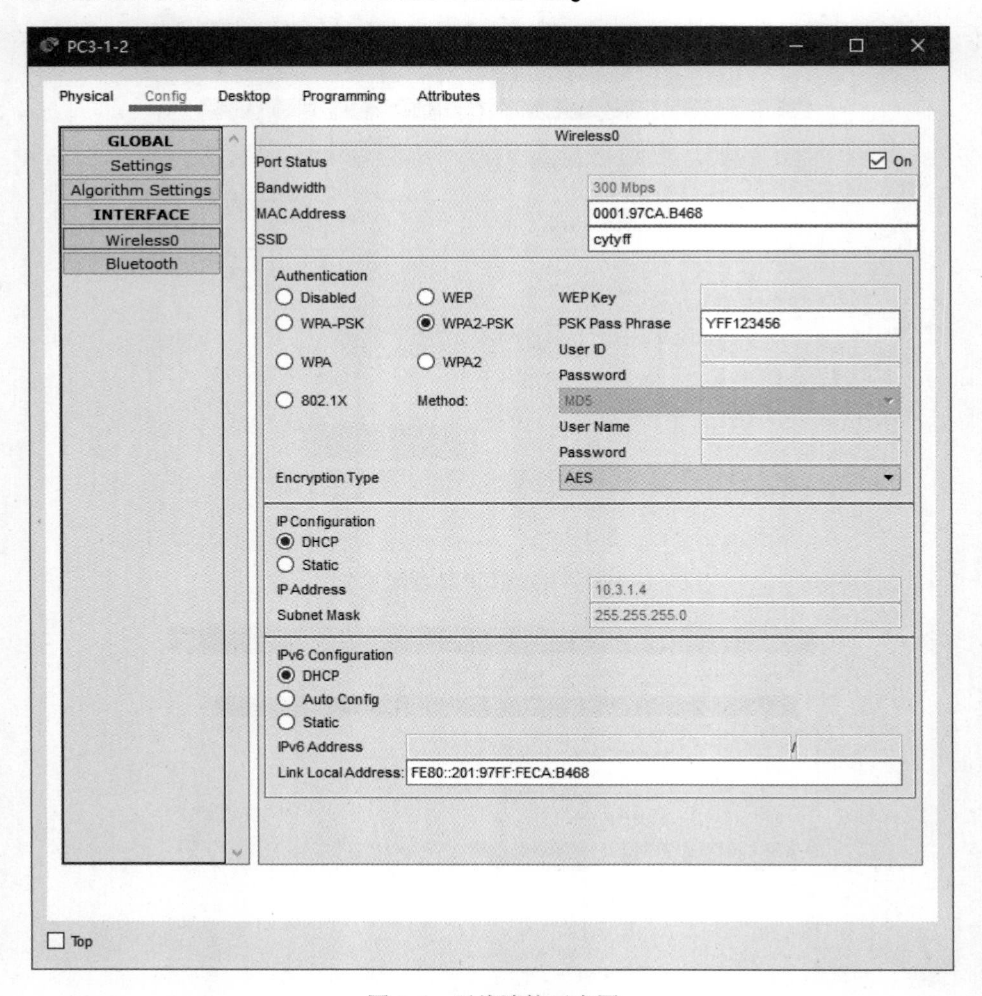

图 3-9　无线连接示意图

3.8.17　任务十七　DNS 服务器配置

服务器因为要与客户端进行数据交互，所以 IP 地址应该是固定的，要手动给服务器配置 IP 地址。这里的 DNS Server 只有一个作用，那就是将 www.cisco.com 这个域名映射到 WEB Server 的 IP 地址。WEB Server 负责对外提供 WEB 服务。TFTP Server 用来保存三个区域网络设备的配置等信息。

在 DNS Server 上配置 DNS 服务。DNS 服务器配置如图 3-10 所示。

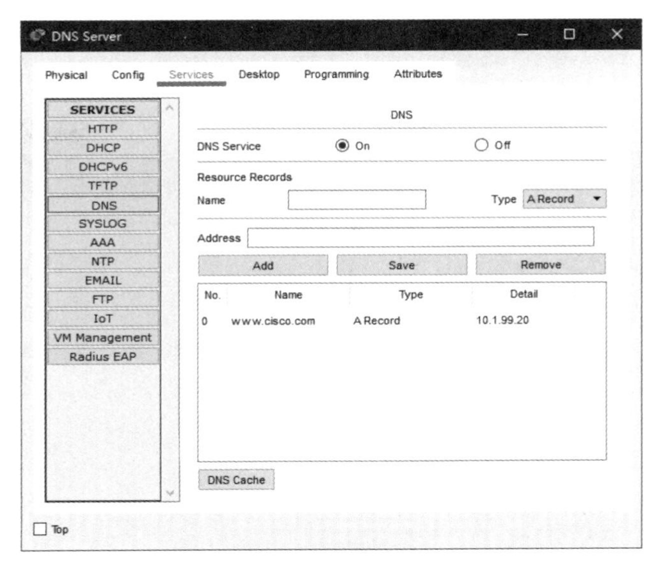

图 3-10　DNS 服务器配置

3.8.18　任务十八　WEB 服务器配置

在 WEB Server 上配置 WEB 服务。WEB 服务器配置如图 3-11 所示。

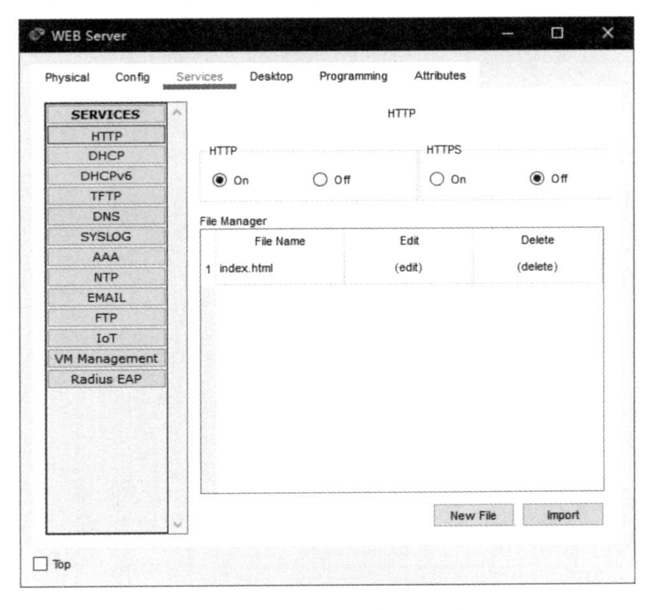

图 3-11　WEB 服务器配置

3.8.19 任务十九 TFTP 服务器配置

在 TFTP Server 上配置 TFTP 服务。TFTP 服务器配置如图 3-12 所示。

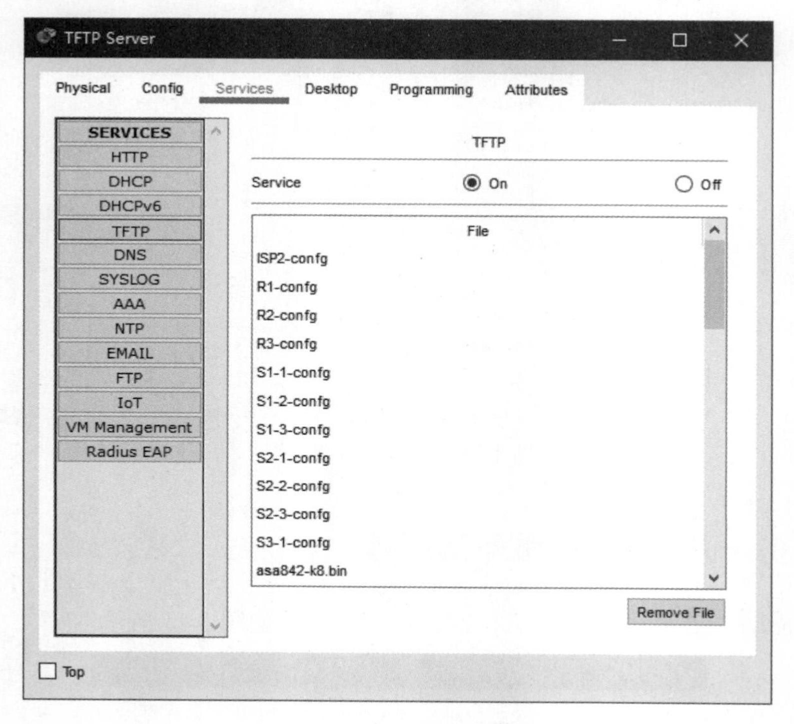

图 3-12 TFTP 服务器配置

3.8.20 任务二十 拓展思维挑战

提示：介质选型存在问题，不能满足网络对大带宽的要求，与实际网络环境不匹配，其余的设计缺陷由读者来补充。请修改项目拓扑并完成相应配置。

3.9 功能测试

3.9.1 终端连通性测试

（1）在 R2 上测试 Tunnel 的连通性

```
R2#ping 10.4.0.2
```

```
Type escape sequence to abort.
Sending 5, 100-byte ICMP Echos to 10.4.0.2, timeout is 2 seconds:
!!!!!
Success rate is 100 percent (5/5), round-trip min/avg/max = 1/4/15 ms

R2#ping 10.4.1.2

Type escape sequence to abort.
Sending 5, 100-byte ICMP Echos to 10.4.1.2, timeout is 2 seconds:
!!!!!
Success rate is 100 percent (5/5), round-trip min/avg/max = 2/2/3 ms
```

（2）在 PC2-3 上对三个区域进行连通性测试

```
C:\>ping 10.1.1.1

Pinging 10.1.1.1 with 32 bytes of data:

Reply from 10.1.1.1: bytes=32 time=2ms TTL=124
Reply from 10.1.1.1: bytes=32 time=11ms TTL=124
Reply from 10.1.1.1: bytes=32 time=4ms TTL=124
Reply from 10.1.1.1: bytes=32 time=4ms TTL=124

Ping statistics for 10.1.1.1:
    Packets: Sent = 4, Received = 4, Lost = 0 (0% loss),
Approximate round trip times in milli-seconds:
    Minimum = 2ms, Maximum = 11ms, Average = 5ms

C:\>ping 10.2.1.1

Pinging 10.2.1.1 with 32 bytes of data:

Reply from 10.2.1.1: bytes=32 time=1ms TTL=127
Reply from 10.2.1.1: bytes=32 time=1ms TTL=127
Reply from 10.2.1.1: bytes=32 time<1ms TTL=127
Reply from 10.2.1.1: bytes=32 time<1ms TTL=127

Ping statistics for 10.2.1.1:
```

```
    Packets: Sent = 4, Received = 4, Lost = 0 (0% loss),
Approximate round trip times in milli-seconds:
    Minimum = 0ms, Maximum = 1ms, Average = 0ms

C:\>ping 10.3.1.1

Pinging 10.3.1.1 with 32 bytes of data:

Reply from 10.3.1.1: bytes=32 time=2ms TTL=251
Reply from 10.3.1.1: bytes=32 time=2ms TTL=251
Reply from 10.3.1.1: bytes=32 time=21ms TTL=251
Reply from 10.3.1.1: bytes=32 time=2ms TTL=251

Ping statistics for 10.3.1.1:
    Packets: Sent = 4, Received = 4, Lost = 0 (0% loss),
Approximate round trip times in milli-seconds:
    Minimum = 2ms, Maximum = 21ms, Average = 6ms
```

3.9.2 无线终端测试

将 PC3-1-1 连接到无线网络后，在 PC3-1-1 上对其他区域主机进行连通性测试。

```
C:\>ping 10.1.2.1

Pinging 10.1.2.1 with 32 bytes of data:

Reply from 10.1.2.1: bytes=32 time=41ms TTL=124
Reply from 10.1.2.1: bytes=32 time=15ms TTL=124
Reply from 10.1.2.1: bytes=32 time=26ms TTL=124
Reply from 10.1.2.1: bytes=32 time=28ms TTL=124

Ping statistics for 10.1.2.1:
    Packets: Sent = 4, Received = 4, Lost = 0 (0% loss),
Approximate round trip times in milli-seconds:
    Minimum = 15ms, Maximum = 41ms, Average = 27ms

C:\>ping 10.2.2.1
```

```
Pinging 10.2.2.1 with 32 bytes of data:

Reply from 10.2.2.1: bytes=32 time=32ms TTL=124
Reply from 10.2.2.1: bytes=32 time=17ms TTL=124
Reply from 10.2.2.1: bytes=32 time=18ms TTL=124
Reply from 10.2.2.1: bytes=32 time=28ms TTL=124

Ping statistics for 10.2.2.1:
    Packets: Sent = 4, Received = 4, Lost = 0 (0% loss),
Approximate round trip times in milli-seconds:
    Minimum = 17ms, Maximum = 32ms, Average = 23ms
```

3.9.3　WEB 服务测试

WEB 服务访问页面，如图 3-13 所示。

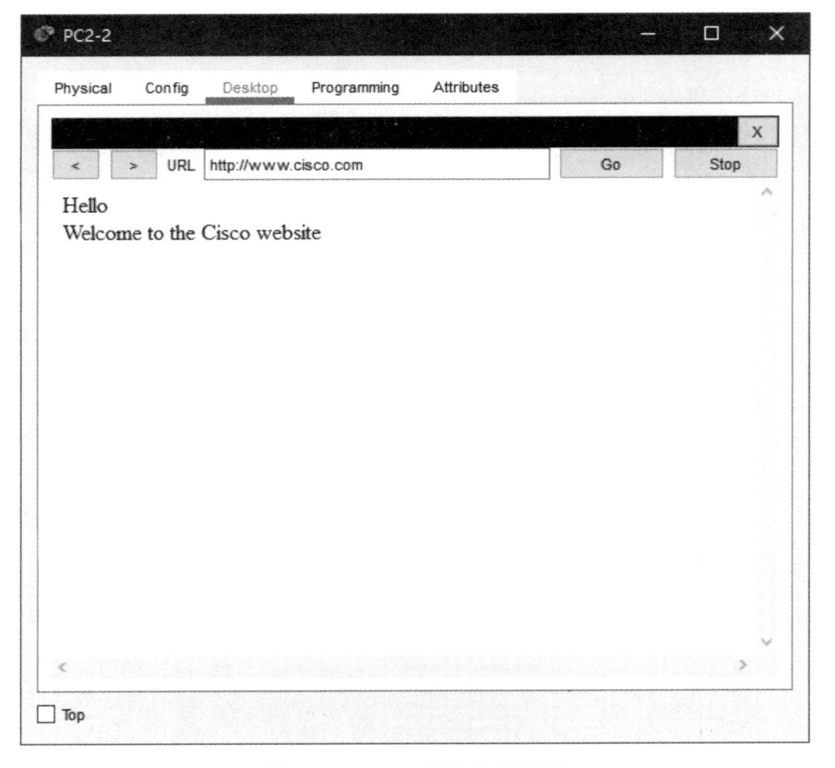

图 3-13　WEB 服务访问页面

3.9.4 文件备份测试

```
S2-2#copy running-config tftp:
Address or name of remote host []? 10.1.99.30
Destination filename [S2-2-confg]? S2-2-confg

Writing running-config...!!
[OK - 3043 bytes]

3043 bytes copied in 0.019 secs (160157 bytes/sec)
```

查看 TFTP 服务器，可以看到 TFTP 服务器已经上传的 S2-2-confg 文件，TFTP 配置备份效果图如图 3-14 所示。

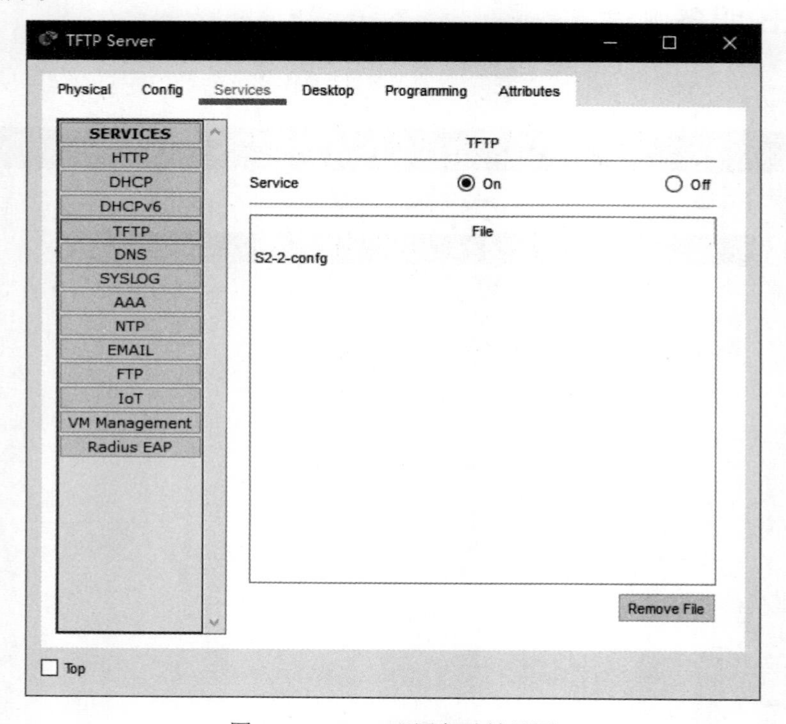

图 3-14　TFTP 配置备份效果图

3.10 本章小结

本章案例的项目背景是多分支企业网络的互连互通。公司总部和两个分支机构均独立地采用 NAT 技术接入 Internet，其中总部的 TFTP 服务器采用静态 NAT 端口映射，可以方便公网对其访问。总部与分支机构分别建立两条 VPN 通道，可以方便总部与分支机构、分支机构与分支机构间两两直接通信。公司总部采用静态路由实现全网互通；MP 区分支机构采用 OSPF 和默认路由实现网内互通，采用被动接口优化网络；KF 区分支机构则采用 RIPv2 和默认路由实现分支机构网内互通。总部的二层交换机配置了二层链路聚合，MP 区分支机构的三层交换机配置了三层链路聚合。KF 区分支机构重点采用 WLC 和 Fit AP 来部署。通过三层交换机提供的 DHCP 服务，使 Fit AP 获得 IP 地址、网关、DNS、WLC 地址等信息。Fit AP 获取地址后才能与 WLC 建立 CAPWAP 通道，再由 WLC 下发无线配置参数给 Fit AP，使 Fit AP 发出无线信号。本章最后一个任务是根据公司项目需求和项目拓扑让读者找出设计漏洞，以检验其网络规划与设计的构思，进一步提高其规划与设计网络的能力。

第4章 >>>

规划数据中心网络

本章要点

- 项目背景
- 项目拓扑
- 项目需求
- 设备选型
- 技术选型
- 地址规划
- VLAN 规划
- 项目实施
- 功能测试
- 本章小结

本章案例以数据中心网络为项目背景，服务器集群是案例一大特色。在本章案例中，公司网络对可靠性要求极高，采用冗余线路、冗余设备以及双出口接入 Internet 的网络部署方案。公司部分业务需要在外地开展，很多员工要异地接入公司网络，通过 OA 平台办公。本章案例中路由技术包括静态路由、动态路由协议 OSPF 以及路由重分布等相关内容；交换技术包括 VLAN、Trunk、HSRP、STP 以及 EtherChannel 等相关内容；网络安全及管理技术包括特权密码、SSH、DHCP Relay、DHCP Snooping 以及端口安全等相关内容；网络服务包括 WEB、DNS、FTP、NTP、Log、AAA、DHCP 以及 EMAIL 服务等相关内容；WAN 技术包含 NAT、PPPoE 及 Easy VPN 等相关内容。通过学习本章案例，可使读者综合应用所学知识，合理规划与设计网络，为用户提供尽可能的服务，展现网络的无限魅力。

4.1　项目背景

HY 同学就职于 BSG 城的跨国 LCH 集团，该集团面向社会提供大数据服务及互联网解决方案。目前公司刚接手一个企业的数据中心项目，由 HY 同学担任项目经理。该企业设立 4 个部门，要求构建服务器集群，为公司用户提供各类数据服务。公司对网络可靠性提出了较高的要求。目前公司业务繁多，员工要经常出差为异地客户提供技术支持，还需要访问公司 OA 平台，处理公司内部事务。该企业提出的项目需求是，公司出差员工可以随时随地通过 Internet 接入公司内网。

4.2　项目拓扑

项目拓扑，如图 4-1 所示。

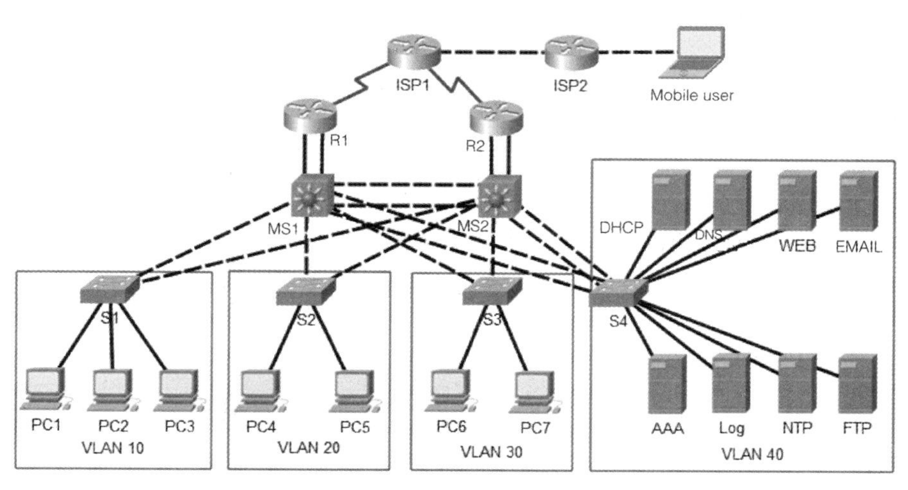

图 4-1　项目拓扑

4.3 项目需求

(1)设备命名及拓扑搭建

- 根据项目拓扑修改所有设备的名称;
- 根据项目拓扑完成设备连接;
- 根据自己的想法设计一个登录横幅;
- 在各设备上配置 SSH,用户名和密码均为 hy。

(2)VLAN 及 Trunk 配置

- 根据 VLAN 规划表合理划分 VLAN,确保接口分配正确;
- 根据项目拓扑要求合理配置 Trunk,其封装模式均为 IEEE 802.1q;
- 查看 Trunk 链路信息,确保 Trunk 两端允许通过的 VLAN ID 一致且 Trunk 封装模式正确。

(3)IP 地址配置

- 根据地址规划表配置物理接口或子接口的 IP 地址;
- 根据地址规划表完成 SVI 地址配置;
- 确保路由器接口 IP 地址配置正确且都处于 up 状态;
- 根据地址规划表静态指定服务器网卡的 IP 地址。

(4)链路聚合配置

- 在 MS1 和 MS2 之间配置二层链路聚合;
- 在 MS1 和 S4 之间配置二层链路聚合;
- 在 MS2 和 S4 之间配置二层链路聚合;
- 在 R1 与 MS1 之间配置三层链路聚合;
- 在 R2 与 MS2 之间配置三层链路聚合。

(5)STP 配置

- 采用 PVST;
- 三层交换机 MS1 是 VLAN 10 和 VLAN 20 的主根,VLAN 30、VLAN 40 和 VLAN 99 的备根;
- 三层交换机 MS2 是 VLAN 30、VLAN 40 和 VLAN 99 的主根,VLAN 10 和 VLAN 20 的备根;
- 在接入层交换机上配置 BPDU 防护、根防护以及快速端口等功能。

（6）HSRP 配置

- 在三层交换机 MS1 和 MS2 上配置 HSRP，实现主机网关冗余， HSRP 参数表如表 4-1 所示；
- 三层交换机 MS1 和 MS2 各 HSRP 组中高优先级设置为 105，低优先级采用默认值。

表 4-1　HSRP 参数表

VLAN	HSRP 组号	HSRP 虚拟 IP 地址
VLAN 10	10	172.16.0.62
VLAN 20	20	172.16.0.190
VLAN 30	30	172.16.1.126
VLAN 40	40	172.16.1.158
VLAN 99	90	172.16.1.174

（7）端口安全配置

- 在二层交换机 S1、S2、S3 上部署端口安全；
- 每个端口最多允许一个用户接入，违规端口将进入 dis-error 状态。

（8）DHCP 服务配置

- 配置 DHCP 服务器，使其能为 VLAN 10、VLAN 20 以及 VLAN 30 分配 IP 地址；
- 在三层交换机 MS1、MS2 上实现 DHCP 中继；
- 所有终端 PC 通过 DHCP 获取 IP 地址。

（9）DHCP Snooping 配置

- 在二层交换机 S1、S2、S3 上配置 DHCP Snooping，对 DHCP 报文进行侦听。

（10）OSPF 配置

- 在三层设备 R1、R2、MS1、MS2 上配置 OSPF，Router ID 分别为 1.1.1.1、2.2.2.2、11.11.11.11、12.12.12.12；
- 宣告内网路由；
- 在路由器 R1 和 R2 上传播默认路由。

（11）静态路由配置

- 在路由器 R3 与 R4 之间使用静态路由。

（12）NAT 配置

- 在路由器 R1 与 R2 上配置 NAPT 功能，使内网可以访问公网。

（13）Easy VPN 配置

- 在路由器 R2 上配置 Easy VPN，允许出差员工通过 VPN 访问内网。

（14）PPPoE 配置

- 计算机 Mobile user 通过 PPPoE 接入 Internet，用户名和密码均为 huying。

（15）服务配置

- 配置 DNS 服务器，使其可以解析 www.baidu.com 和 163.com；
- 配置 WEB 服务器，使其可以对内网提供 WEB 服务；
- 配置 FTP 服务器，使其可以对内网提供 FTP 服务，使内网主机可以通过 FTP 服务器上传文件；
- 配置 NTP 服务器，使其可以对内网提供 NTP 服务，使内网设备同步时间，方便日志管理；
- 配置 Log 服务器，使其可以对内网提供 Log 服务，存储内网设备的操作记录及设备变化信息；
- 配置 AAA 服务器，使其可以对内网提供 AAA 服务，对内网设备的 SSH 登录进行认证；
- 配置 EMAIL 服务器，域名自定义，账号密码自定义，使账号间可以互发邮件。

（16）文件备份

- 要求所有设备的配置文件及 IOS 上传至 FTP 服务器。

4.4 设备选型

表 4-2 为设备选型表。

表 4-2 设备选型表

设备类型	设备数量	扩展模块	对应设备名称
C2960-24TT Switch	4 台	——	S1、S2、S3、S4
C3560-24PS Switch	2 台	——	MS1、MS2
Cisco 2911 Router	2 台	HWIC-2T	R1、ISP1
Cisco 2901 Router	1 台	——	ISP2
Cisco 2811 Router	1 台	HWIC-2T	R2

4.5　技术选型

表 4-3 为技术选型表。

表 4-3　技术选型表

涉及技术	具体内容
路由技术	直连路由、静态路由、OSPF、路由重分布
交换技术	VLAN、Trunk、HSRP、STP、EtherChannel、PortFast
安全管理	enable 密码、SSH、DHCP Relay、DHCP Snooping、端口安全
服务配置	WEB、DNS、FTP、NTP、Log、AAA、DHCP、EMAIL
WAN 技术	NAT、PPPoE、Easy VPN

4.6　地址规划

4.6.1　交换设备地址规划

表 4-4 为交换设备地址规划表。

表 4-4　交换设备地址规划表

设备名称	接口	地址规划	接口描述
S1	VLAN 99	172.16.1.161/28	Manage
S2	VLAN 99	172.16.1.162/28	Manage
S3	VLAN 99	172.16.1.163/28	Manage
S4	VLAN 99	172.16.1.164/28	Manage
MS1	VLAN 10	172.16.0.60/26	BM1
	VLAN 20	172.16.0.188/25	BM2
	VLAN 30	172.16.1.124/25	BM3
	VLAN 40	172.16.1.156/27	BM4
	VLAN 99	172.16.1.165/28	Manage
	VLAN 100	172.16.1.185/30	OSPF
	Port-channel3	172.16.1.177/30	Link to R1 Port-channel1
MS2	VLAN 10	172.16.0.61/26	BM1
	VLAN 20	172.16.0.189/25	BM2
	VLAN 30	172.16.1.125/25	BM3
	VLAN 40	172.16.1.157/27	BM4
	VLAN 99	172.16.1.166/28	Manage
	VLAN 100	172.16.1.186/30	OSPF
	Port-channel3	172.16.1.181/30	Link to R2 Port-channel1

4.6.2 路由设备地址规划

表 4-5 为路由设备地址规划表。

表 4-5 路由设备地址规划表

设备名称	接口	地址规划	接口描述
R1	Port-channel1	172.16.1.178/30	Link to MS1 Port-channel3
	Se0/3/0	200.1.1.1/30	Link to ISP1 Se 0/3/0
	Loopback1	172.16.1.167/28	——
R2	Port-channel1	172.16.1.182/30	Link to MS2 Port-channel3
	Se0/3/1	200.1.1.5/30	Link to ISP1 Se 0/3/1
	Loopback1	172.16.1.168/28	——

4.6.3 ISP 设备地址规划

表 4-6 为 ISP 设备地址规划表。

表 4-6 ISP 设备地址规划表

设备名称	接口	地址规划	接口描述
ISP1	Gig0/0	200.1.1.9/30	Link to ISP2 Gig0/0
	Se0/3/0	200.1.1.2/30	Link to R1 Se0/3/0
	Se0/3/1	200.1.1.6/30	Link to R2 Se0/3/1
ISP2	Gig0/0	200.1.1.10/30	Link to ISP1 Gig0/0

4.6.4 终端地址规划

表 4-7 为终端地址规划表。

表 4-7 终端地址规划表

设备名称	接口	地址规划	接口描述
PC*x*	NIC	DHCP	——
DHCP	NIC	172.16.1.129/27	DHCP Server
DNS	NIC	172.16.1.130/27	DNS Server
WEB	NIC	172.16.1.131/27	WEB Server
EMAIL	NIC	172.16.1.132/27	EMAIL Server
AAA	NIC	172.16.1.133/27	AAA Server
Log	NIC	172.16.1.134/27	Log Server
NTP	NIC	172.16.1.135/27	NTP Server
FTP	NIC	172.16.1.136/27	FTP Server

4.7 VLAN 规划

表4-8为VLAN规划表。

表4-8　VLAN规划表

设备名	VLAN ID	VLAN 名称	接口分配	备注
S1	99	Manage	——	管理 VLAN
	10	BM1	Fa0/3～Fa0/24	——
S2	99	Manage	——	管理 VLAN
	20	BM2	Fa0/3～Fa0/24	——
S3	99	Manage	——	管理 VLAN
	30	BM3	Fa0/3～Fa0/24	——
S4	99	Manage	——	管理 VLAN
	40	BM4	Fa0/3～Fa0/24	——
MS1	10	BM1	——	——
	20	BM2	——	——
	30	BM3	——	——
	40	BM4	——	——
	99	Manage	——	管理 VLAN
	100	OSPF	——	——
MS2	10	BM1	——	——
	20	BM2	——	——
	30	BM3	——	——
	40	BM4	——	——
	99	Manage	——	管理 VLAN
	100	OSPF	——	——

4.8 项目实施

4.8.1 任务一　二层交换机基础配置

（1）在二层交换机S1上配置主机名、VLAN、Trunk、管理IP地址及网关

```
Switch>enable
Switch#configure terminal
Switch(config)#hostname S1
```

```
S1(config)#vlan 10
S1(config-vlan)#name BM1
S1(config-vlan)#interface range FastEthernet0/1 - 2
S1(config-if-range)#switchport mode trunk
S1(config-if-range)#interface range FastEthernet0/3 - 24
S1(config-if-range)#switchport mode access
S1(config-if-range)#switchport access vlan 10
S1(config-if-range)#interface Vlan99
S1(config-if)#ip address 172.16.1.161 255.255.255.240
S1(config-if)#ip default-gateway 172.16.1.174
```

（2）在二层交换机 S2 上配置主机名、VLAN、Trunk、管理 IP 地址及网关

```
Switch>enable
Switch#configure terminal
Switch(config)#hostname S2
S2(config)#vlan 20
S2(config-vlan)#name BM2
S2(config-vlan)#interface range FastEthernet0/1 - 2
S2(config-if-range)#switchport mode trunk
S2(config-if-range)#interface range FastEthernet0/3 - 24
S2(config-if-range)#switchport mode access
S2(config-if-range)#switchport access vlan 20
S2(config-if-range)#interface Vlan99
S2(config-if)#ip address 172.16.1.162 255.255.255.248
S2(config-if)#ip default-gateway 172.16.1.174
```

（3）在二层交换机 S3 上配置主机名、VLAN、Trunk、管理 IP 地址及网关

```
Switch>enable
Switch#configure terminal
Switch(config)#hostname S3
S3(config)#vlan 30
S3(config-vlan)#name BM3
S3(config-vlan)#interface range FastEthernet0/1 - 2
S3(config-if-range)#switchport mode trunk
S3(config-if-range)#interface range FastEthernet0/3 - 24
S3(config-if-range)#switchport mode access
S3(config-if-range)#switchport access vlan 30
```

```
S3(config-if-range)#interface Vlan99
S3(config-if)#ip address 172.16.1.163 255.255.255.248
S3(config-if)#ip default-gateway 172.16.1.174
```

（4）在二层交换机 S4 上配置主机名、VLAN、Trunk、管理 IP 地址及网关

```
Switch>enable
Switch#configure terminal
Switch(config)#hostname S4
S4(config)#vlan 40
S4(config-vlan)#name BM4
S4(config-vlan)#interface range FastEthernet0/1 - 4
S4(config-if-range)#switchport mode trunk
S4(config-if-range)#interface range FastEthernet0/5 - 24
S4(config-if-range)#switchport mode access
S4(config-if-range)#switchport access vlan 40
S4(config-if-range)#interface Vlan99
S4(config-if)#ip address 172.16.1.164 255.255.255. 248
S4(config-if)#ip default-gateway 172.16.1.174
```

4.8.2　任务二　三层交换机基础配置

（1）在三层交换机 MS1 上配置主机名、VLAN、Trunk 及 SVI 地址

```
Switch>enable
Switch#configure terminal
Switch(config)#hostname MS1
MS1(config)#ip routing
MS1(config)#vlan 10
MS1(config-vlan)#name BM1
MS1(config-vlan)#vlan 20
MS1(config-vlan)#name BM2
MS1(config-vlan)#vlan 30
MS1(config-vlan)#name BM3
MS1(config-vlan)#vlan 40
MS1(config-vlan)#name BM4
MS1(config-vlan)#vlan 99
MS1(config-vlan)#name Manage
```

```
MS1(config-vlan)#vlan 100
MS1(config-vlan)#name OSPF
MS1(config-vlan)#interface range FastEthernet0/3 - 9
MS1(config-if-range)#switchport trunk encapsulation dot1q
MS1(config-if-range)#switchport mode Trunk
MS1(config-if-range)#interface Vlan10
MS1(config-if)#ip address 172.16.0.60 255.255.255.192
MS1(config-if)#interface Vlan20
MS1(config-if)#ip address 172.16.0.188 255.255.255.128
MS1(config-if)#interface Vlan30
MS1(config-if)#ip address 172.16.1.124 255.255.255.128
MS1(config-if)#interface Vlan40
MS1(config-if)#ip address 172.16.1.156 255.255.255.224
MS1(config-if)#interface Vlan99
MS1(config-if)#ip address 172.16.1.165 255.255.255.240
MS1(config-if)#interface Vlan100
MS1(config-if)#ip address 172.16.1.185 255.255.255.252
```

（2）在三层交换机 MS2 上配置主机名、VLAN、Trunk 及 SVI 地址

```
Switch>enable
Switch#configure terminal
Switch(config)#hostname MS2
MS2(config)#ip routing
MS2(config)#vlan 10
MS2(config-vlan)#name BM1
MS2(config-vlan)#vlan 20
MS2(config-vlan)#name BM2
MS2(config-vlan)#vlan 30
MS2(config-vlan)#name BM3
MS2(config-vlan)#vlan 40
MS2(config-vlan)#name BM4
MS2(config-vlan)#vlan 99
MS2(config-vlan)#name Manage
MS2(config-vlan)#vlan 100
MS2(config-vlan)#name OSPF
MS2(config-vlan)#interface range FastEthernet 0/3 - 9
```

```
MS2(config-if-range)#switchport trunk encapsulation dot1q
MS2(config-if-range)#switchport mode Trunk
MS2(config-if-range)#interface Vlan10
MS2(config-if)#ip address 172.16.0.61 255.255.255.192
MS2(config-if)#interface Vlan20
MS2(config-if)#ip address 172.16.0.189 255.255.255.128
MS2(config-if)#interface Vlan30
MS2(config-if)#ip address 172.16.1.125 255.255.255.128
MS2(config-if)#interface Vlan40
MS2(config-if)#ip address 172.16.1.157 255.255.255.224
MS2(config-if)#interface Vlan99
MS2(config-if)#ip address 172.16.1.166 255.255.255.240
MS2(config-if)#interface Vlan100
MS2(config-if)#ip address 172.16.1.186 255.255.255.252
```

（3）在三层交换机 MS1 上查看 Trunk 链路信息

```
MS1#show interfaces Trunk
Port      Mode      Encapsulation      Status      Native vlan
Po1       on          802.1q           Trunking        1
Po2       on          802.1q           Trunking        1
Fa0/3     on          802.1q           Trunking        1
Fa0/4     on          802.1q           Trunking        1
Fa0/5     on          802.1q           Trunking        1
```

4.8.3　任务三　路由器基础配置

（1）在路由器 R1 上配置主机名及 IP 地址

```
Router>enable
Router#configure terminal
Router(config)#hostname R1
R1(config)#interface Loopback1
R1(config-if)#ip address 172.16.1.167 255.255.255.240
R1(config-if)#interface Serial0/3/0
R1(config-if)#ip address 200.1.1.1 255.255.255.252
R1(config-if)#no shutdown
```

（2）在路由器 R2 上配置主机名及 IP 地址

```
Router>enable
Router#configure terminal
Router(config)#hostname R2
R2(config)#interface Loopback1
R2(config-if)#ip address 172.16.1.168 255.255.255.240
R2(config-if)#interface Serial0/3/1
R2(config-if)#ip address 200.1.1.5 255.255.255.252
R2(config-if)#no shutdown
```

（3）在路由器 ISP1 上配置主机名及 IP 地址

```
Router>enable
Router#configure terminal
Router(config)#hostname ISP1
ISP1(config)#interface GigabitEthernet0/0
ISP1(config-if)#ip address 200.1.1.9 255.255.255.252
ISP1(config-if)#no shutdown
ISP1(config-if)#interface Serial0/3/0
ISP1(config-if)#ip address 200.1.1.2 255.255.255.252
ISP1(config-if)#no shutdown
ISP1(config-if)#interface Serial0/3/1
ISP1(config-if)#ip address 200.1.1.6 25.255.255.252
ISP1(config-if)#no shutdown
```

（4）在路由器 ISP2 上配置主机名及 IP 地址

```
Router>enable
Router#configure terminal
Router(config)#hostname ISP2
ISP2(config-if)#interface GigabitEthernet0/0
ISP2(config-if)#ip address 200.1.1.10 255.255.255.252
ISP2(config-if)#no shutdown
```

4.8.4 任务四　二层链路聚合配置

在二层交换机 S4 上配置链路聚合，采取手工指定的方式：

```
S4(config)#interface Port-channel1
```

```
S4(config-if)#switchport mode Trunk
S4(config-if)#interface Port-channel2
S4(config-if)#switchport mode Trunk
S4(config-if)#interface range FastEthernet0/1 - 2
S4(config-if-range)#channel-group 1 mode on
S4(config-if-range)#interface range FastEthernet0/3 - 4
S4(config-if-range)#channel-group 2 mode on
```

4.8.5　任务五　三层链路聚合配置

（1）在三层交换机 MS1 上配置链路聚合，采取手工指定的方式

```
MS1(config)#interface Port-channel1
MS1(config-if)#switchport Trunk encapsulation dot1q
MS1(config-if)#switchport mode Trunk
MS1(config-if)#interface Port-channel2
MS1(config-if)#switchport Trunk encapsulation dot1q
MS1(config-if)#switchport mode Trunk
MS1(config-if)#interface Port-channel3
MS1(config-if)#no switchport
MS1(config-if)#ip address 172.16.1.177 255.255.255.252
MS1(config-if)#interface range FastEthernet0/1 - 2
MS1(config-if-range)#no switchport
MS1(config-if-range)#channel-group 3 mode on
MS1(config-if-range)#interface range FastEthernet0/6 - 7
MS1(config-if-range)#channel-group 2 mode on
MS1(config-if-range)#interface range FastEthernet0/8 - 9
MS1(config-if-range)#channel-group 1 mode on
```

（2）在三层交换机 MS2 上配置链路聚合，采取手工指定的方式

```
MS2(config)#interface Port-channel1
MS2(config-if)#switchport Trunk encapsulation dot1q
MS2(config-if)#switchport mode Trunk
MS2(config-if)#interface Port-channel2
MS2(config-if)#switchport Trunk encapsulation dot1q
MS2(config-if)#switchport mode Trunk
MS2(config-if)#interface Port-channel3
MS2(config-if)#no switchport
```

```
MS2(config-if)#ip address 172.16.1.181 255.255.255.252
MS2(config-if)#interface range FastEthernet0/1 - 2
MS2(config-if-range)#no switchport
MS2(config-if-range)#channel-group 3 mode on
MS2(config-if-range)#interface range FastEthernet0/6 - 7
MS2(config-if-range)#channel-group 2 mode on
MS2(config-if-range)#interface range FastEthernet0/8 - 9
MS2(config-if-range)#channel-group 1 mode on
```

（3）在三层交换机 MS1 上查看链路聚合相关信息

```
MS1#show etherchannel summary
Flags:  D - down            P - in port-channel
        I - stand-alone s - suspended
        H - Hot-standby (LACP only)
        R - LayeISP1        S - Layer2
        U - in use          f - failed to allocate aggregator
        u - unsuitable for bundling
        w - waiting to be aggregated
        d - default port


Number of channel-groups in use: 3
Number of aggregators:           3

Group  Port-channel  Protocol    Ports
------+-------------+-----------+----------------------------------------------


1      Po1(SU)           -        Fa0/8(P) Fa0/9(P)
2      Po2(SU)           -        Fa0/6(P) Fa0/7(P)
3      Po3(RU)           -        Fa0/1(P) Fa0/2(P)
```

4.8.6 任务六 路由器链路聚合配置

（1）在路由器 R1 上配置链路聚合

```
R1(config)#interface Port-channel1
R1(config-if)#ip address 172.16.1.178 255.255.255.252
R1(config-if)#interface range GigabitEthernet0/0 -1
```

```
R1(config-if-range)#channel-group 1
R1(config-if-range)#no shutdown
```

（2）在路由器 R2 上配置链路聚合

```
R2(config)#interface Port-channel1
R2(config-if)#ip address 172.16.1.182 255.255.255.252
R2(config-if)#interface range FastEthernet0/0 - 1
R2(config-if-range)#channel-group 1
R2(config-if-range)#no shutdown
```

4.8.7　任务七　PVST 配置

（1）在三层交换机 MS1 上配置 PVST

```
MS1(config)#spanning-tree mode pvst
MS1(config)#spanning-tree vlan 10,20 priority 24576
MS1(config)#spanning-tree vlan 30,40,99 priority 28672
```

（2）在三层交换机 MS2 上配置 PVST

```
MS2(config)#spanning-tree mode pvst
MS2(config)#spanning-tree vlan 30,40,99 priority 24576
MS2(config)#spanning-tree vlan 10,20 priority 28672
```

（3）在三层交换机 MS2 上查看 STP 端口状态

```
MS2#show spanning-tree vlan 10
VLAN0010
  Spanning tree enabled protocol ieee
  Root ID     Priority     24586
               Address        0002.4ABC.3176
               Cost           9
               Port           27(Port-channel1)
               Hello Time   2 sec    Max Age 20 sec    Forward Delay 15 sec

  Bridge ID   Priority     28682    (priority 28672 sys-id-ext 10)
               Address        0001.42AB.B25A
               Hello Time   2 sec    Max Age 20 sec    Forward Delay 15 sec
               Aging Time   20
```

```
Interface          Role Sts Cost      Prio.Nbr Type
---------------- ---- --- --------- -------- --------------------------------
Fa0/4              Desg FWD 19        128.4     P2p
Fa0/3              Desg FWD 19        128.3     P2p
Fa0/5              Desg FWD 19        128.5     P2p
Po1                Root FWD 9         128.27    Shr
Po2                Desg FWD 9         128.28    Shr
```

4.8.8 任务八 STP 优化配置

（1）在二层交换机 S1 上配置 BPDU guard、root guard、portfast

```
S1(config)#interface range FastEthernet0/3 - 24
S1(config-if-range)#spanning-tree portfast
S1(config-if-range)#spanning-tree guard root
S1(config-if-range)#spanning-tree bpduguard enable
```

（2）在二层交换机 S2 上配置 BPDU guard、root guard、portfast

```
S2(config)#interface range FastEthernet0/3 - 24
S2(config-if-range)#spanning-tree portfast
S2(config-if-range)#spanning-tree guard root
S2(config-if-range)#spanning-tree bpduguard enable
```

（3）在二层交换机 S3 上配置 BPDU guard、root guard、portfast

```
S3(config)#interface range FastEthernet0/3 - 24
S3(config-if-range)#spanning-tree portfast
S3(config-if-range)#spanning-tree guard root
S3(config-if-range)#spanning-tree bpduguard enable
```

（4）在二层交换机 S1 上查看 FastEthernet0/3 端口配置

```
S1#show run | begin interface FastEthernet0/3
interface FastEthernet0/3
 switchport access vlan 10
 switchport mode access
 spanning-tree portfast
 spanning-tree guard root
 spanning-tree bpduguard enable
```

4.8.9　任务九　HSRP 配置

（1）在三层交换机 MS1 上配置 HSRP

```
MS1(config)#interface Vlan10
MS1(config-if)#standby 10 ip 172.16.0.62
MS1(config-if)#standby 10 priority 105
MS1(config-if)#standby 10 preempt
MS1(config-if)#interface Vlan20
MS1(config-if)#standby 20 ip 172.16.0.190
MS1(config-if)#standby 20 priority 105
MS1(config-if)#standby 20 preempt
MS1(config-if)#interface Vlan30
MS1(config-if)#standby 30 ip 172.16.1.126
MS1(config-if)#standby 30 preempt
MS1(config-if)#interface Vlan40
MS1(config-if)#standby 40 ip 172.16.1.158
MS1(config-if)#standby 40 preempt
MS1(config-if)#interface Vlan99
MS1(config-if)#standby 90 ip 172.16.1.174
MS1(config-if)#standby 90 priority 105
MS1(config-if)#standby 90 preempt
```

（2）在三层交换机 MS2 上配置 HSRP

```
MS2(config)#interface Vlan10
MS2(config-if)#standby 10 ip 172.16.0.62
MS2(config-if)#standby 10 preempt
MS2(config-if)#interface Vlan20
MS2(config-if)#standby 20 ip 172.16.0.190
MS2(config-if)#standby 20 preempt
MS2(config-if)#interface Vlan30
MS2(config-if)#standby 30 ip 172.16.1.126
MS2(config-if)#standby 30 priority 105
MS2(config-if)#standby 30 preempt
MS2(config-if)#interface Vlan40
MS2(config-if)#standby 40 ip 172.16.1.158
```

```
MS2(config-if)#standby 40 priority 105
MS2(config-if)#standby 40 preempt
MS2(config-if)#interface Vlan99
MS2(config-if)#standby 90 ip 172.16.1.174
MS2(config-if)#standby 90 preempt
```

（3）在三层交换机 MS1 上查看 HSRP 详细信息

```
MS1#show standby brief
                     P indicates configured to preempt.
                     |
Interface   Grp   Pri P State     Active         Standby        Virtual IP
Vl10         10   105 P Active    local          172.16.0.61    172.16.0.62
Vl20         20   105 P Active    local          172.16.0.189   172.16.0.190
Vl30         30   100 P Standby   172.16.1.125   local          172.16.1.126
Vl40         40   100 P Standby   172.16.1.157   local          172.16.1.158
Vl99         90   105 P Standby   172.16.1.166   local          172.16.1.174
```

4.8.10 任务十 端口安全配置

（1）在二层交换机 S1 上配置端口安全

```
S1(config)#interface range FastEthernet0/3 - 24
S1(config-if-range)#switchport port-security
```

（2）在二层交换机 S2 上配置端口安全

```
S2(config)#interface range FastEthernet0/3 - 24
S2(config-if-range)#switchport port-security
```

（3）在二层交换机 S3 上配置端口安全

```
S3(config)#interface range FastEthernet0/3 - 24
S3(config-if-range)#switchport port-security
```

（4）在二层交换机 S1 上查看端口安全状态信息

```
S1#show port-security address
               Secure Mac Address Table
-----------------------------------------------------------------------------
Vlan Mac Address          Type          Ports      Remaining Age
```

```
                                        (mins)
----  -----------  ----            -----         -------------
10    0005.5E91.C788     DynamicConfigured   FastEthernet0/3        -
10    0004.9AD8.C972     DynamicConfigured   FastEthernet0/4     -
10    00E0.F92A.7D9B     DynamicConfigured   FastEthernet0/5     -
-----------------------------------------------------------------------------
Total Addresses in System (excluding one mac per port)        : 0
Max Addresses limit in System (excluding one mac per port) : 1024
```

4.8.11　任务十一　DHCP Relay 配置

（1）在三层交换机 MS1 上配置 DHCP 中继

```
MS1(config)#interface Vlan10
MS1(config-if)#ip helper-address 172.16.1.129
MS1(config-if)#interface Vlan20
MS1(config-if)#ip helper-address 172.16.1.129
MS1(config-if)#interface Vlan30
MS1(config-if)#ip helper-address 172.16.1.129
```

（2）在三层交换机 MS2 上配置 DHCP 中继

```
MS2(config)#interface Vlan10
MS2(config-if)#ip helper-address 172.16.1.129
MS2(config-if)#interface Vlan20
MS2(config-if)#ip helper-address 172.16.1.129
MS2(config-if)#interface Vlan30
MS2(config-if)#ip helper-address 172.16.1.129
```

4.8.12　任务十二　DHCP Snooping 配置

（1）在二层交换机 S1 上配置 DHCP Snooping

```
S1(config)#ip dhcp snooping
S1(config)#interface range FastEthernet0/1 - 2
S1(config-if-range)#ip dhcp snooping trust
S1(config-if-range)#interface range FastEthernet0/3 - 24
S1(config-if-range)#ip dhcp snooping limit rate 3
```

（2）在二层交换机 S2 上配置 DHCP Snooping

```
S2(config)#ip dhcp snooping
S2(config)#interface range FastEthernet0/1 - 2
S2(config-if-range)#ip dhcp snooping trust
S2(config-if-range)#interface range FastEthernet0/3 - 24
S2(config-if-range)#ip dhcp snooping limit rate 3
```

（3）在二层交换机 S3 上配置 DHCP Snooping

```
S3(config)#ip dhcp snooping
S3(config)#interface range FastEthernet0/1 - 2
S3(config-if-range)#ip dhcp snooping trust
S3(config-if-range)#interface range FastEthernet0/3 - 24
S3(config-if-range)#ip dhcp snooping limit rate 3
```

（4）在二层交换机 S2 上查看 DHCP Snooping 状态

```
S2#show ip dhcp snooping
Switch DHCP snooping is enabled
DHCP snooping is configured on following VLANs:
none
Insertion of option 82 is enabled
Option 82 on untrusted port is not allowed
Verification of hwaddr field is enabled
Interface                  Trusted     Rate limit (pps)
-----------------------    -------     ----------------
FastEthernet0/2            yes         unlimited
FastEthernet0/1            yes         unlimited
```

4.8.13 任务十三 静态路由配置

（1）在路由器 R1 上配置静态路由

```
R1(config)#ip route 0.0.0.0 0.0.0.0 Serial0/3/0
```

（2）在路由器 R2 上配置静态路由

```
R2(config)#ip route 0.0.0.0 0.0.0.0 Serial0/3/1
```

（3）在路由器 ISP1 上配置静态路由

```
ISP1(config)#ip route 0.0.0.0 0.0.0.0 200.1.1.10
```

（4）在路由器 ISP2 上配置静态路由

```
ISP2(config)#ip route 0.0.0.0 0.0.0.0 200.1.1.9
```

4.8.14　任务十四　OSPF 配置

（1）在三层交换机 MS1 上配置 OSPF

```
MS1(config)#router ospf 10
MS1(config-router)#router-id 11.11.11.11
MS1(config-router)#network 172.16.0.0 0.0.255.255 area 0
```

（2）在三层交换机 MS2 上配置 OSPF

```
MS2(config)#router ospf 10
MS2(config-router)#router-id 12.12.12.12
MS2(config-router)#network 172.16.0.0 0.0.255.255 area 0
```

（3）在路由器 R1 上配置 OSPF

```
R1(config)#router ospf 10
R1(config-router)#router-id 1.1.1.1
R1(config-router)#network 172.16.0.0 0.0.255.255 area 0
```

（4）在路由器 R2 上配置 OSPF

```
R2(config)#router ospf 10
R2(config-router)#router-id 2.2.2.2
R2(config-router)#network 172.16.0.0 0.0.255.255 area 0
```

4.8.15　任务十五　默认路由传播

（1）在路由器 R1 上传播默认路由

```
R1(config)#router ospf 10
R1(config-router)#default-information originate
```

（2）在路由器 R2 上传播默认路由

```
R2(config)#router ospf 10
R2(config-router)#default-information originate
```

4.8.16 任务十六 被动接口配置

（1）在三层交换机 MS1 上配置被动接口

```
MS1(config)#router ospf 10
MS1(config-router)#passive-interface Vlan10
MS1(config-router)#passive-interface Vlan20
MS1(config-router)#passive-interface Vlan30
MS1(config-router)#passive-interface Vlan40
MS1(config-router)#passive-interface Vlan99
```

（2）在三层交换机 MS2 上配置被动接口

```
MS2(config)#router ospf 10
MS2(config-router)#passive-interface Vlan10
MS2(config-router)#passive-interface Vlan20
MS2(config-router)#passive-interface Vlan30
MS2(config-router)#passive-interface Vlan40
MS2(config-router)#passive-interface Vlan99
```

（3）在路由器 R1 上查看 OSPF 路由表

```
R1#show ip route ospf
     172.16.0.0/16 is variably subnetted, 11 subnets, 6 masks
O       172.16.0.0   [110/2] via 172.16.1.177, 07:54:24, Port-channel1
O       172.16.0.128 [110/2] via 172.16.1.177, 07:54:24, Port-channel1
O       172.16.1.0   [110/2] via 172.16.1.177, 07:54:24, Port-channel1
O       172.16.1.128 [110/2] via 172.16.1.177, 07:54:24, Port-channel1
O       172.16.1.168 [110/4] via 172.16.1.177, 07:52:56, Port-channel1
O       172.16.1.180 [110/3] via 172.16.1.177, 07:52:56, Port-channel1
O       172.16.1.184 [110/2] via 172.16.1.177, 07:54:24, Port-channel1
```

4.8.17　任务十七　NAT 配置

（1）在路由器 R1 上配置 NAT 功能

```
R1(config)#access-list 1 permit any
R1(config)#ip nat inside source list 1 interface Serial0/3/0 overload
R1(config)#interface Port-channel1
R1(config-if)#ip nat inside
R1(config-if)#interface Serial0/3/0
R1(config-if)#ip nat outside
```

（2）在路由器 R2 上配置 NAT 功能

```
R2(config)#access-list 1 permit any
R2(config)#ip nat inside source list 1 interface Serial0/3/1 overload
R2(config)#interface Port-channel1
R2(config-if)#ip nat inside
R2(config-if)#interface Serial0/3/1
R2(config-if)#ip nat outside
```

（3）在路由器 R1 上查看 NAT 映射表

```
R1#show ip nat translations
Pro     Inside global      Inside local       Outside local      Outside global
icmp    200.1.1.1:1        172.16.0.4:1       200.1.1.9:1        200.1.1.9:1
tcp     200.1.1.1:1025     200.1.1.1:1025     172.16.1.133:49    172.16.1.133:49
tcp     200.1.1.1:1026     200.1.1.1:1026     172.16.1.133:49    172.16.1.133:49
tcp     200.1.1.1:1027     200.1.1.1:1027     172.16.1.133:49    172.16.1.133:49
tcp     200.1.1.1:1028     200.1.1.1:1028     172.16.1.133:49    172.16.1.133:49
tcp     200.1.1.1:1029     200.1.1.1:1029     172.16.1.133:49    172.16.1.133:49
```

4.8.18　任务十八　Easy VPN 配置

在路由器 R2 上配置 Easy VPN：

```
R2(config)#aaa new-model
R2(config)#aaa authentication login vpn local
```

```
R2(config)#aaa authorization network vpn local
R2(config)#username cisco password 0 cisco
R2(config)#ip local pool vpn 172.16.3.1 172.16.3.100
R2(config)#crypto isakmp policy 10
R2(config-isakmp)#hash md5
R2(config-isakmp)#authentication pre-share
R2(config-isakmp)#group 2
R2(config-isakmp)#crypto isakmp client configuration group cisco
R2(config-isakmp-group)#key cisco
R2(config-isakmp-group)#pool vpn
R2(config-isakmp-group)#netmask 255.255.255.0
R2(config-isakmp-group)#crypto ipsec transform-set trans esp-3des esp-md5-hmac
R2(config)#crypto dynamic-map dynamic 10
R2(config-crypto-map)#set transform-set trans
R2(config-crypto-map)#reverse-route
R2(config-crypto-map)#crypto map vpn client authentication list vpn
R2(config)#crypto map vpn isakmp authorization list vpn
R2(config)#crypto map vpn client configuration address respond
R2(config)#crypto map vpn 10 ipsec-isakmp dynamic dynamic
R2(config)#interface Serial0/3/1
R2(config-if)#crypto map vpn
```

4.8.19 任务十九 PPPoE 配置

在路由器 ISP2 上配置 PPPoE：

```
ISP2(config)#ip local pool pppoe 150.63.87.3 150.63.87.97
ISP2(config)#vpdn enable
ISP2(config)#vpdn-group vpdn
ISP2(config-vpdn)#accept-dialin
ISP2(config-vpdn-acc-in)#virtual-template 1
ISP2(config-vpdn-acc-in)#end
ISP2#configure terminal
ISP2(config)#bba-group pppoe global
ISP2(config-bba)#virtual-template 1
ISP2(config-bba)#interface Virtual-Template1
```

```
ISP2(config-if)#peer default ip address pool pppoe
ISP2(config-if)#ppp authentication chap
ISP2(config-if)#ip unnumbered GigabitEthernet0/1
ISP2(config-if)#interface GigabitEthernet0/1
ISP2(config-if)#pppoe enable
ISP2(config-if)#no shutdown
```

4.8.20　任务二十　DNS 服务器配置

在 DNS 服务器上配置 DNS 服务。DNS 服务器配置如图 4-2 所示。

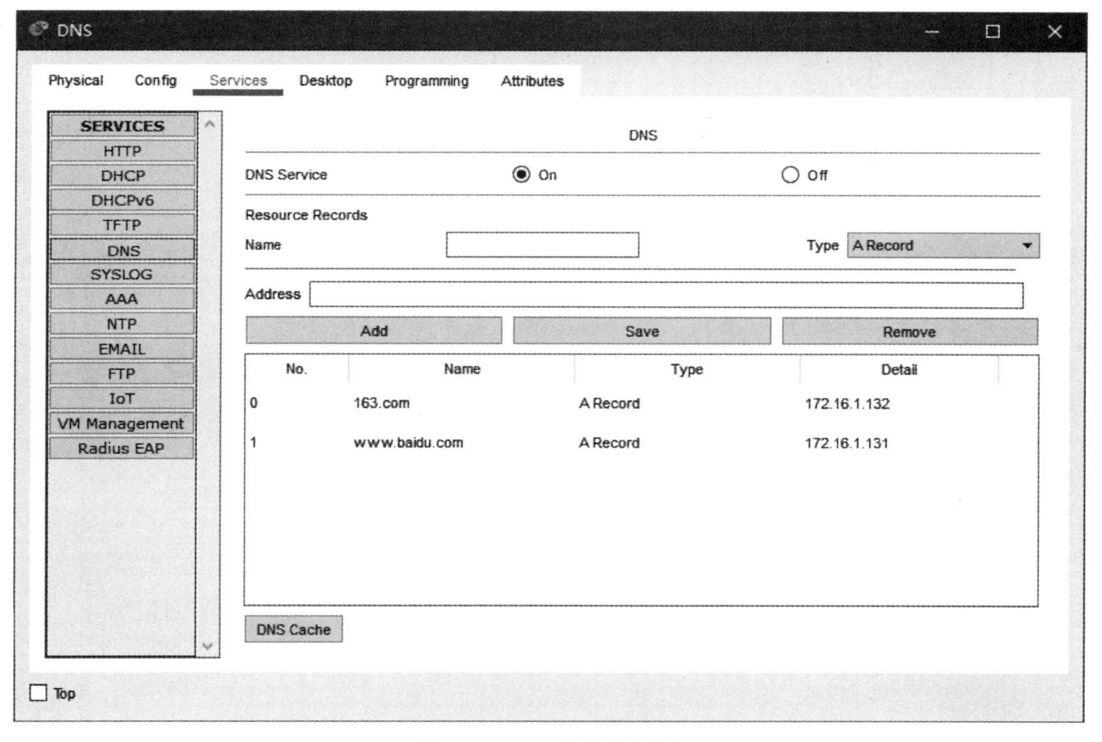

图 4-2　DNS 服务器配置

4.8.21　任务二十一　WEB 服务器配置

在 WEB 服务器上配置 WEB 服务。WEB 服务器配置如图 4-3 所示。

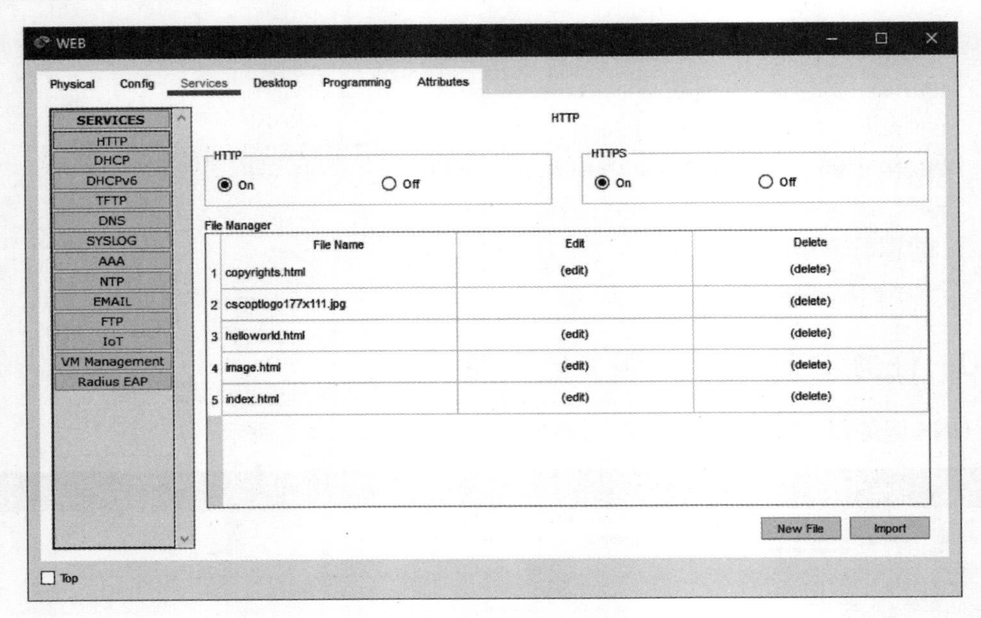

图 4-3　WEB 服务器配置

4.8.22　任务二十二　FTP 服务器配置

在 FTP 服务器上配置 FTP 服务。FTP 服务器配置如图 4-4 所示。

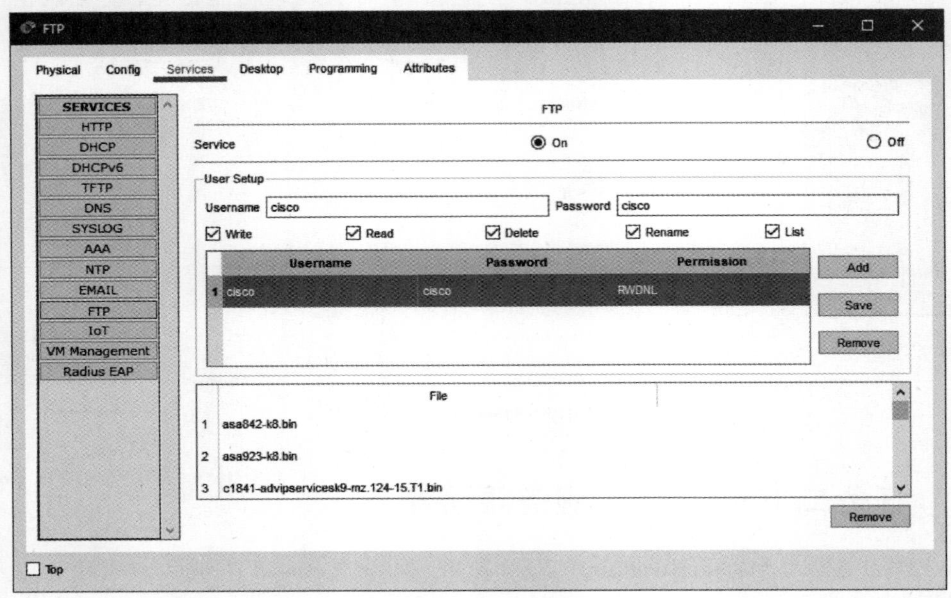

图 4-4　FTP 服务器配置

4.8.23　任务二十三　NTP 服务器配置

在 NTP 服务器上配置 NTP 服务。NTP 服务器配置如图 4-5 所示。

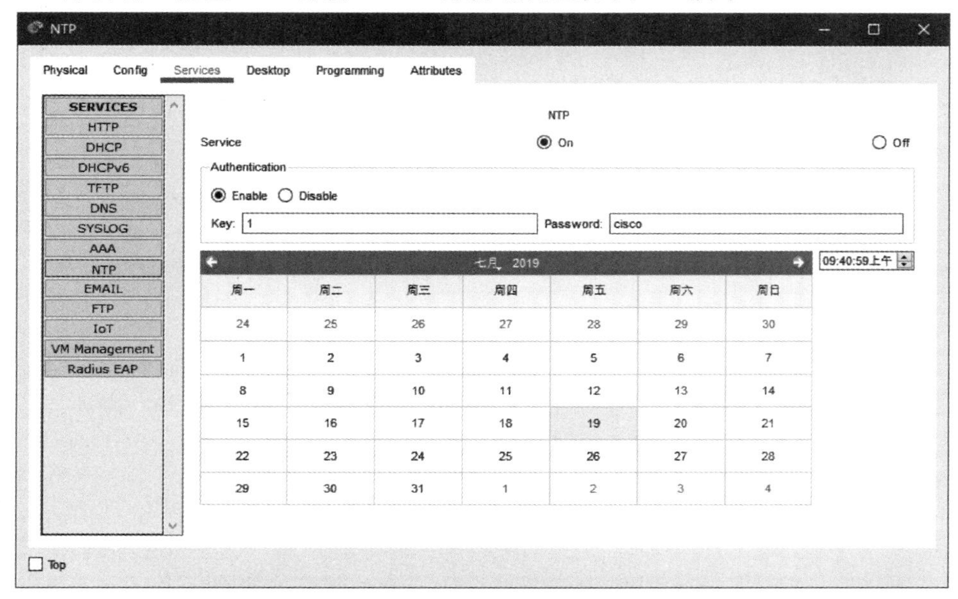

图 4-5　NTP 服务器配置

在三层交换机 MS1 上配置 NTP 服务：

```
MS1(config)#ntp authentication-key 1 md5 cisco
MS1(config)#ntp trusted-key 1
MS1(config)#ntp server 172.16.1.135 key 1
```

4.8.24　任务二十四　Log 服务器配置

在 Log 服务器上配置 Log 服务。Log 服务器配置如图 4-6 所示。

在三层交换机 MS1 上配置 Log 服务：

```
MS1(config)#login on-failure log
MS1(config)#login on-success log
MS1(config)#logging trap debugging
MS1(config)#logging 172.16.1.134
```

4.8.25　任务二十五　AAA 服务器配置

在 AAA 服务器上配置 AAA 服务。AAA 服务器配置如图 4-7 所示。

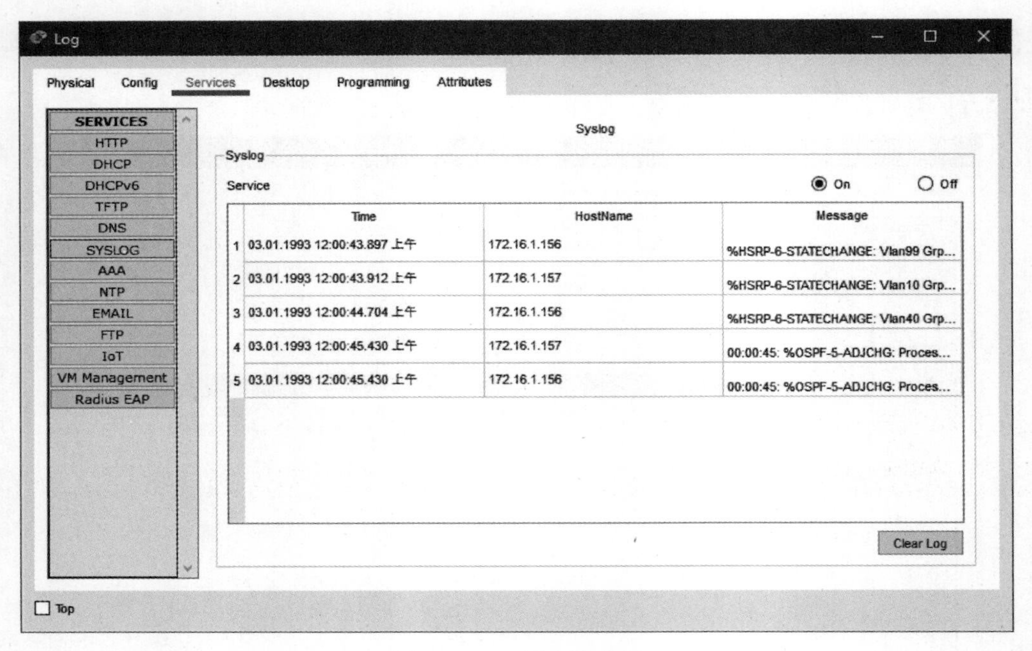

图 4-6 Log 服务器配置

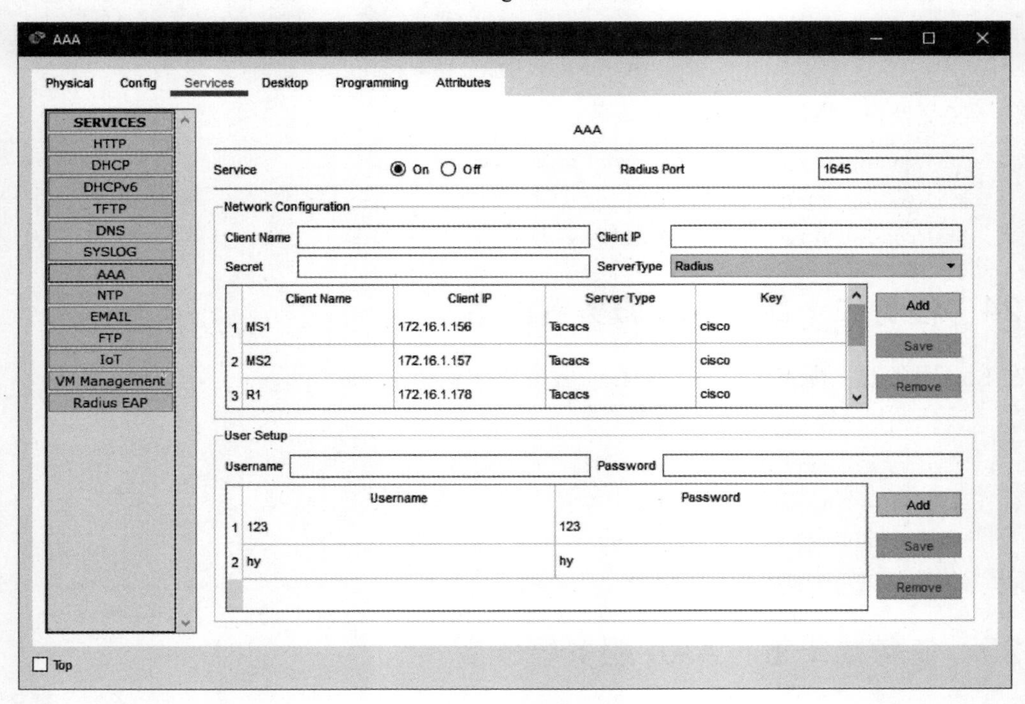

图 4-7 AAA 服务器配置

在三层交换机 MS1 上配置 AAA 服务：

```
MS1(config)#aaa new-model
MS1(config)#aaa authentication login AAA group tacacs+
MS1(config)#aaa authentication enable default group tacacs+
MS1(config)#aaa accounting exec default start-stop group tacacs+
MS1(config)#tacacs-server host 172.16.1.133 key cisco
```

4.8.26　任务二十六　DHCP 服务器配置

在 DHCP 服务器上配置 DHCP 服务。DHCP 服务器配置如图 4-8 所示。

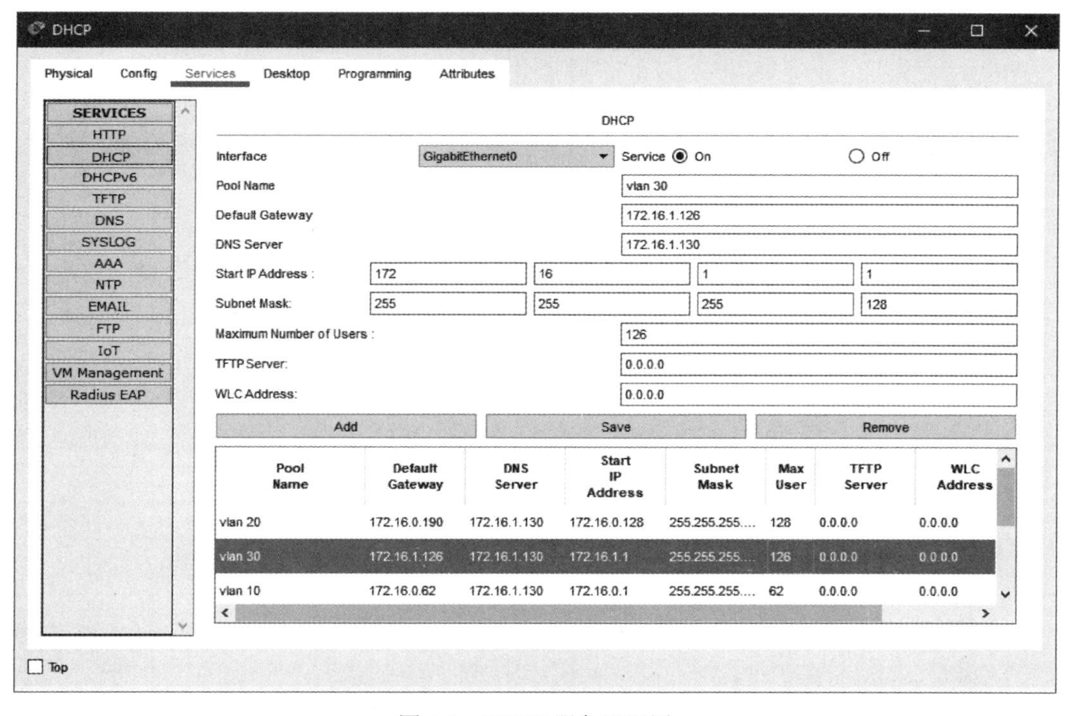

图 4-8　DHCP 服务器配置

4.8.27　任务二十七　EMAIL 服务器配置

EMAIL 服务器的配置，请参考 8.8.22 节　任务二十二　EMAIL 服务器配置。

4.8.28 任务二十八　SSH 远程登录配置

在路由器 R2 上配置 SSH：

```
R2(config)#ip ssh version 1
R2(config)#ip domain-name hy.com
R2(config)#line vty 0 4
R2(config-line)#login authentication AAA
R2(config-line)#transport input ssh
R2(config-line)#line vty 5 15
R2(config-line)#login authentication AAA
R2(config-line)#transport input ssh
R2(config-line)#crypto key generate rsa
The name for the keys will be: R2.hy.com
Choose the size of the key modulus in the range of 360 to 2048 for your
   General Purpose Keys. Choosing a key modulus greater than 512 may take
   a few minutes.

How many bits in the modulus [512]: 1024
% Generating 1024 bit RSA keys, keys will be non-exportable...[OK]
S1(config)#banner motd ^C
Enter TEXT message.   End with the character '^'.
   *******************************************
   *      Warning : login consequences without permissio
   ***********************************^C
```

4.9 功能测试

4.9.1 终端连通性测试

使用 PC ping www.baidu.com，既可以验证 DNS 域名解析功能，又能验证网络连通性。

```
C:\>ping www.baidu.com

Pinging 172.16.1.131 with 32 bytes of data:

Reply from 172.16.1.131: bytes=32 time<1ms TTL=127
Reply from 172.16.1.131: bytes=32 time=5ms TTL=127
Reply from 172.16.1.131: bytes=32 time<1ms TTL=127
Reply from 172.16.1.131: bytes=32 time<1ms TTL=127
```

```
Ping statistics for 172.16.1.131:
    Packets: Sent = 4, Received = 4, Lost = 0 (0% loss),
Approximate round trip times in milli-seconds:
    Minimum = 0ms, Maximum = 5ms, Average = 1ms
```

4.9.2　PPPoE 连接测试

PPPoE 连接测试成功，PPPoE 认证成功如图 4-9 所示。

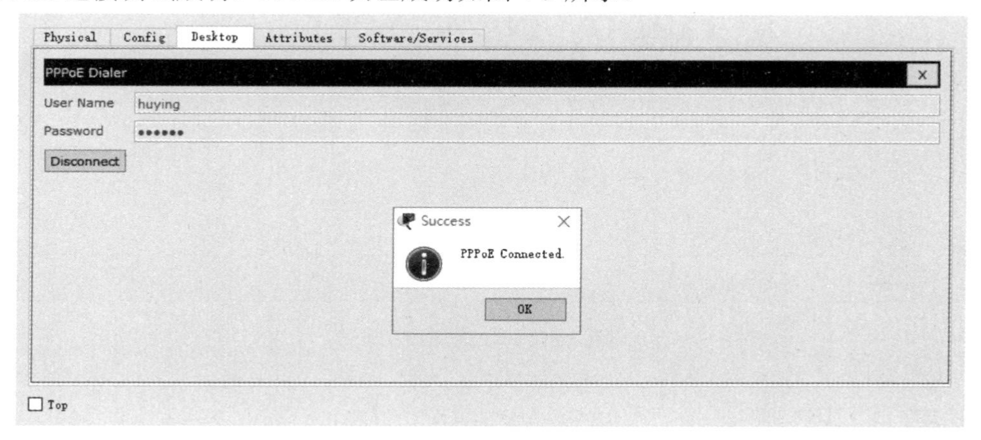

图 4-9　PPPoE 认证成功

4.9.3　Easy VPN 连接测试

Easy VPN 连接成功，如图 4-10 所示。

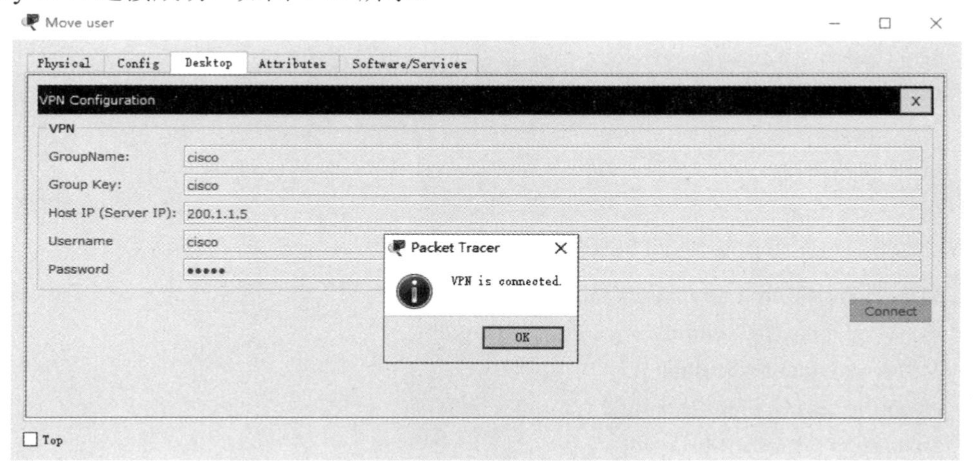

图 4-10　Easy VPN 连接成功

4.9.4 WEB 服务测试

通过访问网站完成 WEB 服务测试，如图 4-11 所示，网站访问成功。

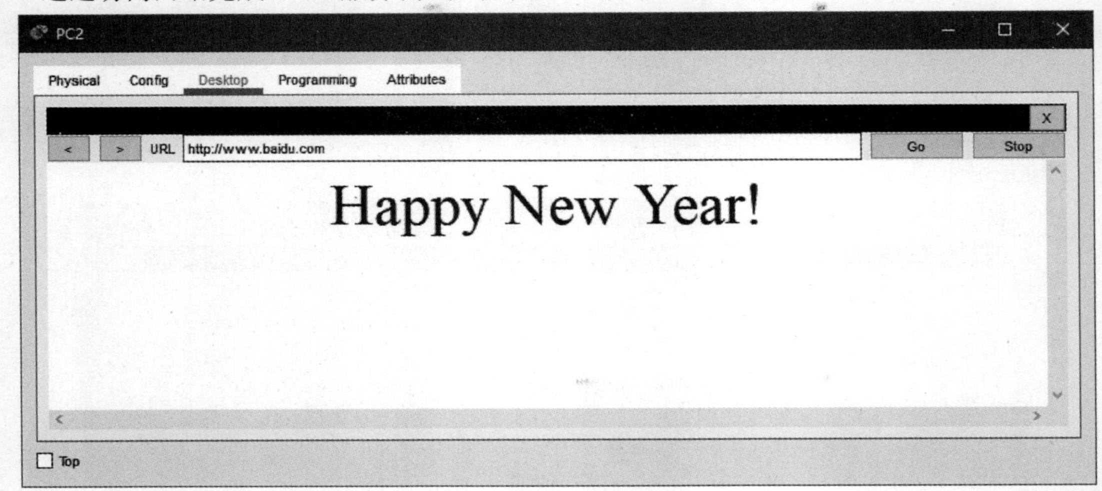

图 4-11 网站访问成功

4.9.5 FTP 服务测试

```
C:\>ftp 172.16.1.136
Trying to connect...172.16.1.136
Connected to 172.16.1.136
220- Welcome to PT Ftp server
Username:cisco
331- Username ok, need password
Password:
230- Logged in
(passive mode On)
ftp>
```

将 MS1 设备的配置上传到 FTP 服务器。

```
MS1(config)#ip ftp username cisco
MS1(config)#ip ftp password cisco
MS1#copy running-config ftp:
Address or name of remote host []? 172.16.1.132
Destination filename [MS1-confg]?
```

```
Writing running-config...
[OK - 4092 bytes]

4092 bytes copied in 0.077 secs (53000 bytes/sec)
```

4.9.6　Log 服务测试

将某台设备的端口关闭，然后在 Log Server 上查看日志信息：

```
MS1(config)#interface FastEthernet0/3
MS1(config-if)#shutdown

MS1(config-if)#
*7 月  19, 11:05:45.055: %LINK-5-CHANGED: Interface FastEthernet0/3, changed state to
administratively down
*7 月  19, 11:05:45.055: %LINEPROTO-5-UPDOWN: Line protocol on Interface
FastEthernet0/3,changed state to down
```

完成 Log 服务测试，Log 服务器界面，如图 4-12 所示。

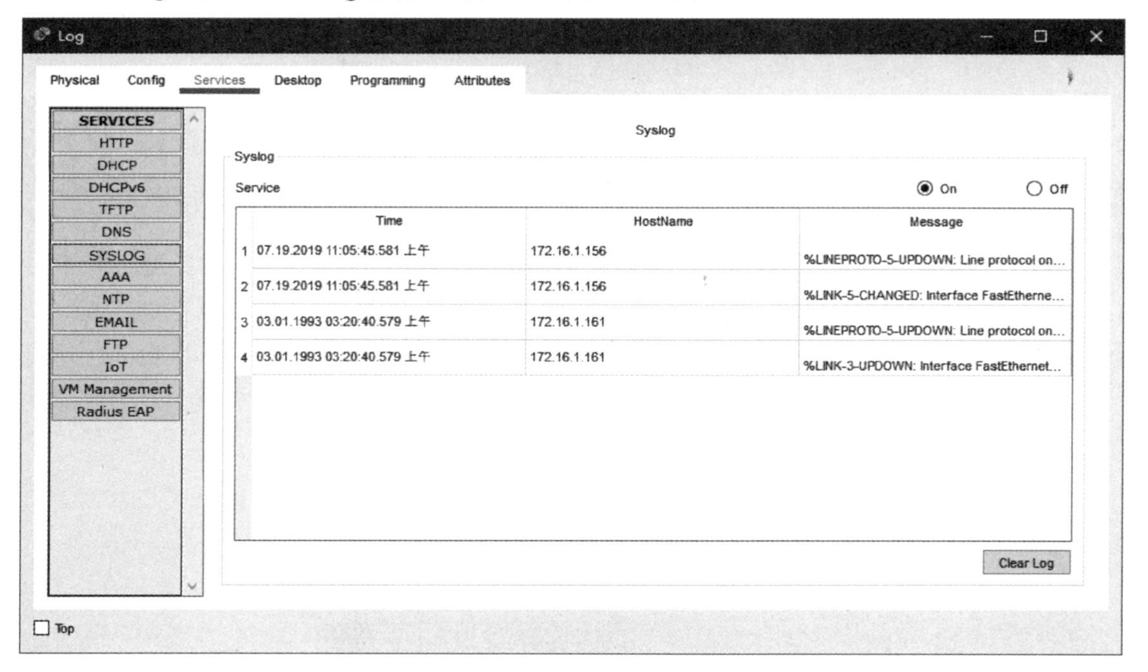

图 4-12　Log 服务器界面

4.9.7 AAA 服务测试

通过 AAA 服务器认证，对远程设备进行 SSH 登录：

```
C:\>ssh -l hy 172.16.1.162

Password:



****************************************
*       Warning : login consequences without permissio **********************************

S2#
```

4.9.8 NTP 服务测试

```
MS2#show clock
17:27:3.262 UTC Fri Jul 19 2019
```

4.10 本章小结

本章案例的项目背景是部署数据中心高可用性网络。数据中心的服务器集群包括 WEB、DNS、FTP、DHCP、EMAIL、NTP、Log 以及 AAA 共 8 台服务器。网络可靠性体现在采用 PVST 技术、EtherChannel 链路聚合技术、HSRP 网关冗余技术等，实现了设备冗余、线路冗余以及双出口接入 Internet。本章案例中虽没有分支机构，但网络结构复杂。鉴于公司有大量异地出差员工需要从公网接入内网办公，采用了 PPPoE 和 Easy VPN 技术。为实现网络管理的安全性，本章案例中采用了 SSH、端口安全、DHCP Snooping 以及 AAA 认证技术。采用被动接口、快速端口、BPDU 及根防护技术实现对网络的进一步优化。内网连通性通过静态路由和 OSPF 实现，对公网访问采用 NAT 技术。本章案例充分利用所学冗余技术，通过搭建服务器集群为用户提供类型丰富的网络服务，可使读者对可靠性网络的架构和实施有更深入的理解。

第5章 >>>

部署公司语音网络

本章要点

- 项目背景
- 项目拓扑
- 项目需求
- 设备选型
- 技术选型
- 地址规划
- VLAN 规划
- 项目实施
- 功能测试
- 本章小结

本章案例以 IT 服务外包公司对外提供技术服务为项目背景。由于公司的服务性质对网络可靠性要求较高，数据中心服务器均采用双网卡，用户终端采用 HSRP 网关冗余。本章案例的特色是引入 IP 语音电话服务和 3G/4G 通信服务，体现网络融合的设计理念。本章案例中路由技术包括静态路由、单臂路由、动态路由协议 OSPF 以及 BGP 等相关内容；交换技术包括 VLAN、Trunk、HSRP、STP 以及 EtherChannel 等相关内容；网络安全及管理技术包含特权密码、登录横幅、SSH、IEEE 802.1x 认证、口令加密以及口令最短长度设置等相关内容；网络服务包括 WEB、DNS、TFTP、AAA、DHCP 以及 EMAIL 服务等相关内容；WAN 技术包括 NAT、PPP 以及 GRE VPN 等相关内容；其他新技术包括 3G/4G 网络与 IP 电话等相关内容。通过学习本章案例，可增加读者对新兴网络技术应用的了解，加深读者对网络融合概念的理解，激发读者学习网络技术的热情，培养其自主探索、学习的能力。

5.1 项目背景

创新未来数字科技公司是一家大型 IT 服务外包公司，该公司对外提供网络系统规划、网络运营及新技术培训等服务。该公司成立了自己的数据中心，为客户提供外包服务，为了能够稳定对外提供服务，对公司内部网络的可靠性有极高的要求。目前公司承接了两个外包项目，一个是为小型企业部署公司内网 IP 电话业务，另一个是为运营商搭建 3G/4G 基站，为移动用户提供互联网接入服务。

5.2 项目拓扑

项目拓扑，如图 5-1 所示。

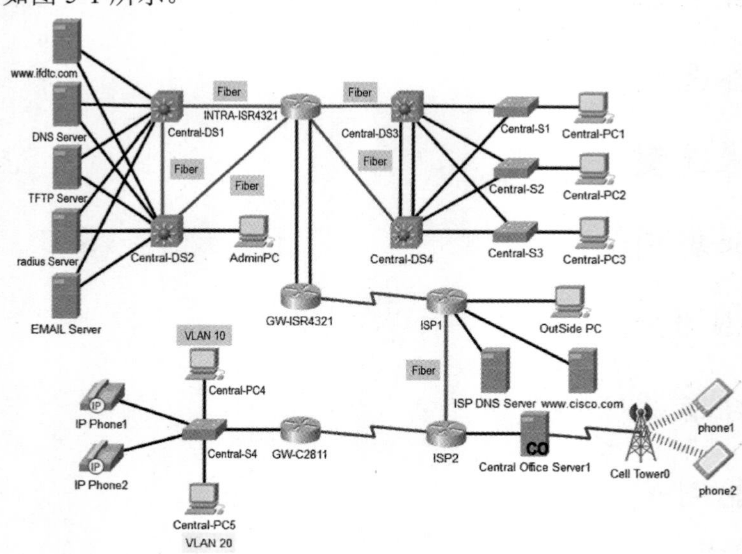

图 5-1 项目拓扑

5.3　项目需求

（1）设备命名及拓扑搭建

- 根据项目拓扑修改所有设备的名称；
- 根据项目拓扑完成设备连接；
- 在各设备上配置 SSH，用户名为 cisco，密码为 Cisco123；
- 设计一个登录横幅；
- 路由器设置的最短密码长度为 8 比特，并加密明文口令。

（2）VLAN 及 Trunk 配置

- 根据 VLAN 规划表合理划分 VLAN，确保接口分配正确；
- 根据项目拓扑要求合理配置 Trunk，其封装模式均为 IEEE 802.1q；
- 查看 Trunk 链路信息，确保 Trunk 两端允许通过的 VLAN ID 一致且 Trunk 封装模式正确。

（3）IP 地址配置

- 根据地址规划表配置物理接口或子接口的 IP 地址；
- 根据地址规划表完成 SVI 地址配置；
- 确保路由器接口 IP 地址配置正确且都处于 up 状态；
- 根据地址规划表静态指定服务器网卡的 IP 地址。

（4）链路聚合配置

- 在三层交换机 Central-DS3 和 Central-DS4 上配置二层链路聚合，手工指定 EtherChannel；
- 在路由器 INTRA-ISR4321 和 GW-ISR4321 上配置三层链路聚合。

（5）STP 配置

- 采用 PVST；
- 三层交换机 Central-DS3 是 VLAN 10 和 VLAN 20 的主根，VLAN30 和 VLAN 100 的备根；
- 三层交换机 Central-DS4 是 VLAN 30 和 VLAN 100 的主根，VLAN 10 和 VLAN 20 的备根。

（6）HSRP 配置

- 在三层交换机 Central-DS3 和 Central-DS4 上配置 HSRP，实现主机网关冗余，HSRP 参

数表如表 5-1 所示；

- 三层交换机 Central-DS3 和 Central-DS4 的 HSRP 组中高优先级设置为 120，低优先级采用默认配置。

表 5-1 HSRP 参数表

VLAN	HSRP 组号	HSRP 虚拟 IP 地址
VLAN 10	10	10.1.10.254
VLAN 20	20	10.1.20.254
VLAN 30	30	10.1.30.254
VLAN 100	100	10.1.100.254

（7）OSPF 配置

- 在三层设备 Central-DS1、Central-DS2、Central-DS3、Central-DS4、INTRA-ISR4321 和 GW-ISR4321 上配置 OSPF，Router ID 为 Loopback 接口地址；
- 宣告内网路由；
- 业务网段中不允许出现协议报文；
- 在路由器 GW-ISR4321 上宣告默认路由和重分布静态路由，类型为 1。

（8）PPP 配置

- Serial 接口使用 PPP 封装，使用 PAP 双向认证；
- 用户名和密码均为对端主机名。

（9）BGP 配置

- 路由器 ISP1 和 ISP2 之间使用 BGP，ISP1 的 AS 号为 110，ISP2 的 AS 号为 111；
- 宣告网段到 BGP 中。

（10）NAT 配置

- 在路由器 GW-ISR431 和 GW-C2811 上配置 NAPT 功能，使内网可以访问公网。

（11）GRE Tunnel 配置

- 在路由器 GW-ISR4321 和 GW-C2811 上配置 Tunnel（隧道）；
- 隧道间使用静态路由，使区域间可以互相访问。

（12）交换机 IOS 升级

- 将二层交换机 IOS 版本升级至 c2960-lanbasek9-mz.150-2.SE4。

（13）IEEE 802.1x 配置

- 在接入层交换机上配置 IEEE 802.1x 端口认证，对接入的设备进行安全控制。

（14）单臂路由配置

- 在路由器 GW-C2811 上配置单臂路由，实现 VLAN 间通信。

（15）3G/4G 网络配置

- 配置 Central Office Server1 使手机可以通过 3G 网络访问公网服务器。

（16）网络服务配置

- 配置 DNS Server 和 ISP DNS Server 服务器，使其可以解析 www.ifdtc.com 域名和 www.cisco.com 域名；
- 配置 www.ifdtc.com 和 www.cisco.com 服务器，使其可提供 WEB 服务；
- 配置 TFTP Server，利用 TFTP Server 中的镜像对交换机进行版本升级；
- 配置 radius Server，对 IEEE 802.1x 进行认证，用户名为 VLAN 名称，密码为 123；
- 配置 EMAIL Server，域名和账号密码自定义，使账号间可以互发邮件；
- 配置 TFTP Server，将网络中所有设备配置信息及 IOS 备份至 TFTP 服务器；
- 在三层交换机 Central-DS3 上配置 DHCP 服务，使其为终端 PC 动态分配 IP 地址。

（17）IP 电话配置

- 在交换机 Central-S4 上配置语音 VLAN；
- 在路由器 GW-C2811 上完成 DHCP 和 VoIP 的相关配置，将 12345 和 12346 两个电话号码分配给两部 IP 电话。

5.4 设备选型

表 5-2 为设备选型表。

表 5-2　设备选型表

设备类型	设备数量	扩展模块	对应设备名称
C2960-24TT Switch	4 台	——	Central-S1、Central-S2、Central-S3、Central-S4
C3650-24PS Switch	4 台	AC-POWER-SUPPLY GLC-LH-SMD	Central-DS1、Central-DS2、Central-DS3、Central-DS4
Cisco ISR 4321 Router	1 台	NIM-2T	GW-ISR4321

续表

设 备 类 型	设 备 数 量	扩 展 模 块	对应设备名称
Cisco C2911 Router	3 台	HWIC-2T HWIC-1GE-SFP GLC-LH-SMD HWIC-4ESW	INTRA-ISR4321、ISP2、ISP1
Cisco C2811 Router	1 台	HWIC-2T	GW-C2811

5.5 技术选型

表 5-3 为技术选型表。

表 5-3 技术选型表

涉 及 技 术	具 体 内 容
路由技术	直连路由、静态路由、OSPF、BGP、单臂路由
交换技术	VLAN、Trunk、HSRP、STP、EtherChannel
安全管理	enable 密码、登录横幅、SSH、口令加密、密码最短长度限制、IEEE 802.1x、IOS 升级
服务配置	WEB、DNS、TFTP、AAA、DHCP、EMAIL
WAN 技术	PPP、NAT、GRE VPN
其他新技术	3G/4G、IP 电话

5.6 地址规划

5.6.1 交换设备地址规划

表 5-4 为交换设备地址规划表。

表 5-4 交换设备地址规划表

设 备 名 称	接 口	地 址 规 划	接 口 描 述
Central-S1	VLAN 100	10.1.100.1/24	Manage
Central-S2	VLAN 100	10.1.100.2/24	Manage
Central-S3	VLAN 100	10.1.100.3/24	Manage
Central-DS1	Gig1/1/1	10.1.2.14/30	Link to Central-DS2 Gig 1/1/1
	Gig1/1/2	10.1.2.5/30	Link to INTRA-ISR4321 Gig 0/1/0
	Loopback0	10.10.10.14/32	——
	VLAN 10	10.0.0.254/24	Server1

续表

设备名称	接　口	地址规划	接口描述
Central-DS2	Gig1/1/1	10.1.2.13/30	Link to Central-DS1 Gig1/1/1
	Gig1/1/2	10.1.2.1/30	Link to INTRA-ISR4321 Gig0/0/0
	Loopback0	10.10.10.13/32	——
	VLAN 10	10.0.1.254/24	Server2
Central-DS3	Gig1/1/1	10.1.2.18/30	Link to INTRA-ISR4321 Gig0/2/0
	Loopback0	10.10.10.20/32	——
	VLAN 10	10.1.10.252/24	Central-1
	VLAN 20	10.1.20.252/24	Central-2
	VLAN 30	10.1.30.252/24	Central-3
	VLAN 100	10.1.100.252/24	Manage
Central-DS4	Gig1/1/2	10.1.2.22/30	Link to INTRA-ISR4321 Gig0/3/0
	Loopback0	10.10.10.21/32	——
	VLAN 10	10.1.10.253/24	Central-1
	VLAN 20	10.1.20.253/24	Central-2
	VLAN 30	10.1.30.253/24	Central-3
	VLAN 100	10.1.100.253/24	Manage

5.6.2　路由设备地址规划

表 5-5 为路由设备地址规划表。

表 5-5　路由设备地址规划表

设备名称	接　口	地址规划	接口描述
INTRA-ISR4321	Port-channel1	10.1.2.9/30	Link to GW-ISR4321 Port-channel1
	Gig0/0/0	10.1.2.2/30	Link to Central-DS2 Gig1/1/2
	Gig0/1/0	10.1.2.6/30	Link to Central-DS1 Gig1/1/2
	Gig0/2/0	10.1.2.17/30	Link to Central-DS3 Gig1/1/1
	Gig0/3/0	10.1.2.21/30	Link to Central-DS4 Gig1/1/2
	Loopback0	10.10.10.12/30	——
GW-ISR4321	Port-channel1	10.1.2.10/30	Link to INTRA-ISR4321 Port-channel1
	Se0/1/0	209.113.8.18/30	Link to ISP1 Se0/0/0
	Loopback0	10.10.10.11/32	——
	Tunnel 0	10.3.0.1/30	Link to GW-C2811 Tunnel 0
GW-C2811	Fa0/0.10	10.2.0.254/24	Link to Central-S4 Gig0/1
	Fa0/0.20	10.2.1.254/24	Link to Central-S4 Gig0/1
	Fa0/0.30	10.2.2.254/24	Link to Central-S4 Gig0/1

续表

设备名称	接口	地址规划	接口描述
GW-C2811	Se0/0/0	209.113.8.22/32	Link to ISP2 Se0/0/0
	Tunnel 0	10.3.0.2/24	Link to GW-ISR4321 Tunnel 0

5.6.3 ISP 设备地址规划

表 5-6 为 ISP 设备地址规划表。

表 5-6 ISP 设备地址规划表

设备名称	接口	地址规划	接口描述
ISP1	Gig0/0	209.165.202.137/30	Link to www.cisco.com
	Gig0/1	209.165.202.133/30	Link to ISP DNS Server
	Se0/0/0	209.113.8.17/30	Link to GW-ISR4321 Se0/1/0
	Gig0/2/0	52.8.27.1/30	Link to ISP2 Gig0/2/0
	VLAN 1	209.165.202.129/30	——
ISP2	Gig0/0	52.8.27.5/30	Link to Central Office Server1 Fa0/0
	Se0/0/0	209.113.8.21/30	Link to GW-C2811 Se0/0/0
	Gig0/2/0	52.8.27.2/30	Link to ISP1 Gig0/2/0

5.6.4 终端地址规划

表 5-7 为终端地址规划表。

表 5-7 终端地址规划表

设备名称	接口	地址规划	接口描述
Central Office Server1	NIC	52.8.27.6/30	——
Central-PC*x*	NIC	DHCP	——
OutSide PC	NIC	DHCP	——
www.ifdtc.com	NIC	10.0.0.5/24	——
	NIC	10.0.1.5/24	——
DNS Server	NIC	10.0.0.4/24	——
	NIC	10.0.1.4/24	——
EMAIL Server	NIC	10.0.0.3/24	——
	NIC	10.0.1.3/24	——
TFTP Server	NIC	10.0.0.2/24	——
	NIC	10.0.1.2/24	——

续表

设备名称	接　口	地址规划	接口描述
radius Server	NIC	10.0.0.10/24	——
	NIC	10.0.1.10/24	——
www.cisco.com	NIC	209.165.202.134/30	——
ISP DNS Server	NIC	209.165.202.138/30	——

5.7　VLAN 规划

表 5-8 为公司 VLAN 规划表。

表 5-8　公司 VLAN 规划表

设备名	VLAN ID	VLAN 名称	接口分配	备　注
Central-S1	100	Manage	——	管理 VLAN
	10	Central-1	Fa0/1～Fa0/5	——
	20	Central-2	Fa0/6～Fa0/10	——
	30	Central-3	Fa0/11～Fa0/15	——
Central-S2	100	Manage	——	管理 VLAN
	10	Central-1	Fa0/1～Fa0/5	——
	20	Central-2	Fa0/6～Fa0/10	——
	30	Central-3	Fa0/11～Fa0/15	——
Central-S3	100	Manage	——	管理 VLAN
	10	Central-1	Fa0/1～Fa0/5	——
	20	Central-2	Fa0/6～Fa0/10	——
	30	Central-3	Fa0/11～Fa0/15	——
Central-S4	10	PC1	Fa0/1～Fa0/10	——
	20	PC2	Fa0/11～Fa0/20	——
	30	VOIP	Fa0/21～Fa0/24	——
Central-DS1	10	Server1	Gig1/0/1～Gig1/0/20	——
Central-DS2	20	Server2	Gig1/0/1～Gig1/0/20	——
Central-DS3	10	Central-1	——	——
	20	Central-2	——	——
	30	Central-3	——	——
	100	Manage	——	管理 VLAN
Central-DS4	10	Central-1	——	——
	20	Central-2	——	——
	30	Central-3	——	——
	100	Manage	——	管理 VLAN

5.8 项目实施

5.8.1 任务一 二层交换机基础配置

（1）在二层交换机 Central-S1 上配置主机名、VLAN、Trunk、管理 IP 地址及网关

```
Switch>enable
Switch#configure terminal
Switch(config)#hostname Central-S1
Central-S1(config)#vlan 10
Central-S1(config-vlan)#name Central-1
Central-S1(config-vlan)#vlan 20
Central-S1(config-vlan)#name Central-2
Central-S1(config-vlan)#vlan 30
Central-S1(config-vlan)#name Central-3
Central-S1(config-vlan)#vlan 100
Central-S1(config-vlan)#name Manage
Central-S1(config-vlan)#interface range FastEthernet0/1 - 5
Central-S1(config-if-range)#switchport mode access
Central-S1(config-if-range)#switchport access vlan 10
Central-S1(config-if-range)#interface range FastEthernet 0/6 - 10
Central-S1(config-if-range)#switchport mode access
Central-S1(config-if-range)#switchport access vlan 20
Central-S1(config-if-range)#interface range FastEthernet 0/11 - 15
Central-S1(config-if-range)#switchport mode access
Central-S1(config-if-range)#switchport access vlan 30
Central-S1(config-if-range)#interface range GigabitEthernet0/1 - 2
Central-S1(config-if-range)#switchport mode trunk
Central-S1(config-if-range)#interface Vlan100
Central-S1(config-if)#ip address 10.1.100.1 255.255.255.0
Central-S1(config-if)#ip default-gateway 10.1.100.254
```

（2）在二层交换机 Central-S2 上配置主机名、VLAN、Trunk、管理 IP 地址及网关

```
Switch>enable
Switch#configure terminal
Switch(config)#hostname Central-S2
Central-S2(config)#vlan 10
```

```
Central-S2(config-vlan)#name Central-1
Central-S2(config-vlan)#vlan 20
Central-S2(config-vlan)#name Central-2
Central-S2(config-vlan)#vlan 30
Central-S2(config-vlan)#name Central-3
Central-S2(config-vlan)#vlan 100
Central-S2(config-vlan)#name Manage
Central-S2(config-vlan)#interface range FastEthernet0/1 - 5
Central-S2(config-if-range)#switchport mode access
Central-S2(config-if-range)#switchport access vlan 10
Central-S2(config-if-range)#interface range FastEthernet 0/6 - 10
Central-S2(config-if-range)#switchport mode access
Central-S2(config-if-range)#switchport access vlan 20
Central-S2(config-if-range)#interface range FastEthernet 0/11 - 15
Central-S2(config-if-range)#switchport mode access
Central-S2(config-if-range)#switchport access vlan 30
Central-S2(config-if-range)#interface range GigabitEthernet0/1 - 2
Central-S2(config-if-range)#switchport mode trunk
Central-S2(config-if-range)#interface Vlan100
Central-S2(config-if)#ip address 10.1.100.2 255.255.255.0
Central-S2(config-if)#ip default-gateway 10.1.100.254
```

（3）在二层交换机 Central-S2 上查看 Trunk 信息

```
Central-S2#show interface trunk
Port        Mode        Encapsulation      Status        Native vlan
Gig0/1      on            802.1q           trunking            1
Gig0/2      on            802.1q           trunking            1
```

（4）在二层交换机 Central-S2 上查看 VLAN 划分的详细信息

```
Central-S2#show vlan brief

VLAN Name                             Status        Ports
---- -------------------------------- --------- -------------------------------
1    default                          active    Fa0/16, Fa0/17, Fa0/18, Fa0/19
                                                Fa0/20, Fa0/21, Fa0/22, Fa0/23
                                                Fa0/24
10   Central-1                        active    Fa0/1, Fa0/2, Fa0/3, Fa0/4
```

```
                                                     Fa0/5
20   Central-2                        active         Fa0/6, Fa0/7, Fa0/8, Fa0/9
                                                     Fa0/10
30   Central-3                        active         Fa0/11, Fa0/12, Fa0/13, Fa0/14
                                                     Fa0/15
100  Manage                           active
1002 fddi-default                     active
1003 token-ring-default               active
1004 fddinet-default                  active
1005 trnet-default                    active
```

（5）在二层交换机 Central-S3 上配置主机名、VLAN、Trunk、管理 IP 地址及网关

```
Switch>enable
Switch#configure terminal
Switch(config)#hostname Central-S3
Central-S3(config)#vlan 10
Central-S3(config-vlan)#name Central-1
Central-S3(config-vlan)#vlan 20
Central-S3(config-vlan)#name Central-2
Central-S3(config-vlan)#vlan 30
Central-S3(config-vlan)#name Central-3
Central-S3(config-vlan)#vlan 100
Central-S3(config-vlan)#name Manage
Central-S3(config-vlan)#interface range FastEthernet0/1 - 5
Central-S3(config-if-range)#switchport mode access
Central-S3(config-if-range)#switchport access vlan 10
Central-S3(config-if-range)#interface range FastEthernet 0/6 - 10
Central-S3(config-if-range)#switchport mode access
Central-S3(config-if-range)#switchport access vlan 20
Central-S3(config-if-range)#interface range FastEthernet 0/11 - 15
Central-S3(config-if-range)#switchport mode access
Central-S3(config-if-range)#switchport access vlan 30
Central-S3(config-if-range)#interface range GigabitEthernet0/1 - 2
Central-S3(config-if-range)#switchport mode trunk
Central-S3(config-if-range)#interface Vlan100
Central-S3(config-if)#ip address 10.1.100.3 255.255.255.0
Central-S3(config-if)#ip default-gateway 10.1.100.254
```

（6）在二层交换机 Central-S4 上配置主机名、VLAN 及 Trunk

```
Switch>enable
Switch#configure terminal
Switch(config)#hostname Central-S4
Central-S4(config)#vlan 10
Central-S4(config-vlan)#name PC1
Central-S4(config-vlan)#vlan 20
Central-S4(config-vlan)#name PC2
Central-S4(config-vlan)#interface range FastEthernet0/1 - 10
Central-S4(config-if-range)#switchport access vlan 10
Central-S4(config-if-range)#interface range FastEthernet0/11 - 20
Central-S4(config-if-range)#switchport access vlan 20
Central-S4(config-if-range)#interface GigabitEthernet0/1
Central-S4(config-if)#switchport mode trunk
```

5.8.2　任务二　三层交换机基础配置

（1）在三层交换机 Central-DS1 上配置主机名、VLAN、IP 地址及 SVI 地址

```
Switch>enable
Switch#configure terminal
Switch(config)#ip routing
Switch(config)#hostname Central-DS1
Central-DS1(config)#vlan 10
Central-DS1(config-vlan)#name Server1
Central-DS1(config)#interface range GigabitEthernet 1/0/1-20
Central-DS1(config-if-range)#switchport access vlan 10
Central-DS1(config-if-range)#interface Loopback0
Central-DS1(config-if)#ip address 10.10.10.14 255.255.255.255
Central-DS1(config-if)#interface GigabitEthernet1/1/1
Central-DS1(config-if)#no switchport
Central-DS1(config-if)#ip address 10.1.2.14 255.255.255.252
Central-DS1(config-if)#interface GigabitEthernet1/1/2
Central-DS1(config-if)#no switchport
Central-DS1(config-if)#ip address 10.1.2.5 255.255.255.252
Central-DS1(config-if)#interface Vlan10
Central-DS1(config-if)#ip address 10.0.0.254 255.255.255.0
```

（2）在三层交换机 Central-DS2 上配置主机名、VLAN、IP 地址及 SVI 地址

```
Switch>enable
Switch#configure terminal
Switch(config)#ip routing
Switch(config)#hostname Central-DS2
Central-DS2(config)#vlan 20
Central-DS2(config-vlan)#name Server2
Central-DS2(config)#interface range GigabitEthernet 1/0/1-20
Central-DS2(config-if-range)#switchport access vlan 20
Central-DS2(config-if-range)#interface Loopback0
Central-DS2(config-if)#ip address 10.10.10.13 255.255.255.255
Central-DS2(config-if)#interface GigabitEthernet1/1/1
Central-DS2(config-if)#no switchport
Central-DS2(config-if)#ip address 10.1.2.13 255.255.255.252
Central-DS2(config-if)#interface GigabitEthernet1/1/2
Central-DS2(config-if)#no switchport
Central-DS2(config-if)#ip address 10.1.2.1 255.255.255.252
Central-DS2(config-if)#interface Vlan10
Central-DS2(config-if)#ip address 10.0.1.254 255.255.255.0
```

（3）在三层交换机 Central-DS3 上配置主机名、VLAN 及 IP 地址

```
Switch>enable
Switch#configure terminal
Switch(config)#hostname Central-DS3
Central-DS3(config)#ip routing
Central-DS3(config)#interface Loopback0
Central-DS3(config-if)#ip address 10.10.10.20 255.255.255.255
Central-DS3(config-if)#interface GigabitEthernet1/1/2
Central-DS3(config-if)#no switchport
Central-DS3(config-if)#ip address 10.5.0.2 255.255.255.252
Central-DS3(config-if)#vlan 10
Central-DS3(config-vlan)#name Central-1
Central-DS3(config-vlan)#vlan 20
Central-DS3(config-vlan)#name Central-2
Central-DS3(config-vlan)#vlan 30
Central-DS3(config-vlan)#name Central-3
Central-DS3(config-vlan)#vlan 100
```

```
Central-DS3(config-vlan)#name Manage
```

（4）在三层交换机 Central-DS4 上配置主机名、VLAN 及 IP 地址

```
Switch>enable
Switch#configure terminal
Switch(config)#hostname Central-DS4
Central-DS4(config)#ip routing
Central-DS4(config)#interface Loopback0
Central-DS4(config-if)#ip address 10.10.10.21 255.255.255.255
Central-DS4(config-if)#interface GigabitEthernet1/1/2
Central-DS4(config-if)#no switchport
Central-DS4(config-if)#ip address 10.1.2.22 255.255.255.252
Central-DS4(config-if)#vlan 10
Central-DS4(config-vlan)#name Central-1
Central-DS4(config-vlan)#vlan 20
Central-DS4(config-vlan)#name Central-2
Central-DS4(config-vlan)#vlan 30
Central-DS4(config-vlan)#name Central-3
Central-DS4(config-vlan)#vlan 100
Central-DS4(config-vlan)#name Manage
```

5.8.3　任务三　路由器基础配置

（1）在路由器 INTRA-ISR4321 上配置主机名及 IP 地址

```
Router>enable
Router#configure terminal
Router(config)#hostname INTRA-ISR4321
INTRA-ISR4321(config)#interface Loopback0
INTRA-ISR4321(config-if)#ip address 10.10.10.12 255.255.255.0
INTRA-ISR4321(config-if)#interface GigabitEthernet0/0/0
INTRA-ISR4321(config-if)#ip address 10.1.2.2 255.255.255.252
INTRA-ISR4321(config-if)#no shutdown
INTRA-ISR4321(config-if)#interface GigabitEthernet0/1/0
INTRA-ISR4321(config-if)#ip address 10.1.2.6 255.255.255.252
INTRA-ISR4321(config-if)#no shutdown
INTRA-ISR4321(config-if)#interface GigabitEthernet0/2/0
```

```
INTRA-ISR4321(config-if)#ip address 10.1.2.17 255.255.255.252
INTRA-ISR4321(config-if)#no shutdown
INTRA-ISR4321(config-if)#interface GigabitEthernet0/3/0
INTRA-ISR4321(config-if)#ip address 10.1.2.21 255.255.255.252
INTRA-ISR4321(config-if)#no shutdown
```

（2）在路由器 GW-ISR4321 上配置主机名及 IP 地址

```
Router>enable
Router#configure terminal
Router(config)#hostname GW-ISR4321
GW-ISR4321(config)#interface Loopback0
GW-ISR4321(config-if)#ip address 10.10.10.11 255.255.255.255
GW-ISR4321(config-if)#interface Serial0/1/0
GW-ISR4321(config-if)#ip address 209.113.8.18 255.255.255.252
GW-ISR4321(config-if)#no shutdown
```

（3）在路由器 GW-C2811 上配置主机名及 IP 地址

```
Router>enable
Router#configure terminal
Router(config)#hostname GW-C2811
GW-C2811(config)#interface Serial0/0/0
GW-C2811(config-if)#ip address 209.113.8.22 255.255.255.252
GW-C2811(config-if)#no shutdown
```

（4）在路由器 ISP1 上配置主机名、IP 地址及 SVI 地址

```
Router>enable
Router#configure terminal
Router(config)#hostname ISP1
ISP1(config)#interface GigabitEthernet0/0
ISP1(config-if)#ip address 209.165.202.137 255.255.255.252
ISP1(config-if)#no shutdown
ISP1(config-if)#interface GigabitEthernet0/1
ISP1(config-if)#ip address 209.165.202.133 255.255.255.252
ISP1(config-if)#no shutdown
ISP1(config-if)#interface Serial0/0/0
ISP1(config-if)#ip address 209.113.8.17 255.255.255.252
ISP1(config-if)#no shutdown
```

```
ISP1(config-if)#interface range FastEthernet0/1/0 - 3
ISP1(config-if-range)#switchport access vlan 1
ISP1(config-if-range)#interface GigabitEthernet0/2/0
ISP1(config-if)#ip address 52.8.27.1 255.255.255.252
ISP1(config-if)#no shutdown
ISP1(config-if)#interface Vlan1
ISP1(config-if)#ip address 209.165.202.129 255.255.255.252
ISP1(config-if)#no shutdown
```

（5）在路由器 ISP2 上配置主机名及 IP 地址

```
Router>enable
Router#configure terminal
Router(config)#hostname ISP2
ISP2(config)#interface GigabitEthernet0/0
ISP2(config-if)#ip address 52.8.27.5 255.255.255.252
ISP2(config-if)#no shutdown
ISP2(config-if)#interface Serial0/0/0
ISP2(config-if)#ip address 209.113.8.21 255.255.255.252
ISP2(config-if)#no shutdown
ISP2(config-if)#interface GigabitEthernet0/2/0
ISP2(config-if)#ip address 52.8.27.2 255.255.255.252
ISP2(config-if)#no shutdown
```

5.8.4　任务四　二层链路聚合配置

（1）在三层交换机 Central-DS3 上配置二层链路聚合

```
Central-DS3(config)#interface range GigabitEthernet1/0/10 -11
Central-DS3(config-if-range)#channel-group 1 mode on
Central-DS3(config-if-range)#interface Port-channel1
Central-DS3(config-if)#switchport trunk encapsulation dot1q
Central-DS3(config-if)#switchport mode trunk
```

（2）在三层交换机 Central-DS4 上配置二层链路聚合

```
Central-DS4(config)#interface range GigabitEthernet1/0/10 -11
Central-DS4(config-if-range)#channel-group 1 mode on
Central-DS4(config-if-range)#interface Port-channel1
Central-DS4(config-if)#switchport trunk encapsulation dot1q
```

```
Central-DS4(config-if)#switchport mode trunk
```

5.8.5 任务五 三层链路聚合配置

（1）在路由器 INTRA-ISR4321 上配置三层链路聚合

```
INTRA-ISR4321(config)#interface range GigabitEthernet0/0 -1
INTRA-ISR4321(config-if-range)#channel-group 1
INTRA-ISR4321(config-if-range)#interface Port-channel1
INTRA-ISR4321(config-if)#ip address 10.1.2.9 255.255.255.252
```

（2）在路由器 GW-ISR4321 上配置三层链路聚合

```
GW-ISR4321(config)#interface range GigabitEthernet 0/0/0 -1
GW-ISR4321(config-if-range)#channel-group 1
GW-ISR4321(config-if-range)#interface Port-channel1
GW-ISR4321(config-if)#ip address 10.1.2.10 255.255.255.252
Central-DS3#show etherchannel summary
Flags:  D - down          P - in port-channel
        I - stand-alone s - suspended
        H - Hot-standby (LACP only)
        R - Layer3        S - Layer2
        U - in use        f - failed to allocate aggregator
        u - unsuitable for bundling
        w - waiting to be aggregated
        d - default port


Number of channel-groups in use:  1
Number of aggregators:            1

Group  Port-channel  Protocol    Ports
------+-------------+-----------+----------------------------------------------

1      Po1(SU)           -       Gig1/0/10(P) Gig1/0/11(P)
```

5.8.6 任务六 登录横幅配置

在路由器 INTRA-ISR4321 上配置登录横幅：

```
INTRA-ISR4321(config)#banner motd ^C
Enter TEXT message.   End with the character '^'.
*************************************************************************************
**          Warning: You have logged in to an important                            **
**          Network device and all operations will be recorded                     **
**          Illegal operations will be held legally responsible! !                 **
**          Please be careful!                                                     **
*************************************************************************************
^C
```

5.8.7　任务七　密码基础配置

```
INTRA-ISR4321(config)#service password-encryption
INTRA-ISR4321(config)#security passwords min-length 8
INTRA-ISR4321(config)#enable secret ifdtc123
INTRA-ISR4321(config)#username cisco password Cisco123
```

5.8.8　任务八　PVST 配置

（1）在三层交换机 Central-DS3 上配置 PVST

```
Central-DS3(config)#spanning-tree mode pvst
Central-DS3(config)#spanning-tree vlan 10,20 priority 24576
Central-DS3(config)#spanning-tree vlan 30,100 priority 28672
```

（2）在三层交换机 Central-DS4 上配置 PVST

```
Central-DS4(config)#spanning-tree mode pvst
Central-DS4(config)#spanning-tree vlan 30,100 priority 24576
Central-DS4(config)#spanning-tree vlan 10,20 priority 28672
```

（3）在三层交换机 Central-DS3 查看 PVST 的详细信息

```
Central-S3#show spanning-tree vlan 10
VLAN0010
  Spanning tree enabled protocol ieee
  Root ID      Priority      24586
               Address       0000.0C60.7AA2
               Cost          4
```

```
              Port          25(GigabitEthernet0/1)
              Hello Time   2 sec   Max Age 20 sec   Forward Delay 15 sec

  Bridge ID  Priority     32778  (priority 32768 sys-id-ext 10)
              Address       0001.971E.E7A9
              Hello Time   2 sec   Max Age 20 sec   Forward Delay 15 sec
              Aging Time   20

Interface       Role Sts Cost          Prio.Nbr        Type
---------------- ---- --- --------- -------- --------------------------------
Gi0/2             Altn BLK 4            128.26          P2p
Gi0/1             Root FWD 4            128.25          P2p
```

5.8.9 任务九 HSRP 配置

（1）在三层交换机 Central-DS3 上配置 HSRP

```
Central-DS3(config)#interface Vlan10
Central-DS3(config-if)#ip address 10.1.10.252 255.255.255.0
Central-DS3(config-if)#standby 10 ip 10.1.10.254
Central-DS3(config-if)#standby 10 priority 120
Central-DS3(config-if)#standby 10 preempt
Central-DS3(config-if)#interface Vlan20
Central-DS3(config-if)#ip address 10.1.20.252 255.255.255.0
Central-DS3(config-if)#standby 20 ip 10.1.20.254
Central-DS3(config-if)#standby 20 priority 120
Central-DS3(config-if)#standby 20 preempt
Central-DS3(config-if)#interface Vlan30
Central-DS3(config-if)#ip address 10.1.30.252 255.255.255.0
Central-DS3(config-if)#standby 30 ip 10.1.30.254
Central-DS3(config-if)#standby 30 preempt
Central-DS3(config-if)#interface Vlan100
Central-DS3(config-if)#ip address 10.1.100.252 255.255.255.0
Central-DS3(config-if)#standby 100 ip 10.1.100.254
Central-DS3(config-if)#standby 100 preempt
```

（2）在三层交换机 Central-DS4 上配置 HSRP

```
Central-DS4(config)#interface Vlan10
```

```
Central-DS4(config-if)#ip address 10.1.10.253 255.255.255.0
Central-DS4(config-if)#standby 10 ip 10.1.10.254
Central-DS4(config-if)#standby 10 preempt
Central-DS4(config-if)#interface Vlan20
Central-DS4(config-if)#ip address 10.1.20.253 255.255.255.0
Central-DS4(config-if)#standby 20 ip 10.1.20.254
Central-DS4(config-if)#standby 20 preempt
Central-DS4(config-if)#interface Vlan30
Central-DS4(config-if)#ip address 10.1.30.253 255.255.255.0
Central-DS4(config-if)#standby 30 ip 10.1.30.254
Central-DS4(config-if)#standby 30 priority 120
Central-DS4(config-if)#standby 30 preempt
Central-DS4(config-if)#interface Vlan100
Central-DS4(config-if)#ip address 10.1.100.253 255.255.255.0
Central-DS4(config-if)#standby 100 ip 10.1.100.254
Central-DS4(config-if)#standby 100 priority 120
Central-DS4(config-if)#standby 100 preempt
```

（3）在三层交换机 Central-DS3 上查看 HSRP 的详细信息

```
Central-DS3#show standby brief
                         P indicates configured to preempt.
                         |
Interface    Grp    Pri P State      Active          Standby        Virtual IP
Vl10         10     120 P Active     local           10.1.10.253    10.1.10.254
Vl20         20     120 P Active     local           10.1.20.253    10.1.20.254
Vl30         30     100 P Standby    10.1.30.253     local          10.1.30.254
Vl100        100    100 P Standby    10.1.100.253    local          10.1.100.254
```

5.8.10　任务十　IP 电话服务配置

（1）在二层交换机 Central-S4 上配置语音 VLAN

```
Central-S4(config)#vlan 30
Central-S4(config-vlan)#name VOIP
Central-S4(config-vlan)#interface range FastEthernet 0/21-24
Central-S4(config-if-range)#switchport mode access
Central-S4(config-if-range)#switchport voice vlan 30
```

（2）在路由器 GW-C2811 上配置 DHCP 服务及电话号码

```
GW-C2811(config)#ip dhcp pool VOIP
GW-C2811(dhcp-config)#network 10.2.2.0 255.255.255.0
GW-C2811(dhcp-config)#default-router 10.2.2.254
GW-C2811(dhcp-config)#option 150 ip 10.2.2.254
GW-C2811(config)#exit
GW-C2811(config)#telephony-service
GW-C2811(config-telephony)#max-dn 5
GW-C2811(config-telephony)#max-ephones 5
GW-C2811(config-telephony)#ip source-address 10.2.2.254 port 2000
GW-C2811(config-telephony)#auto assign 4 to 6
GW-C2811(config-telephony)#auto assign 1 to 5
GW-C2811(config-telephony)#ephone-dn 1
GW-C2811(config-ephone-dn)#number 12345
GW-C2811(config-ephone-dn)#ephone-dn 2
GW-C2811(config-ephone-dn)#number 12346
```

5.8.11 任务十一 单臂路由配置

在路由器 GW-C2811 上配置单臂路由：

```
GW-C2811(config)#interface FastEthernet0/0
GW-C2811(config-if)#no shutdown
GW-C2811(config-if)#interface FastEthernet0/0.10
GW-C2811(config-subif)#encapsulation dot1Q 10
GW-C2811(config-subif)#ip address 10.2.0.254 255.255.255.0
GW-C2811(config-subif)#interface FastEthernet0/0.20
GW-C2811(config-subif)#encapsulation dot1Q 20
GW-C2811(config-subif)#ip address 10.2.1.254 255.255.255.0
GW-C2811(config-subif)#interface FastEthernet 0/0.30
GW-C2811(config-subif)#encapsulation dot1Q 30
GW-C2811(config-subif)#ip address 10.2.2.254 255.255.255.0
```

5.8.12 任务十二 默认路由配置

（1）在路由器 GW-ISR4321 上配置静态默认路由

```
GW-ISR4321(config)#ip route 0.0.0.0 0.0.0.0 Serial0/1/0
```

（2）在路由器 GW-C2811 上配置静态默认路由

```
GW-C2811(config)#ip route 0.0.0.0 0.0.0.0 Serial0/0/0
```

5.8.13　任务十三　静态路由配置

（1）在路由器 GW-ISR4321 上配置静态路由

```
GW-ISR4321(config)#ip route 10.2.0.0 255.255.255.0 10.3.0.2
GW-ISR4321(config)#ip route 10.2.1.0 255.255.255.0 10.3.0.2
GW-ISR4321(config)#ip route 10.2.2.0 255.255.255.0 10.3.0.2
```

（2）在路由器 GW-C2811 上配置静态路由

```
GW-C2811(config)#ip route 10.0.0.0 255.255.255.0 10.3.0.1
GW-C2811(config)#ip route 10.0.1.0 255.255.255.0 10.3.0.1
GW-C2811(config)#ip route 10.1.2.0 255.255.255.0 10.3.0.1
GW-C2811(config)#ip route 10.1.10.0 255.255.255.0 10.3.0.1
GW-C2811(config)#ip route 10.1.20.0 255.255.255.0 10.3.0.1
GW-C2811(config)#ip route 10.1.30.0 255.255.255.0 10.3.0.1
GW-C2811(config)#ip route 10.1.100.0 255.255.255.0 10.3.0.1
GW-C2811(config)#ip route 10.10.10.0 255.255.255.0 10.3.0.1
```

（3）在路由器 GW-C2811 上查看静态路由表

```
GW-C2811#show ip route static
     10.0.0.0/8 is variably subnetted, 12 subnets, 2 masks
S        10.0.0.0/24 [1/0] via 10.3.0.1
S        10.0.1.0/24 [1/0] via 10.3.0.1
S        10.1.2.0/24 [1/0] via 10.3.0.1
S        10.1.10.0/24 [1/0] via 10.3.0.1
S        10.1.20.0/24 [1/0] via 10.3.0.1
S        10.1.30.0/24 [1/0] via 10.3.0.1
S        10.1.100.0/24 [1/0] via 10.3.0.1
S        10.10.10.0/24 [1/0] via 10.3.0.1
S*   0.0.0.0/0 is directly connected, Serial0/0/0
```

5.8.14　任务十四　OSPF 配置

（1）在三层交换机 Central-DS1 上配置 OSPF

```
Central-DS1(config)#router ospf 10
```

```
Central-DS1(config-router)#network 10.1.2.14 0.0.0.0 area 0
Central-DS1(config-router)#network 10.1.2.5 0.0.0.0 area 0
Central-DS1(config-router)#network 10.10.10.14 0.0.0.0 area 0
Central-DS1(config-router)#network 10.0.0.0 0.0.0.255 area 0
```

（2）在三层交换机 Central-DS2 上配置 OSPF

```
Central-DS2(config)#router ospf 10
Central-DS2(config-router)#network 10.1.2.13 0.0.0.0 area 0
Central-DS2(config-router)#network 10.1.2.1 0.0.0.0 area 0
Central-DS2(config-router)#network 10.10.10.13 0.0.0.0 area 0
Central-DS2(config-router)#network 10.0.1.0 0.0.0.255 area 0
```

（3）在三层交换机 Central-DS3 上配置 OSPF

```
Central-DS3(config)#router ospf 10
Central-DS3(config-router)#network 10.1.2.18 0.0.0.0 area 0
Central-DS3(config-router)#network 10.10.10.20 0.0.0.0 area 0
Central-DS3(config-router)#network 10.1.10.0 0.0.0.255 area 0
Central-DS3(config-router)#network 10.1.20.0 0.0.0.255 area 0
Central-DS3(config-router)#network 10.1.30.0 0.0.0.255 area 0
Central-DS3(config-router)#network 10.1.100.0 0.0.0.255 area 0
```

（4）在三层交换机 Central-DS4 上配置 OSPF

```
Central-DS4(config)#router ospf 10
Central-DS4(config-router)#network 10.1.2.22 0.0.0.0 area 0
Central-DS4(config-router)#network 10.10.10.21 0.0.0.0 area 0
Central-DS4(config-router)#network 10.1.10.0 0.0.0.255 area 0
Central-DS4(config-router)#network 10.1.20.0 0.0.0.255 area 0
Central-DS4(config-router)#network 10.1.30.0 0.0.0.255 area 0
Central-DS4(config-router)#network 10.1.100.0 0.0.0.255 area 0
```

（5）在路由器 INTRA-ISR4321 上配置 OSPF

```
INTRA-ISR4321(config)#router ospf 10
INTRA-ISR4321(config-router)#network 10.1.2.9 0.0.0.0 area 0
INTRA-ISR4321(config-router)#network 10.1.2.2 0.0.0.0 area 0
INTRA-ISR4321(config-router)#network 10.1.2.6 0.0.0.0 area 0
INTRA-ISR4321(config-router)#network 10.1.2.17 0.0.0.0 area 0
INTRA-ISR4321(config-router)#network 10.1.2.21 0.0.0.0 area 0
```

```
INTRA-ISR4321(config-router)#network 10.10.10.12 0.0.0.0 area 0
```

（6）在路由器 GW-ISR4321 上配置 OSPF

```
GW-ISR4321(config)#router ospf 10
GW-ISR4321(config-router)#redistribute static metric-type 1 subnets
GW-ISR4321(config-router)#network 10.1.2.10 0.0.0.0 area 0
GW-ISR4321(config-router)#network 10.10.10.11 0.0.0.0 area 0
GW-ISR4321(config-router)#default-information originate
```

5.8.15 任务十五 被动接口配置

（1）在三层交换机 Central-DS1 上配置被动接口

```
Central-DS1(config)#router ospf 10
Central-DS1(config-router)#passive-interface Vlan10
```

（2）在三层交换机 Central-DS2 上配置被动接口

```
Central-DS2(config)#router ospf 10
Central-DS2(config-router)#passive-interface Vlan20
```

（3）在三层交换机 Central-DS3 上配置被动接口

```
Central-DS3(config)#router ospf 10
Central-DS3(config-router)#passive-interface Vlan10
Central-DS3(config-router)#passive-interface Vlan20
Central-DS3(config-router)#passive-interface Vlan30
```

（4）在三层交换机 Central-DS4 上配置被动接口

```
Central-DS4(config)#router ospf 10
Central-DS4(config-router)#passive-interface Vlan10
Central-DS4(config-router)#passive-interface Vlan20
Central-DS4(config-router)#passive-interface Vlan30
```

5.8.16 任务十六 路由重分布配置

在路由器 GW-ISR4321 上完成路由重分布配置：

```
GW-ISR4321(config)#router ospf 10
GW-ISR4321(config-router)#redistribute static metric-type 1 subnets
```

```
GW-ISR4321(config-router)#default-information originate
```

5.8.17 任务十七 PPP 配置

（1）在路由器 GW-ISR4321 上配置 PPP

```
GW-ISR4321(config)#username ISP1 password ISP1
GW-ISR4321(config)#interface Serial0/1/0
GW-ISR4321(config-if)#encapsulation ppp
GW-ISR4321(config-if)#ppp authentication pap
GW-ISR4321(config-if)#ppp pap sent-username GW-ISR4321 password GW-ISR4321
```

（2）在路由器 ISP1 上配置 PPP

```
ISP1(config)#username GW-ISR4321 password GW-ISR4321
ISP1(config)#interface Serial0/0/0
ISP1(config-if)#encapsulation ppp
ISP1(config-if)#ppp authentication pap
ISP1(config-if)#ppp pap sent-username ISP1 password ISP1
```

（3）在路由器 GW-C2811 上配置 PPP

```
GW-C2811(config)#username IPS2 password ISP2
GW-C2811(config)#interface Serial0/1/0
GW-C2811(config-if)#encapsulation ppp
GW-C2811(config-if)#ppp authentication pap
GW-C2811(config-if)#ppp pap sent-username GW-C2811 password GW-C2811
```

（4）在路由器 ISP2 上配置 PPP

```
ISP2(config)#username GW-C2811 password GW-C2811
ISP2(config)#interface Serial0/0/0
ISP2(config-if)#encapsulation ppp
ISP2(config-if)#ppp authentication pap
ISP2(config-if)#ppp pap sent-username ISP2 password ISP2
```

5.8.18 任务十八 BGP 配置

（1）在路由器 ISP1 上配置 BGP

```
ISP1(config)#router bgp 110
```

```
ISP1(config-router)#neighbor 52.8.27.2 remote-as 111
ISP1(config-router)#network 209.165.202.136 mask 255.255.255.252
ISP1(config-router)#network 209.165.202.132 mask 255.255.255.252
ISP1(config-router)#network 209.113.8.16 mask 255.255.255.252
ISP1(config-router)#network 52.8.27.0 mask 255.255.255.252
ISP1(config-router)#network 209.165.202.128 mask 255.255.255.252
```

（2）在路由器 ISP2 上配置 BGP

```
ISP2(config)#router bgp 111
ISP2(config-router)#neighbor 52.8.27.1 remote-as 110
ISP2(config-router)#network 52.8.27.4 mask 255.255.255.252
ISP2(config-router)#network 209.113.8.20 mask 255.255.255.252
ISP2(config-router)#network 52.8.27.0 mask 255.255.255.252
```

（3）在路由器 ISP2 上查看 BGP 路由表

```
ISP2#show ip route bgp
B       209.165.202.128 [20/0] via 52.8.27.1, 00:00:00
B       209.165.202.132 [20/0] via 52.8.27.1, 00:00:00
B       209.165.202.136 [20/0] via 52.8.27.1, 00:00:00
```

（4）在路由 ISP1 上查看 BGP 的邻居关系表

```
ISP1#show ip bgp summary
BGP router identifier 209.165.202.137, local AS number 110
BGP table version is 10, main routing table version 6
7 network entries using 924 bytes of memory
7 path entries using 364 bytes of memory
3/2 BGP path/bestpath attribute entries using 460 bytes of memory
2 BGP AS-PATH entries using 48 bytes of memory
0 BGP route-map cache entries using 0 bytes of memory
0 BGP filter-list cache entries using 0 bytes of memory
Bitfield cache entries: current 1 (at peak 1) using 32 bytes of memory
BGP using 1828 total bytes of memory
BGP activity 6/0 prefixes, 7/0 paths, scan interval 60 secs

Neighbor        V    AS MsgRcvd MsgSent   TblVer  InQ OutQ Up/Down  State/PfxRcd
52.8.27.2       4   111     613     609       10    0    0 10:07:41        4
```

5.8.19 任务十九 NAT 配置

（1）在路由器 GW-ISR4321 上配置 NAT 功能

```
GW-ISR4321(config)#access-list 1 permit 10.0.0.0 0.0.0.255
GW-ISR4321(config)#access-list 1 permit 10.0.1.0 0.0.0.255
GW-ISR4321(config)#access-list 1 permit 10.1.2.0 0.0.0.255
GW-ISR4321(config)#access-list 1 permit 10.1.10.0 0.0.0.255
GW-ISR4321(config)#access-list 1 permit 10.1.20.0 0.0.0.255
GW-ISR4321(config)#access-list 1 permit 10.1.30.0 0.0.0.255
GW-ISR4321(config)#access-list 1 permit 10.1.100.0 0.0.0.255
GW-ISR4321(config)#access-list 1 permit 10.10.10.0 0.0.0.255
GW-ISR4321(config)#ip nat inside source list 1 interface Serial0/1/0 overload
GW-ISR4321(config)#interface Port-channel1
GW-ISR4321(config-if)#ip nat inside
GW-ISR4321(config-if)#interface Serial0/1/0
GW-ISR4321(config-if)#ip nat outside
```

（2）在路由器 GW-C2811 上配置 NAT 功能

```
GW-C2811(config)#access-list 1 permit 10.2.0.0 0.0.0.255
GW-C2811(config)#access-list 1 permit 10.2.1.0 0.0.0.255
GW-C2811(config)#access-list 1 permit 10.2.2.0 0.0.0.255
GW-C2811(config)#ip nat inside source list 1 interface Serial0/0/0 overload
GW-C2811(config)#interface Serial0/0/0
GW-C2811(config-if)#ip nat outside
GW-C2811(config-if)#interface FastEthernet0/0.10
GW-C2811(config-subif)#ip nat inside
GW-C2811(config-subif)#interface FastEthernet0/0.20
GW-C2811(config-subif)#ip nat inside
GW-C2811(config-subif)#interface FastEthernet0/0.30
GW-C2811(config-subif)#ip nat inside
```

（3）在路由器 GW-ISR4321 上查看 NAT 转换表

```
GW-ISR4321#show ip nat translations
Pro  Inside global        Inside local     Outside local          Outside global
icmp 209.113.8.18:14      10.1.10.1:14     209.165.202.130:14     209.165.202.130:14
icmp 209.113.8.18:1       10.1.30.1:1      209.165.202.130:1      209.165.202.130:1
```

```
icmp 209.113.8.18:2     10.1.30.1:2     209.165.202.130:2     209.165.202.130:2
icmp 209.113.8.18:7     10.0.0.5:7      209.165.202.130:7     209.165.202.130:7
icmp 209.113.8.18:8     10.0.0.5:8      209.165.202.130:8     209.165.202.130:8
```

5.8.20　任务二十　GRE VPN 配置

（1）在路由器 GW-ISR4321 上配置 GRE VPN

```
GW-ISR4321(config)#interface Tunnel0
GW-ISR4321(config-if)#ip address 10.3.0.1 255.255.255.252
GW-ISR4321(config-if)#tunnel source Serial0/1/0
GW-ISR4321(config-if)#tunnel destination 209.113.8.22
```

（2）在路由器 GW-C2811 上配置 GRE VPN

```
GW-C2811(config)#interface Tunnel0
GW-C2811(config-if)#ip address 10.3.0.2 255.255.255.252
GW-C2811(config-if)#tunnel source Serial0/0/0
GW-C2811(config-if)#tunnel destination 209.113.8.18
```

（3）在路由器 GW-C2811 上查看接口状态

```
GW-C2811#show ip interface brief | include          up                       up
GigabitEthernet0/0        unassigned     YES manual up                       up
GigabitEthernet0/0.10     10.2.0.254     YES manual up                       up
GigabitEthernet0/0.20     10.2.1.254     YES manual up                       up
Serial0/0/0               209.113.8.22   YES manual up                       up
Tunnel0                   10.3.0.2       YES manual up                       up
```

（4）在路由器 INTRA-ISR4321 上查看 OSPF 路由表

```
INTRA-ISR4321#show ip route ospf
  10.0.0.0/8 is variably subnetted, 27 subnets, 3 masks
O        10.0.0.0 [110/2] via 10.1.2.5, 00:03:00, GigabitEthernet0/1/0
O        10.0.1.0 [110/2] via 10.1.2.1, 00:03:00, GigabitEthernet0/0/0
O        10.1.2.12 [110/2] via 10.1.2.1, 00:03:00, GigabitEthernet0/0/0
                   [110/2] via 10.1.2.5, 00:03:00, GigabitEthernet0/1/0
O        10.1.10.0 [110/2] via 10.1.2.18, 00:03:00, GigabitEthernet0/2/0
                   [110/2] via 10.1.2.22, 00:03:00, GigabitEthernet0/3/0
O        10.1.20.0 [110/2] via 10.1.2.18, 00:03:00, GigabitEthernet0/2/0
```

```
                    [110/2] via 10.1.2.22, 00:03:00, GigabitEthernet0/3/0
O          10.1.30.0 [110/2] via 10.1.2.18, 00:03:00, GigabitEthernet0/2/0
                    [110/2] via 10.1.2.22, 00:03:00, GigabitEthernet0/3/0
O          10.1.100.0 [110/2] via 10.1.2.18, 00:03:00, GigabitEthernet0/2/0
                     [110/2] via 10.1.2.22, 00:03:00, GigabitEthernet0/3/0
O E1       10.2.0.0 [110/21] via 10.1.2.10, 00:03:00, Port-channel1
O E1       10.2.1.0 [110/21] via 10.1.2.10, 00:03:00, Port-channel1
O E1       10.2.2.0 [110/21] via 10.1.2.10, 00:01:46, Port-channel1
O          10.10.10.11 [110/2] via 10.1.2.10, 00:03:00, Port-channel1
O          10.10.10.13 [110/2] via 10.1.2.1, 00:03:00, GigabitEthernet0/0/0
O          10.10.10.14 [110/2] via 10.1.2.5, 00:03:00, GigabitEthernet0/1/0
O          10.10.10.20 [110/2] via 10.1.2.18, 00:03:00, GigabitEthernet0/2/0
O          10.10.10.21 [110/2] via 10.1.2.22, 00:03:00, GigabitEthernet0/3/0
O*E2 0.0.0.0/0 [110/1] via 10.1.2.10, 00:03:00, Port-channel1
```

5.8.21 任务二十一 DHCP 服务配置

在 Central-DS3 三层交换机上配置 DHCP 服务：

```
Central-DS3(config)#ip dhcp pool LAN1
Central-DS3(dhcp-config)#network 10.1.10.0 255.255.255.0
Central-DS3(dhcp-config)#default-router 10.1.10.254
Central-DS3(dhcp-config)#dns-server 10.0.0.4
Central-DS3(dhcp-config)#ip dhcp pool LAN2
Central-DS3(dhcp-config)#network 10.1.20.0 255.255.255.0
Central-DS3(dhcp-config)#default-router 10.1.20.254
Central-DS3(dhcp-config)#dns-server 10.0.0.4
Central-DS3(dhcp-config)#ip dhcp pool LAN3
Central-DS3(dhcp-config)#network 10.1.30.0 255.255.255.0
Central-DS3(dhcp-config)#default-router 10.1.30.254
Central-DS3(dhcp-config)#dns-server 10.0.0.4
```

5.8.22 任务二十二 交换机 IOS 升级

（1）升级交换机的 IOS（以 Central-S1 为例）

```
Central-S1#copy tftp: flash:
Address or name of remote host []? 10.0.0.2
```

```
Source filename []? c2960-lanbasek9-mz.150-2.SE4.bin
Destination filename [c2960-lanbasek9-mz.150-2.SE4.bin]?

Accessing tftp://10.1.0.20/c2960-lanbasek9-mz.150-2.SE4.bin.....
Loading c2960-lanbasek9-mz.150-2.SE4.bin from
10.1.0.20: !!!!!!!!!!!!!!!!!!!!!!!!!!!!!!!!!!!!!!!!!!!!!!!!!!!!!!!!!!!!!!!!!!!!!!!!!!!!!!!!!!!!!!!!!!!!!!!!!
[OK - 4670455 bytes]

4670455 bytes copied in 11.073 secs (33910 bytes/sec)
Central-S1#delete flash:c2960-lanbase-mz.122-25.FX.bin
Delete filename [c2960-lanbase-mz.122-25.FX.bin]?c2960-lanbase-mz.122-25.FX.bin
Delete flash:/c2960-lanbase-mz.122-25.FX.bin? [confirm]y
Central-S1#reload
```

（2）在交换机 Central-S1 上查看交换机版本，检查是否升级成功

```
Central-S1#show version | begin Switch Ports
Switch Ports Model              SW Version          SW Image
------ ----- -----              ----------          ----------
*     1 26    WS-C2960-24TT-L   15.0(2)SE4          C2960-LANBASEK9-M


Configuration register is 0xF
```

5.8.23　任务二十三　IEEE 802.1x 认证配置

在二层交换机上配置 IEEE 802.1x 端口认证（以 Central-S1 为例）：

```
Central-S1(config)#aaa new-model
Central-S1(config)#radius-server host 10.0.0.10 auth-port 1645 key Cisco123
Central-S1(config)#aaa authentication dot1x default group radius
Central-S1(config)#dot1x system-auth-control
Central-S1(config)#interface range FastEthernet 0/1 - 15
Central-S1(config-range)#switchport mode access
Central-S1(config-if)#authentication port-control auto
Central-S1(config-if)#dot1x pae authenticator
```

5.8.24　任务二十四　AAA 服务器配置

如图 5-2 所示，在 radius Server 上完成 AAA 服务配置。

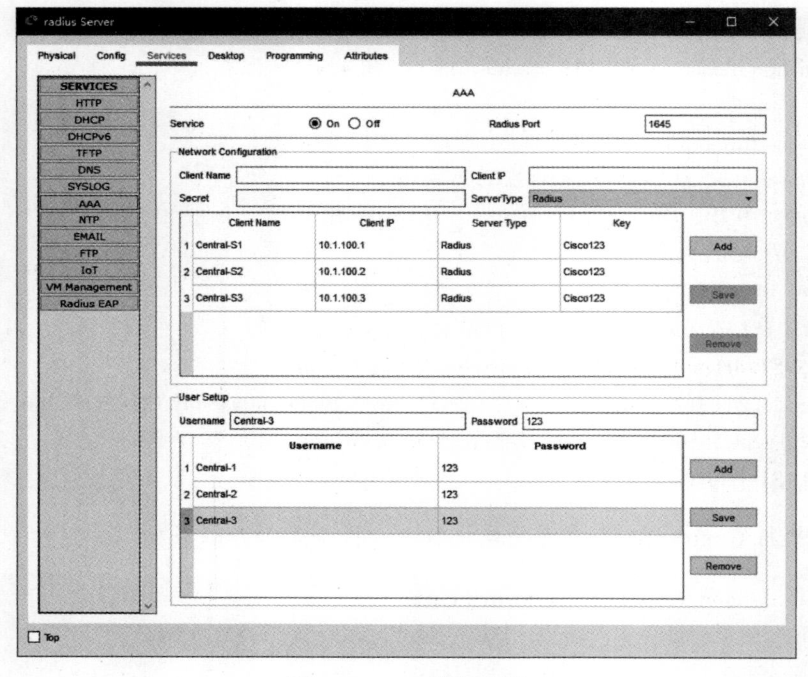

图 5-2　AAA 服务配置

EAP 认证加密配置，如图 5-3 所示。

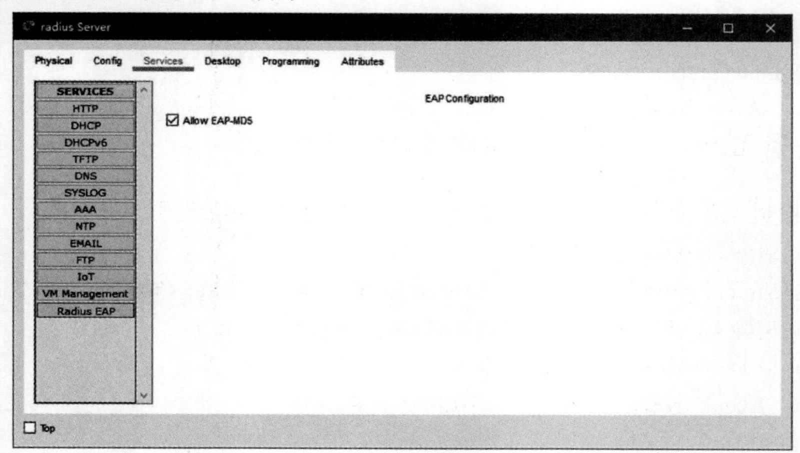

图 5-3　EAP 认证加密配置

5.8.25　任务二十五　DNS 服务器配置

如图 5-4 所示，完成 DNS 服务器配置。

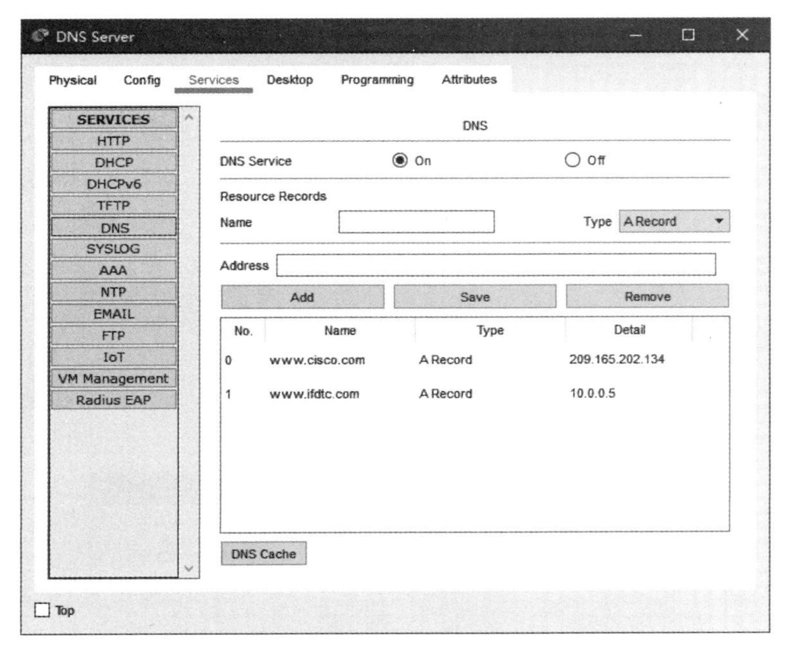

图 5-4　DNS 服务器配置

5.8.26　任务二十六　WEB 服务器配置

在服务器 www.ifdtc.com 上配置 HTTP。WEB 服务器配置如图 5-5 所示。

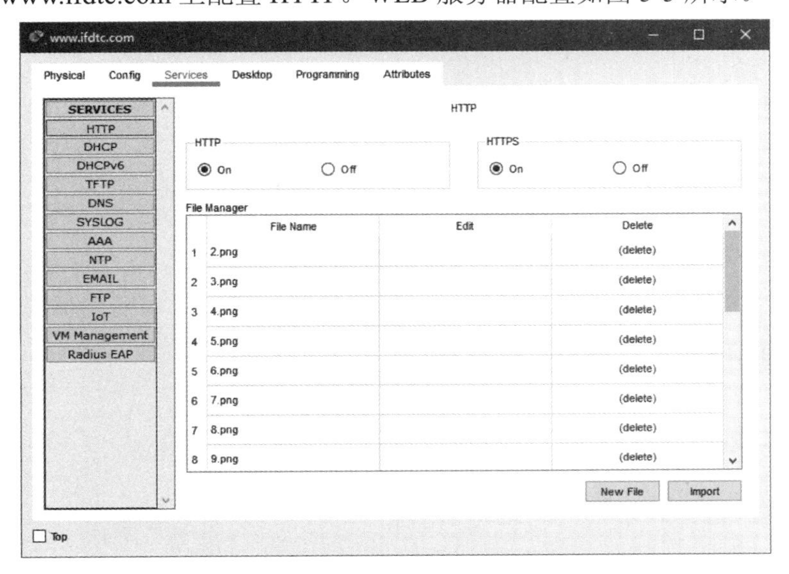

图 5-5　WEB 服务器配置

5.8.27 任务二十七 其他服务器配置

- 配置 TFTP 服务器，将设备配置信息保存到本地，然后上传至 TFTP 服务器，详细配置参照第 1 章 1.8.23 任务二十三 TFTP 服务器配置；
- EMAIL 服务器的配置，请参考第 8 章 8.8.22 任务二十二 EMAIL 服务器配置。

5.8.28 任务二十八 3G/4G 网络配置

在服务器 Central Office Server1 上完成 3G/4G 网络配置，然后完成拓扑连接。管理页面配置如图 5-6 所示。

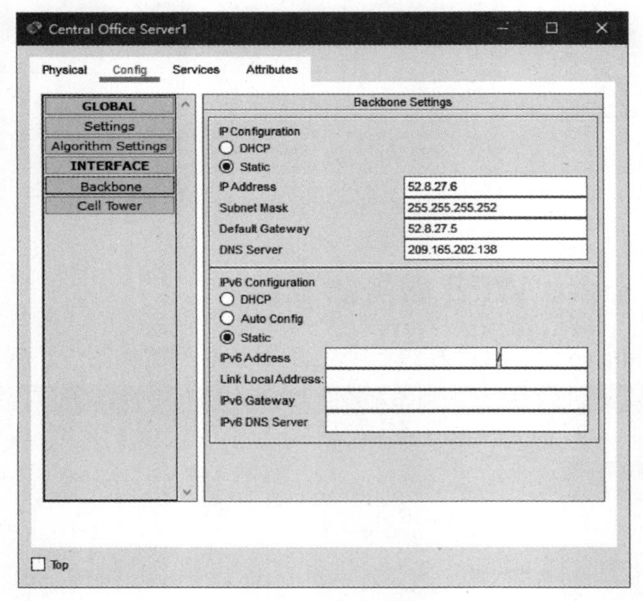

图 5-6 管理页面配置

5.9 功能测试

5.9.1 IEEE 802.1x 认证测试

IEEE 802.1x 认证测试成功，如图 5-7 所示。

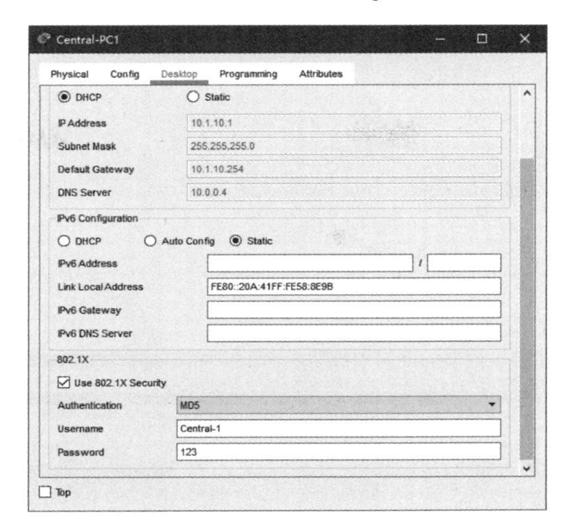

图 5-7　IEEE 802.1x 认证测试成功

5.9.2　终端连通性测试

```
C:\>ping 10.0.1.10

Pinging 10.0.1.10 with 32 bytes of data:

Reply from 10.0.1.10: bytes=32 time<1ms TTL=125
Reply from 10.0.1.10: bytes=32 time<1ms TTL=125
Reply from 10.0.1.10: bytes=32 time=1ms TTL=125
Reply from 10.0.1.10: bytes=32 time<1ms TTL=125

Ping statistics for 10.0.1.10:
    Packets: Sent = 4, Received = 4, Lost = 0 (0% loss),
Approximate round trip times in milli-seconds:
    Minimum = 0ms, Maximum = 1ms, Average = 0ms
C:\>ping www.cisco.com

Pinging 209.165.202.134 with 32 bytes of data:

Reply from 209.165.202.134: bytes=32 time=10ms TTL=124
Reply from 209.165.202.134: bytes=32 time=1ms TTL=124
Reply from 209.165.202.134: bytes=32 time=1ms TTL=124
Reply from 209.165.202.134: bytes=32 time=1ms TTL=124
```

```
Ping statistics for 209.165.202.134:
    Packets: Sent = 4, Received = 4, Lost = 0 (0% loss),
Approximate round trip times in milli-seconds:
    Minimum = 1ms, Maximum = 10ms, Average = 3ms
```

5.9.3 3G/4G 网络连通性测试

3G/4G 网络网页测试，如图 5-8 所示。

图 5-8 3G/4G 网络网页测试

5.9.4 WEB 服务器测试

WEB 访问页面，如图 5-9 所示。

图 5-9 WEB 访问页面

5.9.5　远程登录测试

① SSH 配置参考其他章节完成。

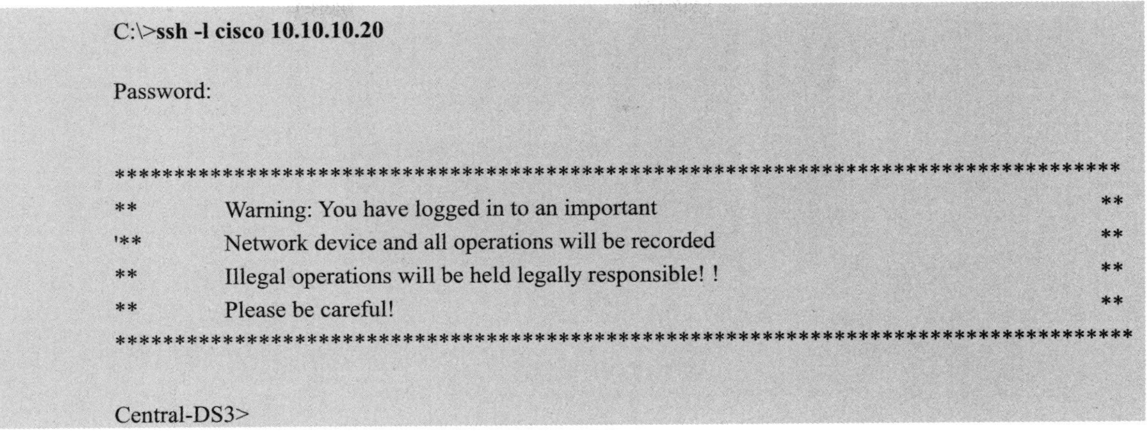

```
C:\>ssh -l cisco 10.10.10.20

Password:


********************************************************************************
**        Warning: You have logged in to an important                         **
'**       Network device and all operations will be recorded                  **
**        Illegal operations will be held legally responsible! !              **
**        Please be careful!                                                  **
********************************************************************************


Central-DS3>
```

② 在 Central-DS3 上查看登录用户。

```
Central-DS3#show users
    Line          User        Host(s)          Idle       Location
*    0 con 0                   idle            00:00:00
     3 vty 0      cisco        idle            00:00:49
     Interface    User         Mode             Idle       Peer Address
```

5.9.6　IP 电话呼叫测试

IP 电话呼出、呼入测试，分别如图 5-10 和图 5-11 所示。

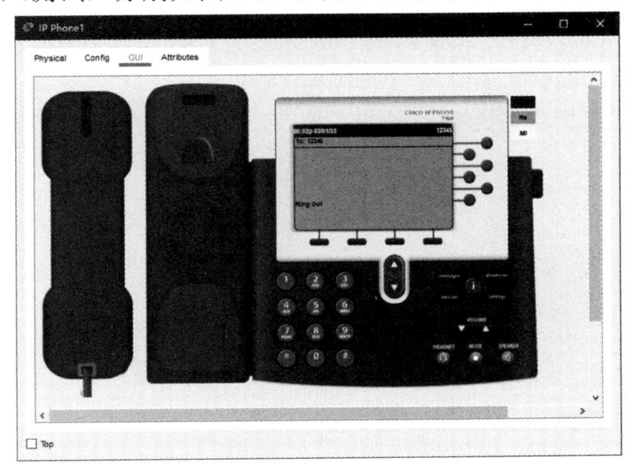

图 5-10　IP 电话呼出测试

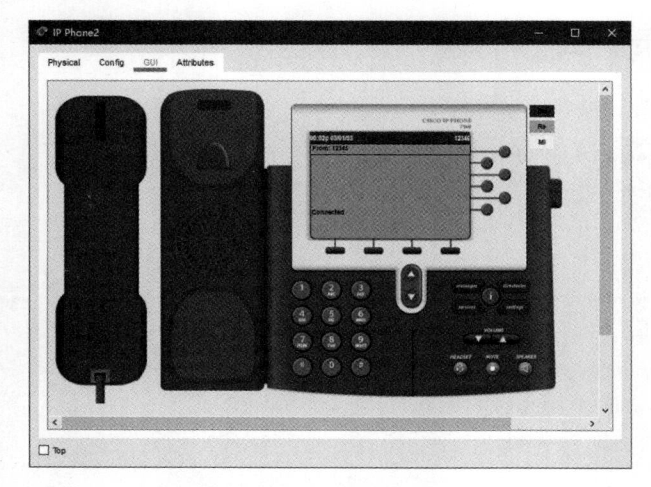

图 5-11　IP 电话接入测试

5.10　本章小结

本章案例以 IT 服务外包公司与其合作伙伴网络互连为项目背景。本章案例的特点是集 IP 电话网络和 3G/4G 网络为一体，丰富了网络内容。两个 ISP 间采用 BGP 实现互通，服务公司网络采用 OSPF 实现网内互通，IP 电话需要在二层交换机上创建语音 VLAN，再配置路由器为其分配 IP 地址及电话号码等参数。采用 SSH、定义最短密码长度、加密明文口令、升级 IOS、IEEE 802.1x 认证、边界路由器与 ISP 间 PAP 双向认证等加强网络安全管理。线路冗余、网卡冗余、设备冗余采用 PVST、EtherChannel、HSRP 等技术增强网络可靠性。公司网络与 IP 电话分支通过 NAT 技术接入 Internet，其间采用 GRE VPN 实现互通。在 PT 环境下，目前只有 2811 路由器支持 IP 电话，只有升级交换机 IOS 之后方可以进行 IEEE 802.1x 认证配置。通过学习本章案例，可让读者加深对网络融合的理解。智能手机、IP 电话的普及让网络更贴近了人们的生活，更加激发了人们学习网络技术的兴趣。

第6章 >>>

搭建安全企业网络

本章要点

- 项目背景
- 项目拓扑
- 项目需求
- 设备选型
- 技术选型
- 地址规划
- VLAN 规划
- 项目实施
- 功能测试
- 本章小结

本章案例以 XQ 公司为 FFY 公司提供安全云服务为项目背景，引入网络安全技术，如防火墙、IPSec VPN 及 IEEE 802.1x 认证等内容。因为项目拓扑复杂，覆盖技术面广，所以给项目实施带来一定难度。本章案例中路由技术包括静态路由、动态路由协议 RIPv2 以及 OSPF 等相关内容；交换技术包括 VLAN、Trunk、VTP、HSRP、STP 以及 EtherChannel 等相关内容；网络安全及管理技术包括 SSH、IEEE 802.1x 认证、端口安全、IOS 升级、防火墙以及 IPSec VPN 等相关内容；网络服务包括 NTP 和 AAA 等相关内容；WAN 技术包括 NAT 和 PPP 等相关内容。在学习本章案例时，希望读者重点掌握防火墙及 IPSec VPN 的配置，增强网络安全意识。

6.1 项目背景

FFY 公司是一家系统集成有限公司，总部设在 LZ 城，分部设在 ZQ 城。为适应互联网的发展，需要购买 XQ 公司的云服务，以减少运营成本。XQ 公司为保证云服务器群的安全性，公司配备防火墙以阻止非法入侵。FFY 公司总部通过边界路由器 R1 接入 ISP，其分部通过边界路由器 R3 接入 ISP，XQ 公司则通过路由器 R2 接入 ISP。为保证数据传输的安全性，FFY 公司要求 XQ 公司通过 IPSec VPN 为其总部和分部提供云服务。

6.2 项目拓扑

项目拓扑，如图 6-1 所示。

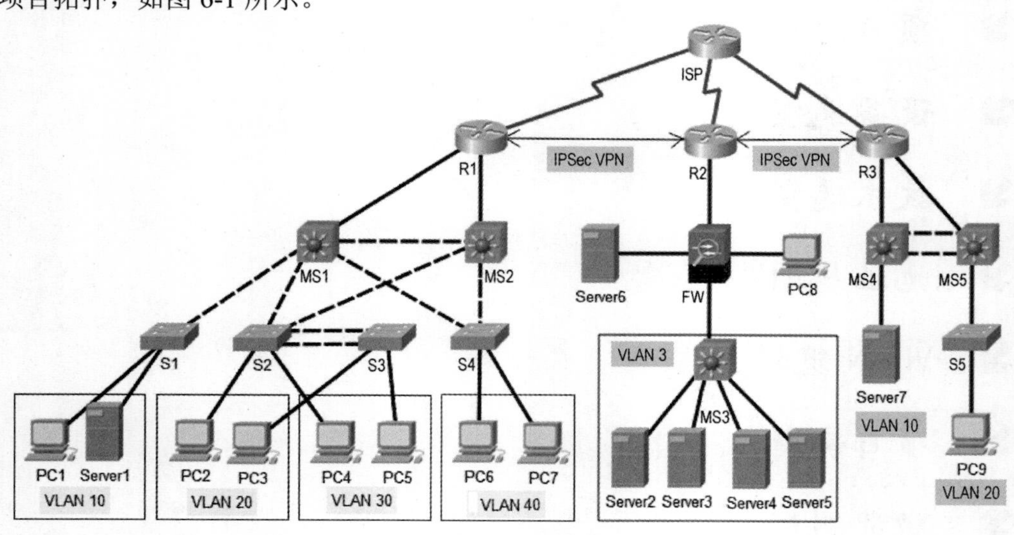

图 6-1 项目拓扑

6.3　项目需求

（1）设备命名及拓扑搭建

- 根据项目拓扑修改所有设备的名称；
- 根据项目拓扑完成设备连接；
- 配置各设备通过 SSH 登录，用户名为设备名，密码为 yff123，登录后直接进入特权模式。

（2）VLAN 及 Trunk 配置

- 根据 VLAN 规划表，合理划分 VLAN，确保接口分配正确；
- 根据项目拓扑要求合理配置 Trunk，其封装模式均为 IEEE 802.1q；
- 查看 Trunk 链路信息，确保 Trunk 两端允许通过的 VLAN ID 一致且 Trunk 封装模式正确。

（3）IP 地址配置

- 根据地址规划表配置物理接口或子接口的 IP 地址；
- 根据地址规划表，完成 SVI 地址配置；
- 确保路由器接口 IP 地址配置正确且都处于 up 状态；
- 根据地址规划表静态指定服务器网卡的 IP 地址。

（4）VTP 配置

- 配置 VTP，版本为 2，域名为 cisco.com，密码为 cisco；
- 设置交换机 MS1 为 VTP Server，域中其他设备为 VTP Client。

（5）链路聚合配置

- 在二层交换机 S2 和 S3 间配置链路聚合，使用 LACP，S2 为主动模式，S3 为被动模式；
- 在三层交换机 MS4 和 MS5 间配置链路聚合，使用 PAgP，MS4 为主动模式，MS5 为被动模式。

（6）STP 配置

- 采用 PVST；
- 三层交换机 MS1 为 VLAN 20 和 VLAN 30 的主根，VLAN 40 和 VLAN 100 的备根；
- 三层交换机 MS2 为 VLAN 40 和 VLAN 100 的主根，VLAN 20 和 VLAN 30 的备根。

（7）HSRP 配置

- 在三层交换机 MS1 和 MS2 上配置 HSRP，实现主机网关冗余，HSRP 参数表如表 6-1 所示；
- 三层交换机 MS1 和 MS2 各 HSRP 组中高优先级设置为 105，低优先级设置为默认配置；
- MS1 和 MS2 均需要设置为抢占模式；
- 检测上行链路，如出现故障，可自行切换。

表 6-1　HSRP 参数表

VLAN	HSRP 组号	HSRP 虚拟 IP 地址
VLAN 20	20	10.2.2.254
VLAN 30	30	10.2.3.254
VLAN 40	40	10.2.4.254
VLAN 100	100	10.2.100.254

（8）端口安全配置

- 在二层交换机 S1、S2、S3 和 S4 接入终端设备的端口开启端口安全。

（9）RIP 配置

- 在三层设备 R3、MS4、MS5 之间使用 RIPv2，关闭自动路由汇总功能；
- 宣告相应网段；
- 在路由器 R3 上传播默认路由。

（10）OSPF 配置

- 在三层设备 R1、MS1 和 MS2 间使用 OSPF，Router ID 分别为 1.1.1.1、11.11.11.11 和 12.12.12.12；
- 宣告内网路由；
- 业务网段中不允许出现协议报文；
- OSPF 设置链路认证，采用 MD5 加密，密码为 cisco；
- 在路由器 R1 上传播默认路由。

（11）静态路由配置

- 在路由器 R2 和防火墙 FW 之间使用静态路由；
- 在路由器 R1、R2、R3 上设置去往 ISP 的默认路由，串行接口避免递归解析。

（12）PPP 配置

- Serial 接口使用 PPP 封装，使用 CHAP 双向认证；
- 用户名为对端主机名，密码为 cisco。

（13）NAT 配置

- 在路由器 R1、R2、R3 上配置 NAPT 功能，使内网地址可以转换为公网地址访问公网；
- 在路由器 R1 上配置静态映射，将 Server1 的地址映射为 Loopback 接口地址。

（14）IPSec VPN 配置

- 为访问服务器，需要在 R1 与 R2、R3 与 R2 间建立 IPSec VPN；
- 使用静态 IPSec VPN。

（15）防火墙配置

- 根据地址表配置区域及安全级别；
- 放行所有外网到 DMZ 的 WEB、TFTP、NTP 和 DNS 服务器的流量；
- 放行外网到 DMZ（Demilitarized Zone，隔离区，也称非军事化区）的 ICMP 流量；
- 拒绝从外网发起的访问内网的数据流量。

（16）交换机 IOS 升级

- 将二层交换机 IOS 版本升级至 c2960-lanbasek9-mz.150-2.SE4。

（17）IEEE 802.1x 配置

- 在交换机 S5 上配置 IEEE 802.1x 端口认证，对接入的设备进行安全控制。

（18）服务配置

- 将 Server2 配置为 NTP 服务器，使各区域设备可以实现时间同步；
- 将 Server3 配置为 TFTP 服务器，利用 Server3 中的镜像对交换机 S5 版本进行升级；
- 将 Server7 配置为 AAA 服务器，对 IEEE 802.1x 进行认证，用户名为 yff，密码为 yff123。

6.4　设备选型

表 6-2 为设备选型表。

表 6-2 设备选型表

设 备 类 型	设 备 数 量	扩 展 模 块	对应设备名称
C2960-24TT Switch	5 台	——	S1、S2、S3、S4、S5
C3560-24PS Switch	5 台	——	MS1、MS2、MS3、MS4、MS5
Cisco ISR 4321 Router	4 台	NIM-2T	R1、R2、R3、ISP
Cisco ASA 5505 Router	1 台	——	FW

6.5 技术选型

表 6-3 为技术选型表。

表 6-3 技术选型表

涉 及 技 术	具 体 内 容
路由技术	直连路由、静态路由、OSPF、RIPv2
交换技术	VLAN、Trunk、VTP、HSRP、STP、EtherChannel
安全管理	enable 密码、SSH、IEEE 802.1x、端口安全、IOS 升级、防火墙流量控制、IPSec VPN
服务配置	NTP、AAA、TFTP
WAN 技术	PPP、NAT

6.6 地址规划

6.6.1 LZ 总部地址规划

表 6-4 为 LZ 总部地址规划表。

表 6-4 LZ 总部地址规划表

设 备 名 称	接 口	地 址 规 划	接 口 描 述
S1	VLAN 100	172.16.10.10/24	Manage
S2	VLAN 100	172.16.10.11/24	Manage
S3	VLAN 100	172.16.10.12/24	Manage
S4	VLAN 100	172.16.10.13/24	Manage
MS1	VLAN 10	172.16.1.1/24	Bumen1
	VLAN 20	172.16.2.2/24	Bumen2
	VLAN 30	172.16.3.2/24	Bumen3
	VLAN 40	172.16.4.2/24	Bumen4

续表

设 备 名 称	接　　口	地 址 规 划	接 口 描 述
MS1	VLAN 100	172.16.10.2/24	Manage
	Gig0/1	172.16.0.2/30	Link to R1 Gig0/0/0
	Gig0/2	172.16.0.9/30	Link to MS2 Gig0/2
MS2	VLAN 20	172.16.2.3/24	Bumen2
	VLAN 30	172.16.3.3/24	Bumen3
	VLAN 40	172.16.4.3/24	Bumen4
	VLAN 100	172.16.10.3/24	Manage
	Gig0/1	172.16.0.6/30	Link to R1 Gig0/0/1
	Gig0/2	172.16.0.10/30	Link to MS1 Gig0/2
R1	Gig0/0/0	172.16.0.1/30	Link to MS1 Gig0/1
	Gig0/0/1	172.16.0.5/30	Link to MS2 Gig0/1
	Se0/1/0	100.100.100.2/30	Link to ISP Se0/1/0
	Loopback0	202.102.192.100/32	——
PC1	NIC	172.16.1.10/24	——
PC2	NIC	172.16.2.10/24	——
PC3	NIC	172.16.2.11/24	——
PC4	NIC	172.16.3.10/24	——
PC5	NIC	172.16.3.11/24	——
PC6	NIC	172.16.4.10/24	——
PC7	NIC	172.16.4.11/24	——
Server1	NIC	172.16.1.100/24	——

6.6.2 ZQ 分部地址规划

表 6-5 为 ZQ 分部地址规划表。

表 6-5　ZQ 分部地址规划表

设 备 名 称	接　　口	地 址 规 划	接 口 描 述
MS4	VLAN 1	192.168.1.1/24	Server
	Gig0/1	192.168.0.2/30	Link to R3 Gig0/0/0
MS5	VLAN 20	192.168.2.1/24	PC
	Gig0/1	192.168.0.6/30	Link to R3 Gig0/0/1
R3	Gig0/0/0	192.168.0.1/30	Link to MS4 Gig0/1
	Gig0/0/1	192.168.0.5/30	Link to MS5 Gig0/1
	Se0/1/0	100.100.100.10/30	Link to ISP Se0/2/0
PC9	NIC	192.168.3.10/24	——
Server7	NIC	192.168.1.100/24	——

6.6.3 XQ 公司地址规划

表 6-6 为 XQ 公司地址规划表。

表 6-6 XQ 公司地址规划表

设备名称	接口	地址规划	接口描述
MS3	VLAN 1	10.1.0.200/24	——
FW	VLAN 1	10.2.0.1/24	Inside
	VLAN 2	10.0.0.2/30	Outside
	VLAN 3	10.1.0.1/24	DMZ
R3	Gig0/0/0	192.168.0.1/30	Link to MS4 Gig0/1
	Gig0/0/1	192.168.0.5/30	Link to MS5 Gig0/1
	Se0/1/0	100.100.100.10/30	Link to ISP Se0/2/0
PC8	NIC	10.2.0.10/24	——
Server2	NIC	10.1.0.10/24	——
Server3	NIC	10.1.0.20/24	——
Server4	NIC	10.1.0.30/24	——
Server5	NIC	10.1.0.40/24	——
Server6	NIC	10.2.0.100/24	——

6.6.4 ISP 设备地址规划

表 6-7 为 ISP 设备地址规划表。

表 6-7 ISP 设备地址规划表

设备名称	接口	地址规划	接口描述
ISP	Se0/1/0	100.100.100.1/30	Link to R1 Se0/1/0
	Se0/1/1	100.100.100.5/30	Link to R2 Se0/1/0
	Se0/2/0	100.100.100.9/30	Link to R3 Se0/1/0
	Loopback0	200.200.200.200/32	——

6.7 VLAN 规划

表 6-8 为企业网 VLAN 规划表。

表 6-8　企业网 VLAN 规划表

设 备 名	VLAN ID	VLAN 名称	接 口 分 配	备　注
S1	100	Manage	——	管理 VLAN
S2	100	Manage	——	管理 VLAN
S3	100	Manage	——	管理 VLAN
S4	100	Manage	——	管理 VLAN
MS1	10	Bumen1	——	——
	20	Bumen2	——	——
	30	Bumen3	——	——
	40	Bumen4	——	——
	100	Manage	——	管理 VLAN
MS2	10	Bumen1	——	——
	20	Bumen2	——	——
	30	Bumen3	——	——
	40	Bumen4	——	——
	100	Manage	——	管理 VLAN
MS3	1	Manage	——	管理 VLAN
MS4	10	Server	Fa0/1～Fa0/10	——
	20	PC	Fa0/11～Fa0/20	——
MS5	10	Server	Fa0/1～Fa0/10	——
	20	PC	Fa0/11～Fa0/20	——

6.8　项目实施

6.8.1　任务一　交换机间 Trunk 链路配置

（1）在二层交换机 S1 上配置主机名及 Trunk

```
Switch>enable
Switch#configure terminal
Switch(config)#hostname S1
S1(config)#interface fastEthernet 0/24
S1(config-if)#switchport mode trunk
```

（2）在二层交换机 S2 上配置主机名及 Trunk

```
Switch>enable
```

```
Switch#configure terminal
Switch(config)#hostname S2
S2(config)#interface range fastEthernet 0/23-24
S2(config-if-range)#switchport mode trunk
```

（3）在二层交换机 S4 上配置主机名及 Trunk

```
Switch>enable
Switch#configure terminal
Switch(config)#hostname S4
S4(config)#interface range fastEthernet 0/23-24
S4(config-if-range)#switchport mode trunk
```

（4）在三层交换机 MS1 上配置主机名及 Trunk

```
Switch>enable
Switch#configure terminal
Switch(config)#hostname MS1
MS1(config)#interface range FastEthernet0/22-24
MS1(config-if-range)#switchport trunk encapsulation dot1q
MS1(config-if-range)#switchport mode trunk
```

（5）在三层交换机 MS2 上配置 Trunk

```
Switch>enable
Switch#configure terminal
Switch(config)#hostname MS2
MS2(config)#interface range FastEthernet0/23-24
MS2(config-if-range)#switchport trunk encapsulation dot1q
MS2(config-if-range)#switchport mode trunk
```

（6）在三层交换机 MS1 上查看 Trunk 信息

```
MS1#show interfaces trunk
Port        Mode        Encapsulation   Status      Native vlan
Fa0/22      on          802.1q          trunking    1
Fa0/23      on          802.1q          trunking    1
Fa0/24      on          802.1q          trunking    1
```

6.8.2　任务二　二层交换机链路聚合配置

（1）在二层交换机 S2 上配置链路聚合，采用 LACP 主动模式

```
S2(config)#interface range FastEthernet0/21 - 22
S2(config-if-range)#channel-protocol lacp
S2(config-if-range)#channel-group 1 mode active
S2(config-if-range)#interface Port-channel1
S2(config-if)#switchport mode trunk
```

（2）在二层交换机 S3 上配置链路聚合，采用 LACP 被动模式

```
Switch>enable
Switch#configure terminal
Switch(config)#hostname S3
S3(config)#interface range FastEthernet0/21 - 22
S3(config-if-range)#channel-protocol lacp
S3(config-if-range)#channel-group 1 mode passive
S3(config-if-range)#interface Port-channel1
S3(config-if)#switchport mode trunk
```

（3）在二层交换机 S2 上查看链路聚合状态

```
S2#show etherchannel summary
Flags:  D - down              P - in port-channel
        I - stand-alone s - suspended
        H - Hot-standby (LACP only)
        R - Layer3            S - Layer2
        U - in use            f - failed to allocate aggregator
        u - unsuitable for bundling
        w - waiting to be aggregated
        d - default port


Number of channel-groups in use: 1
Number of aggregators:           1

Group  Port-channel  Protocol    Ports
------+-------------+-----------+----------------------------------------------
```

```
1      Po1(SU)        LACP   Fa0/21(P) Fa0/22(P)
```

6.8.3 任务三　三层交换机链路聚合配置

（1）在三层交换机 MS4 上配置链路聚合，采用 PAgP 主动模式

```
Switch>enable
Switch#configure terminal
Switch(config)#hostname MS4
MS4(config)#interface range FastEthernet0/23-24
MS4(config-if-range)#channel-group 1 mode desirable
MS4(config-if-range)#interface Port-channel1
MS4(config-if)#switchport trunk encapsulation dot1q
MS4(config-if)#switchport mode trunk
```

（2）在三层交换机 MS5 上配置链路聚合，采用 PAgP 被动模式

```
Switch>enable
Switch#configure terminal
Switch(config)#hostname MS5
MS5(config)#interface range FastEthernet0/23-24
MS5(config-if-range)#channel-group 1 mode auto
MS5(config-if-range)#interface Port-channel1
MS5(config-if)#switchport trunk encapsulation dot1q
MS5(config-if)#switchport mode trunk
```

（3）在三层交换机 MS4 上查看链路聚合状态

```
MS4#show etherchannel summary
Flags:  D - down            P - in port-channel
        I - stand-alone s - suspended
        H - Hot-standby (LACP only)
        R - Layer3          S - Layer2
        U - in use          f - failed to allocate aggregator
        u - unsuitable for bundling
        w - waiting to be aggregated
        d - default port
```

```
Number of channel-groups in use: 1
Number of aggregators:            1

Group  Port-channel  Protocol    Ports
------+-------------+-----------+-----------------------------------------------

1      Po1(SU)           PAgP   Fa0/23(P) Fa0/24(P)
```

6.8.4 任务四　交换机间 VTP 配置

（1）在三层交换机 MS1 上配置 VLAN 及 VTP

```
MS1(config)#vtp mode server
MS1(config)#vtp domain cisco.com
MS1(config)#vtp password cisco
MS1(config)#vtp version 2
MS1(config)#vlan 10
MS1(config-vlan)#name Bumen1
MS1(config-vlan)#vlan 20
MS1(config-vlan)#name Bumen2
MS1(config-vlan)#vlan 30
MS1(config-vlan)#name Bumen3
MS1(config-vlan)#vlan 40
MS1(config-vlan)#name Bumen4
MS1(config-vlan)#vlan 100
MS1(config-vlan)#name Manage
```

（2）在三层交换机 MS2 上配置 VTP

```
MS2(config)#vtp mode client
MS2(config)#vtp domain cisco.com
MS2(config)#vtp password cisco
MS2(config)#vtp vevsion 2
```

（3）在二层交换机 S1 上配置 VTP

```
S1(config)#vtp mode client
S1(config)#vtp domain cisco.com
```

```
S1(config)#vtp password cisco
S1(config)#vtp Nersion 2
```

（4）在二层交换机 S2 上配置 VTP

```
S2(config)#vtp mode client
S2(config)#vtp domain cisco.com
S2(config)#vtp password cisco
S2(config)#vtp version 2
```

（5）在二层交换机 S3 上配置 VTP

```
S3(config)#vtp mode client
S3(config)#vtp domain cisco.com
S3(config)#vtp password cisco
S3(config)#vtp version 2
```

（6）在二层交换机 S4 上配置 VTP

```
S4(config)#vtp mode client
S4(config)#vtp domain cisco.com
S4(config)#vtp password cisco
S4(config)#vtp version 2
```

6.8.5 任务五 二层交换机基础配置

根据地址规划表，为二层交换机物理接口或 SVI 配置 IP 地址，确保直连路由没有问题。

（1）在二层交换机 S1 上配置 VLAN、管理 IP 地址及网关

```
S1(config)#interface Vlan100
S1(config-if)#ip address 172.16.10.10 255.255.255.0
S1(config-if)#ip default-gateway 172.16.10.1
S1(config)#interface range FastEthernet0/1-10
S1(config-if-range)#switchport mode access
S1(config-if-range)#switchport access vlan 10
```

（2）在二层交换机 S2 上配置 VLAN、管理 IP 地址及网关

```
S2(config)#interface Vlan100
S2(config-if)#ip address 172.16.10.11 255.255.255.0
S2(config-if)#ip default-gateway 172.16.10.1
```

```
S2(config)#interface range FastEthernet0/1-10
S2(config-if-range)#switchport mode access
S2(config-if-range)#switchport access vlan 20
S2(config-if-range)#interface range FastEthernet0/11-20
S2(config-if-range)#switchport mode access
S2(config-if-range)#switchport access vlan 30
```

（3）在二层交换机 S3 上配置 VLAN、管理 IP 地址及网关

```
S3(config)#interface Vlan100
S3(config-if)#ip address 172.16.10.12 255.255.255.0
S3(config-if)#ip default-gateway 172.16.10.1
S3(config)#interface range FastEthernet0/1-10
S3(config-if-range)#switchport mode access
S3(config-if-range)#switchport access vlan 20
S3(config-if-range)#interface range FastEthernet0/11-20
S3(config-if-range)#switchport mode access
S3(config-if-range)#switchport access vlan 30
```

（4）在二层交换机 S4 上配置 VLAN、管理 IP 地址及网关

```
S4(config)#interface Vlan100
S4(config-if)#ip address 172.16.10.13 255.255.255.0
S4(config-if)#ip default-gateway 172.16.10.1
S4(config)#interface range FastEthernet0/1-10
S4(config-if-range)#switchport mode access
S4(config-if-range)#switchport access vlan 40
```

（5）在二层交换机 S5 上配置主机名、VLAN、管理 IP 地址及网关

```
Switch>enable
Switch#configure terminal
Switch(config)#hostname S5
S5(config)#vlan 20
S5(config-vlan)#name PC
S5(config-vlan)#interface range FastEthernet0/1-24,Gig0/1-2
S5(config-if-range)#switchport mode access
S5(config-if-range)#switchport access vlan 20
S5(config-if-range)#interface Vlan20
```

```
S5(config-if)#ip address 192.168.2.100 255.255.255.0
S5(config-if)#ip default-gateway 192.168.2.1
```

6.8.6 任务六　三层交换机基础配置

（1）在三层交换机 MS1 上配置 IP 地址及 SVI 地址

```
MS1(config)#ip routing
MS1(config)#interface GigabitEthernet0/1
MS1(config-if)#no switchport
MS1(config-if)#ip address 172.16.0.2 255.255.255.252
MS1(config-if)#interface GigabitEthernet0/2
MS1(config-if)#no switchport
MS1(config-if)#ip address 172.16.0.9 255.255.255.252
MS1(config-if)#interface Vlan10
MS1(config-if)#ip address 172.16.1.1 255.255.255.0
MS1(config-if)#interface Vlan20
MS1(config-if)#ip address 172.16.2.2 255.255.255.0
MS1(config-if)#interface Vlan30
MS1(config-if)#ip address 172.16.3.2 255.255.255.0
MS1(config-if)#interface Vlan40
MS1(config-if)#ip address 172.16.4.2 255.255.255.0
MS1(config-if)#interface Vlan100
MS1(config-if)#ip address 172.16.10.2 255.255.255.0
```

（2）查看接口状态信息

在三层交换机 MS1 上查看接口状态信息，确定接口地址配置正确且都处于 up 状态。

```
MS1#show ip interface brief | include                          up          up
FastEthernet0/22        unassigned      YES unset       up          up
FastEthernet0/23        unassigned      YES unset       up          up
FastEthernet0/24        unassigned      YES unset       up          up
GigabitEthernet0/1      172.16.0.2      YES manual      up          up
GigabitEthernet0/2      172.16.0.9      YES manual      up          up
Vlan10                  172.16.1.1      YES manual      up          up
Vlan20                  172.16.2.2      YES manual      up          up
Vlan30                  172.16.3.2      YES manual      up          up
Vlan40                  172.16.4.2      YES manual      up          up
```

```
Vlan100                172.16.10.2       YES manual    up                  up
```

（3）在三层交换机 MS2 上配置 IP 地址及 SVI 地址

```
MS2(config)#ip routing
MS2(config)#interface GigabitEthernet0/1
MS2(config-if)#no switchport
MS2(config-if)#ip address 172.16.0.6 255.255.255.252
MS2(config-if)#interface GigabitEthernet0/2
MS2(config-if)#no switchport
MS2(config-if)#ip address 172.16.0.10 255.255.255.252
MS2(config-if)#interface Vlan20
MS2(config-if)#ip address 172.16.2.3 255.255.255.0
MS2(config-if)#interface Vlan30
MS2(config-if)#ip address 172.16.3.3 255.255.255.0
MS2(config-if)#interface Vlan40
MS2(config-if)#ip address 172.16.4.3 255.255.255.0
MS2(config-if)#interface Vlan100
MS2(config-if)#ip address 172.16.10.3 255.255.255.0
```

（4）在三层交换机 MS3 上配置 IP 地址及 SVI 地址

```
Switch>enable
Switch#configure terminal
Switch(config)#hostname MS3
MS3(config)#interface Vlan1
MS3(config-if)#ip address 10.1.0.200 255.255.255.0
MS3(config-if)#no shutdown
MS3(config-if)#ip default-gateway 10.1.0.1
```

（5）在三层交换机 MS4 上配置 VLAN

```
MS4(config)#ip routing
MS4(config)#vlan 10
MS4(config-vlan)#name Server
MS4(config-vlan)#vlan 20
MS4(config-vlan)#name PC
MS4(config-vlan)#exit
MS4(config)#interface range FastEthernet0/1-10
MS4(config-if-range)#switchport mode access
```

```
MS4(config-if-range)#switchport access vlan 10
MS4(config-if-range)#interface range FastEthernet0/11-20
MS4(config-if-range)#switchport mode access
MS4(config-if-range)#switchport access vlan 20
MS4(config-if-range)#interface GigabitEthernet0/1
MS4(config-if)#no switchport
MS4(config-if)#ip address 192.168.0.2 255.255.255.252
MS4(config-if)#interface Vlan10
MS4(config-if)#ip address 192.168.1.1 255.255.255.0
```

（6）在三层交换机 MS5 上配置 IP 地址及 SVI 地址

```
MS5(config)#ip routing
MS5(config)#vlan 10
MS5(config-vlan)#name Server
MS5(config-vlan)#vlan 20
MS5(config-vlan)#name PC
MS5(config-vlan)#exit
MS5(config)#interface range FastEthernet0/1-10
MS5(config-if-range)#switchport mode access
MS5(config-if-range)#switchport access vlan 10
MS5(config-if-range)#interface range FastEthernet0/11-20
MS5(config-if-range)#switchport mode access
MS5(config-if-range)#switchport access vlan 20
MS5(config-if-range)#exit
MS5(config)#interface GigabitEthernet0/1
MS5(config-if)#no switchport
MS5(config-if)#ip address 192.168.0.6 255.255.255.252
MS5(config-if)#interface Vlan20
MS5(config-if)#ip address 192.168.2.1 255.255.255.0
```

6.8.7 任务七 路由器基础配置

（1）在路由器 R1 上配置主机名及 IP 地址

```
Router>enable
Router#configure terminal
Router(config)#hostname R1
```

```
R1(config)#interface Loopback0
R1(config-if)#ip address 202.102.192.100 255.255.255.255
R1(config-if)#interface GigabitEthernet0/0/0
R1(config-if)#ip address 172.16.0.1 255.255.255.252
R1(config-if)#no shutdown
R1(config-if)#interface GigabitEthernet0/0/1
R1(config-if)#ip address 172.16.0.5 255.255.255.252
R1(config-if)#no shutdown
R1(config-if)#interface Serial0/1/0
R1(config-if)#ip address 100.100.100.2 255.255.255.252
R1(config-if)#no shutdown
```

（2）在路由器 R2 上配置主机名及 IP 地址

```
Router>enable
Router#configure terminal
Router(config)#hostname R2
R2(config)#interface GigabitEthernet0/0/0
R2(config-if)#ip address 10.0.0.1 255.255.255.252
R2(config-if)#no shutdown
R2(config-if)#interface Serial0/1/0
R2(config-if)#ip address 100.100.100.6 255.255.255.252
R2(config-if)#no shutdown
```

（3）在路由器 R3 上配置主机名及 IP 地址

```
Router>enable
Router#configure terminal
Router(config)#hostname R3
R3(config)#interface GigabitEthernet0/0/0
R3(config-if)#ip address 192.168.0.1 255.255.255.252
R3(config-if)#no shutdown
R3(config-if)#interface GigabitEthernet0/0/1
R3(config-if)#ip address 192.168.0.5 255.255.255.252
R3(config-if)#no shutdown
R3(config-if)#interface Serial0/1/0
R3(config-if)#ip address 100.100.100.10 255.255.255.252
R3(config-if)#no shutdown
```

（4）在路由器 ISP 上配置主机名及 IP 地址

```
Router>enable
Router#configure terminal
Router(config)#hostname ISP
ISP(config)#interface Loopback0
ISP(config-if)#ip address 200.200.200.200 255.255.255.255
ISP(config-if)#no shutdown
ISP(config-if)#interface Serial0/1/0
ISP(config-if)#ip address 100.100.100.1 255.255.255.252
ISP(config-if)#no shutdown
ISP(config-if)#interface Serial0/1/1
ISP(config-if)#ip address 100.100.100.5 255.255.255.252
ISP(config-if)#no shutdown
ISP(config-if)#interface Serial0/2/0
ISP(config-if)#ip address 100.100.100.9 255.255.255.252
ISP(config-if)#no shutdown
```

6.8.8 任务八 防火墙基础配置

在防火墙 FW 上配置 VLAN、IP 地址及安全等级：

```
ciscoasa>enable
Password:  //防火墙 FW 初始密码为空
ciscoasa#configure terminal
ciscoasa(config)#hostname FW
FW(config)#interface Ethernet0/0
FW(config-if)#switchport mode access
FW(config-if)#switchport access vlan 2
FW(config-if)#interface Ethernet0/1
FW(config-if)#switchport mode access
FW(config-if)#switchport access vlan 1
FW(config-if)#interface Ethernet0/2
FW(config-if)#switchport mode access
FW(config-if)#switchport access vlan 1
FW(config-if)#interface Ethernet0/4
FW(config-if)#switchport mode access
FW(config-if)#switchport access vlan 3
FW(config-if)#interface Vlan1
```

```
FW(config-if)#nameif inside
FW(config-if)#security-level 100
FW(config-if)#ip address 10.2.0.1 255.255.255.0
FW(config-if)#interface Vlan2
FW(config-if)#nameif outside
FW(config-if)#security-level 0
FW(config-if)#ip address 10.0.0.2 255.255.255.252
FW(config-if)#interface Vlan3
FW(config-if)#no forward interface Vlan1
FW(config-if)#nameif dmz
FW(config-if)#security-level 50
FW(config-if)#ip address 10.1.0.1 255.255.255.0
```

6.8.9　任务九　PVST 配置

（1）在三层交换机 MS1 上配置 PVST

```
MS1(config)#spanning-tree mode pvst
MS1(config)#spanning-tree vlan 20,30 priority 24576
MS1(config)#spanning-tree vlan 40,100 priority 28672
```

（2）在三层交换机 MS2 上配置 PVST

```
MS2(config)#spanning-tree mode pvst
MS2(config)#spanning-tree vlan 40,100 priority 24576
MS2(config)#spanning-tree vlan 20,30 priority 28672
```

在二层交换机 S2 上查看 VLAN 20 的 STP 详细信息，因为 MS1 与 MS2 间通过三层链路连接，所以 MS1、MS2 与接入层设备间不会形成环路；但因为与 HSRP 配合，所以需要配置 STP 的主根与备根。同时，因为没有环路，所以端口不会出现堵塞。

```
S2#show spanning-tree vlan 20
VLAN0020
  Spanning tree enabled protocol ieee
  Root ID      Priority     24596
               Address      0060.3EAC.DB0E
               Cost         19
               Port         24(FastEthernet0/24)
               Hello Time   2 sec   Max Age 20 sec   Forward Delay 15 sec
```

```
  Bridge ID  Priority    32788  (priority 32768 sys-id-ext 20)
             Address     0090.2BC8.C8C1
             Hello Time  2 sec  Max Age 20 sec  Forward Delay 15 sec
             Aging Time  20

Interface        Role Sts Cost      Prio.Nbr Type
---------------- ---- --- --------- -------- --------------------------------
Fa0/1            Desg FWD 19        128.1    P2p
Fa0/23           Desg FWD 19        128.23   P2p
Fa0/24           Root FWD 19        128.24   P2p
Po1              Desg FWD 9         128.27   Shr
```

6.8.10 任务十 HSRP 配置

（1）在三层交换机 MS1 上配置 HSRP

```
MS1(config)#interface Vlan20
MS1(config-if)#standby 1 ip 172.16.2.1
MS1(config-if)#standby 1 priority 105
MS1(config-if)#standby 1 preempt
MS1(config-if)#standby 1 track GigabitEthernet0/1
MS1(config-if)#interface Vlan30
MS1(config-if)#standby 1 ip 172.16.3.1
MS1(config-if)#standby 1 priority 105
MS1(config-if)#standby 1 preempt
MS1(config-if)#standby 1 track GigabitEthernet0/1
MS1(config-if)#interface Vlan40
MS1(config-if)#standby 1 ip 172.16.4.1
MS1(config-if)#standby 1 preempt
MS1(config-if)#interface Vlan100
MS1(config-if)#standby 1 ip 172.16.10.1
MS1(config-if)#standby 1 preempt
```

（2）在三层交换机 MS2 上配置 HSRP

```
MS2(config)#interface Vlan20
MS2(config-if)#standby 1 ip 172.16.2.1
MS2(config-if)#standby 1 preempt
```

```
MS2(config-if)#interface Vlan30
MS2(config-if)#standby 1 ip 172.16.3.1
MS2(config-if)#standby 1 preempt
MS2(config-if)#interface Vlan40
MS2(config-if)#standby 1 ip 172.16.4.1
MS2(config-if)#standby 1 priority 105
MS2(config-if)#standby 1 preempt
MS2(config-if)#standby 1 track GigabitEthernet0/1
MS2(config-if)#interface Vlan100
MS2(config-if)#standby 1 ip 172.16.10.1
MS2(config-if)#standby 1 priority 105
MS2(config-if)#standby 1 preempt
MS2(config-if)#standby 1 track GigabitEthernet0/1
```

（3）在三层交换机 MS1 上查看 HSRP 信息

```
MS1#show standby brief
                          P indicates configured to preempt.
                          |
Interface   Grp   Pri P   State     Active        Standby       Virtual IP
Vl20         1    105 P   Active    local         172.16.2.3    172.16.2.1
Vl30         1    105 P   Active    local         172.16.3.3    172.16.3.1
Vl40         1    100 P   Standby   172.16.4.3    local         172.16.4.1
Vl100        1    100 P   Standby   172.16.10.3   local         172.16.10.1
```

将 MS1 相关端口关闭后，可以看到，MS1 中 VLAN 20 和 VLAN 30（在命令行中简写为 Vl20 和 Vl30）的优先级相比之前减少 10，状态更新为 Standby，如下所示。

```
MS1(config)#interface GigabitEthernet 0/1
MS1(config-if)#shutdown
MS1#show standby brief
                          P indicates configured to preempt.
                          |
Interface   Grp   Pri  P    State     Active        Standby     Virtual IP
Vl20         1    95   P    Standby   172.16.2.3    local       172.16.2.1
Vl30         1    95   P    Standby   172.16.3.3    local       172.16.3.1
Vl40         1    100 P     Standby   172.16.4.3    local       172.16.4.1
Vl100        1    100 P     Standby   172.16.10.3   local       172.16.10.1
```

通过查看端口关闭后的 HSRP 状态，可以看到 MS1 上优先级相比之前减少 10，变成 95，状态由 Active 变成了 Standby。

6.8.11 任务十一 端口安全配置

（1）在二层交换机 S1 配置端口安全

```
S1(config)#interface range FastEthernet0/1 - 10
S1(config-if-range)#switchport port-security
S1(config-if-range)#switchport port-security maximum 1
S1(config-if-range)#switchport port-security mac-address sticky
S1(config-if-range)#switchport port-security violation restrict
```

（2）在二层交换机 S2 上配置端口安全

```
S2(config)#interface range FastEthernet0/1 - 20
S2(config-if-range)#switchport port-security
S2(config-if-range)#switchport port-security maximum 1
S2(config-if-range)#switchport port-security mac-address sticky
S2(config-if-range)#switchport port-security violation restrict
```

（3）在二层交换机 S3 上配置端口安全

```
S3(config)#interface range FastEthernet0/1 - 20
S3(config-if-range)#switchport port-security
S3(config-if-range)#switchport port-security maximum 1
S3(config-if-range)#switchport port-security mac-address sticky
S3(config-if-range)#switchport port-security violation restrict
```

（4）在二层交换机 S4 上配置端口安全

```
S4(config)#interface range FastEthernet0/1 - 10
S4(config-if-range)#switchport port-security
S4(config-if-range)#switchport port-security maximum 1
S4(config-if-range)#switchport port-security mac-address sticky
S4(config-if-range)#switchport port-security violation restrict
```

（5）在二层交换机 S1 上查看端口安全信息

```
S1#show port-security interface fastEthernet 0/1
Port Security              : Enabled
Port Status                : Secure-up
Violation Mode             : Restrict
Aging Time                 : 0 mins
```

```
Aging Type                     : Absolute
SecureStatic Address Aging     : Disabled
Maximum MAC Addresses          : 1
Total MAC Addresses            : 1
Configured MAC Addresses       : 0
Sticky MAC Addresses           : 1
Last Source Address:Vlan       : 0009.7C8A.A450:10
Security Violation Count       : 0
```

6.8.12　任务十二　路由器静态路由配置

（1）在路由器 R1、R2、R3 及 ISP 上配置静态路由

```
R1(config)#ip route 0.0.0.0 0.0.0.0 Serial0/1/0
R2(config)#ip route 10.0.0.0 255.0.0.0 10.0.0.2
R2(config)#ip route 0.0.0.0 0.0.0.0 Serial0/1/0
R3(config)#ip route 0.0.0.0 0.0.0.0 Serial0/1/0
ISP(config)#ip route 202.102.192.100 255.255.255.255 Serial0/1/0
```

（2）查看路由器 R2 的静态路由表

```
R2#show ip route static
     10.0.0.0/8 is variably subnetted, 3 subnets, 3 masks
S        10.0.0.0/8 [1/0] via 10.0.0.2
S*   0.0.0.0/0 is directly connected, Serial0/1/0
```

6.8.13　任务十三　防火墙静态路由配置

（1）在防火墙 FW 上配置静态路由

```
FW(config)#route outside 0.0.0.0 0.0.0.0 10.0.0.1 1
```

（2）在防火墙 FW 上查看路由表

```
FW#show route
Codes: C - connected, S - static, I - IGRP, R - RIP, M - mobile, B - BGP
       D - EIGRP, EX - EIGRP external, O - OSPF, IA - OSPF inter area
       N1 - OSPF NSSA external type 1, N2 - OSPF NSSA external type 2
       E1 - OSPF external type 1, E2 - OSPF external type 2, E - EGP
```

```
        i - IS-IS, L1 - IS-IS level-1, L2 - IS-IS level-2, ia - IS-IS inter area
        * - candidate default, U - per-user static route, o - ODR
        P - periodic downloaded static route

Gateway of last resort is 10.0.0.1 to network 0.0.0.0

     10.0.0.0/8 is variably subnetted, 4 subnets, 2 masks
C       10.0.0.0 255.255.255.0 is directly connected, inside, Vlan1
                               is directly connected, dmz, Vlan3
C       10.0.0.0 255.255.255.252 is directly connected, outside, Vlan2
C       10.1.0.0 255.255.255.0 is directly connected, dmz, Vlan3
C       10.2.0.0 255.255.255.0 is directly connected, inside, Vlan1
S*   0.0.0.0/0 [1/0] via 10.0.0.1
```

6.8.14 任务十四 RIPv2 配置

（1）在路由器 R3 上配置 RIPv2

```
R3(config)#router rip
R3(config-router)#version 2
R3(config-router)#network 192.168.0.0
R3(config-router)#default-information originate
R3(config-router)#no auto-summary
```

（2）在三层交换机 MS4 上配置 RIPv2

```
MS4(config)#router rip
MS4(config-router)#version 2
MS4(config-router)#network 192.168.0.0
MS4(config-router)#network 192.168.1.0
MS4(config-router)#no auto-summary
```

（3）在三层交换机 MS5 上配置 RIPv2

```
MS5(config)#router rip
MS5(config-router)#version 2
MS5(config-router)#network 192.168.0.0
MS5(config-router)#network 192.168.2.0
MS5(config-router)#no auto-summary
```

（4）在路由器 R3 上查看通过 RIPv2 学习到的路由条目

```
R3#show ip route rip
     192.168.0.0/24 is variably subnetted, 4 subnets, 2 masks
R       192.168.1.0/24 [120/1] via 192.168.0.2, 00:00:16, GigabitEthernet0/0/0
R       192.168.2.0/24 [120/1] via 192.168.0.6, 00:00:17, GigabitEthernet0/0/1
```

6.8.15　任务十五　OSPF 配置

（1）在路由器 R1 上配置 OSPF

```
R1(config)#router ospf 1
R1(config-router)#router-id 1.1.1.1
R1(config-router)#network 172.0.0.0 0.255.255.255 area 0
R1(config-router)#default-information originate
```

（2）在三层交换机 MS1 上配置 OSPF

```
MS1(config)#router ospf 1
MS1(config-router)#router-id 11.11.11.11
MS1(config-router)#network 172.0.0.0 0.255.255.255 area 0
```

（3）在三层交换机 MS2 上配置 OSPF

```
MS2(config)#router ospf 1
MS2(config-router)#router-id 12.12.12.12
MS2(config-router)#network 172.0.0.0 0.255.255.255 area 0
```

6.8.16　任务十六　OSPF 认证配置

（1）在路由器 R1 上配置 OSPF 认证

```
R1(config)#router ospf 1
R1(config-router)#area 0 authentication message-digest
R1(config-router)#interface range GigabitEthernet 0/0/0-1
R1(config-if-range)#ip ospf message-digest-key 1 md5 cisco
```

（2）在三层交换机 MS1 上配置 OSPF 认证

```
MS1(config)#router ospf 1
```

```
MS1(config-router)#area 0 authentication message-digest
MS1(config-router)#interface range GigabitEthernet 0/1-2
MS1(config-if-range)#ip ospf message-digest-key 1 md5 cisco
```

（3）在三层交换机 MS2 上配置 OSPF 认证

```
MS2(config)#router ospf 1
MS2(config-router)#area 0 authentication message-digest
MS2(config-router)#interface range GigabitEthernet 0/1-2
MS2(config-if-range)#ip ospf message-digest-key 1 md5 cisco
```

（4）在路由器 R1 上查看 OSPF 路由表

```
R1#show ip route ospf
     172.16.0.0/16 is variably subnetted, 10 subnets, 3 masks
O        172.16.0.8  [110/2] via 172.16.0.6, 00:04:03, GigabitEthernet0/0/1
                     [110/2] via 172.16.0.2, 00:04:03, GigabitEthernet0/0/0
O        172.16.1.0  [110/2] via 172.16.0.2, 00:04:03, GigabitEthernet0/0/0
O        172.16.2.0  [110/2] via 172.16.0.6, 00:04:03, GigabitEthernet0/0/1
                     [110/2] via 172.16.0.2, 00:04:03, GigabitEthernet0/0/0
O        172.16.3.0  [110/2] via 172.16.0.6, 00:04:03, GigabitEthernet0/0/1
                     [110/2] via 172.16.0.2, 00:04:03, GigabitEthernet0/0/0
O        172.16.4.0  [110/2] via 172.16.0.6, 00:04:03, GigabitEthernet0/0/1
                     [110/2] via 172.16.0.2, 00:04:03, GigabitEthernet0/0/0
O        172.16.10.0 [110/2] via 172.16.0.6, 00:04:03, GigabitEthernet0/0/1
                     [110/2] via 172.16.0.2, 00:04:03, GigabitEthernet0/0/0
```

6.8.17 任务十七 OSPF 优化配置

（1）在三层交换机 MS1 上配置被动接口

```
MS1(config)#router ospf 1
MS1(config-router)#passive-interface Vlan10
MS1(config-router)#passive-interface Vlan20
MS1(config-router)#passive-interface Vlan30
MS1(config-router)#passive-interface Vlan40
MS1(config-router)#passive-interface Vlan100
```

（2）在三层交换机 MS2 上配置被动接口

```
MS2(config)#router ospf 1
```

```
MS2(config-router)#passive-interface Vlan20
MS2(config-router)#passive-interface Vlan30
MS2(config-router)#passive-interface Vlan40
MS2(config-router)#passive-interface Vlan100
```

6.8.18 任务十八 CHAP 认证配置

（1）在路由器 R1 上配置 PPP，开启 CHAP 认证

```
R1(config)#username ISP password cisco
R1(config)#interface Serial0/1/0
R1(config-if)#encapsulation ppp
R1(config-if)#ppp authentication chap
```

（2）在路由器 R2 上配置 PPP，开启 CHAP 认证

```
R2(config)#username ISP password cisco
R2(config)#interface Serial0/1/0
R2(config-if)#encapsulation ppp
R2(config-if)#ppp authentication chap
```

（3）在路由器 R3 上配置 PPP，开启 CHAP 认证

```
R3(config)#username ISP password cisco
R3(config)#interface Serial0/1/0
R3(config-if)#encapsulation ppp
R3(config-if)#ppp authentication chap
```

（4）在路由器 ISP 上配置 PPP，开启 CHAP 认证

```
ISP(config)#username R1 password cisco
ISP(config)#username R2 password cisco
ISP(config)#username R3 password cisco
ISP(config)#interface Serial0/1/0
ISP(config-if)#encapsulation ppp
ISP(config-if)#ppp authentication chap
ISP(config-if)#interface Serial0/1/1
ISP(config-if)#encapsulation ppp
ISP(config-if)#ppp authentication chap
ISP(config-if)#interface Serial0/2/0
```

```
ISP(config-if)#encapsulation ppp
ISP(config-if)#ppp authentication chap
```

（5）在路由器 ISP 上查看接口详细信息

```
ISP#show interfaces serial 0/1/0
Serial0/1/0 is up, line protocol is up (connected)
  Hardware is HD64570
  Internet address is 100.100.100.1/30
  MTU 1500 bytes, BW 1544 Kbit, DLY 20000 usec,
     reliability 255/255, txload 1/255, rxload 1/255
  Encapsulation PPP, loopback not set, keepalive set (10 sec)
  LCP Open
  Open: IPCP, CDPCP
  Last input never, output never, output hang never
  Last clearing of "show interface" counters never
  Input queue: 0/75/0 (size/max/drops); Total output drops: 0
  Queueing strategy: weighted fair
  Output queue: 0/1000/64/0 (size/max total/threshold/drops)
     Conversations  0/0/256 (active/max active/max total)
     Reserved Conversations 0/0 (allocated/max allocated)
     Available Bandwidth 1158 kilobits/sec
  5 minute input rate 166 bits/sec, 0 packets/sec
  5 minute output rate 150 bits/sec, 0 packets/sec
     3954 packets input, 574974 bytes, 0 no buffer
     Received 3 broadcasts, 0 runts, 0 giants, 0 throttles
     0 input errors, 0 CRC, 0 frame, 0 overrun, 0 ignored, 0 abort
     3606 packets output, 504421 bytes, 0 underruns
     0 output errors, 0 collisions, 1 interface resets
     0 output buffer failures, 0 output buffers swapped out
     0 carrier transitions
     DCD=up  DSR=up  DTR=up  RTS=up  CTS=up
```

通过查看接口状态可以看到，接口封装模式为 PPP，并且接口处于 up 状态。

6.8.19 任务十九 NAT 配置

（1）在路由器 R1 上配置 NAT 功能

```
R1(config)#ip access Extended 102
```

```
R1(config-ext-nacl)#permit ip any any
R1(config-ext-nacl)#exit
R1(config)#ip nat inside source list 102 interface Serial0/1/0 overload
R1(config)#ip nat inside source static 172.16.1.100 202.102.192.100
R1(config)#interface GigabitEthernet0/0/0
R1(config-if)#ip nat inside
R1(config-if)#interface GigabitEthernet0/0/1
R1(config-if)#ip nat inside
R1(config-if)#interface Serial0/1/0
R1(config-if)#ip nat outside
```

（2）在路由器 R2 上配置 NAT 功能

```
R2(config)#ip access extended 102
R2(config-ext-nacl)#permit ip any any
R2(config-ext-nacl)#exit
R2(config)#ip nat inside source list 102 interface Serial0/1/0 overload
R2(config)#interface GigabitEthernet0/0/0
R2(config-if)#ip nat inside
R2(config-if)#interface Serial0/1/0
R2(config-if)#ip nat outside
```

（3）在路由器 R3 上配置 NAT 功能

```
R3(config)#ip access-list extended 102
R3(config-ext-nacl)#permit ip any any
R3(config-ext-nacl)#exit
R3(config)#ip nat inside source list 102 interface Serial0/1/0 overload
R3(config)#interface GigabitEthernet0/0/0
R3(config-if)#ip nat inside
R3(config-if)#interface GigabitEthernet0/0/1
R3(config-if)#ip nat inside
R3(config-if)#interface Serial0/1/0
R3(config-if)#ip nat outside
```

（4）在路由器 R1 上查看 NAT 转换表

```
R1#show ip nat translations
Pro  Inside global        Inside local       Outside local      Outside global
icmp 100.100.100.2:1024   172.16.2.100:1     100.100.100.1:1    100.100.100.1:1024
```

```
icmp 100.100.100.2:1025    172.16.3.200:1       100.100.100.1:1       100.100.100.1:1025
icmp 100.100.100.2:1026    172.16.3.200:2       100.100.100.1:2       100.100.100.1:1026
icmp 100.100.100.2:1       172.16.1.10:1        100.100.100.1:1       100.100.100.1:1
icmp 100.100.100.2:2       172.16.2.100:2       100.100.100.1:2       100.100.100.1:2
icmp 100.100.100.2:3       172.16.3.200:3       100.100.100.1:3       100.100.100.1:3
udp 100.100.100.2:123      100.100.100.2:123    10.1.0.40:123         10.1.0.40:123
udp 100.100.100.2:500      100.100.100.2:500    100.100.100.6:500     100.100.100.6:500
---   202.102.192.100      172.16.1.100         ---                   ---
```

6.8.20 任务二十 IPSec VPN 配置

（1）在路由器 R1 上配置 IPSec VPN

```
R1(config)#ip access extended 101
R1(config-ext-nacl)#permit ip 172.16.0.0 0.0.255.255 10.0.0.0 0.255.255.255
R1(config-ext-nacl)#exit
R1(config)#crypto isakmp policy 1
R1(config-isakmp)#encryption 3des
R1(config-isakmp)#authentication pre-share
R1(config-isakmp)#crypto isakmp key Cisco123 address 100.100.100.6
R1(config-isakmp)#exit
R1(config)#crypto ipsec transform-set myset esp-3des esp-md5-hmac
R1(config)#crypto map mymap 10 ipsec-isakmp
R1(config-crypto-map)#set peer 100.100.100.6
R1(config-crypto-map)#set transform-set myset
R1(config-crypto-map)#match address 101
R1(config-crypto-map)#interface Serial0/1/0
R1(config-if)#crypto map mymap
```

（2）在路由器 R2 上配置 IPSec VPN

```
R2(config)#ip access extended 101
R2(config-ext-nacl)#10 permit ip 10.0.0.0 0.255.255.255 172.16.0.0 0.0.255.255
R2(config-ext-nacl)#20 permit ip 10.0.0.0 0.255.255.255 192.168.0.0 0.0.255.255
R2(config-ext-nacl)#exit
R2(config)#crypto isakmp policy 1
R2(config-isakmp)#encryption 3des
R2(config-isakmp)#authentication pre-share
```

```
R2(config-isakmp)#crypto isakmp key Cisco123 address 0.0.0.0 0.0.0.0
R2(config-isakmp)#exit
R2(config)#crypto ipsec transform-set myset esp-3des esp-md5-hmac
R2(config)#crypto map mymap 10 ipsec-isakmp
R2(config-crypto-map)#set peer 100.100.100.2
R2(config-crypto-map)#set peer 100.100.100.10
R2(config-crypto-map)#set transform-set myset
R2(config-crypto-map)#match address 101
R2(config-crypto-map)#interface Serial0/1/0
R2(config-if)#crypto map mymap
```

（3）在路由器 R3 上配置 IPSec VPN

```
R3(config)#ip access extended 101
R3(config-ext-nacl)#10 permit ip 192.168.0.0 0.0.255.255 10.0.0.0 0.255.255.255
R3(config-ext-nacl)#exit
R3(config)#crypto isakmp policy 1
R3(config-isakmp)#encryption 3des
R3(config-isakmp)#authentication pre-share
R3(config-isakmp)#crypto isakmp key Cisco123 address 100.100.100.6
R3(config-isakmp)#exit
R3(config)#crypto ipsec transform-set myset esp-3des esp-md5-hmac
R3(config)#crypto map mymap 10 ipsec-isakmp
R3(config-crypto-map)#set peer 100.100.100.6
R3(config-crypto-map)#set transform-set myset
R3(config-crypto-map)#match address 101
R3(config-crypto-map)#interface Serial0/1/0
R3(config-if)#crypto map mymap
```

（4）在路由器 R2 上查看 IPsec VPN 状态信息

```
R2#show crypto isakmp sa
IPv4 Crypto ISAKMP SA
dst             src             state           conn-id slot status
100.100.100.10  100.100.100.6   QM_IDLE         1042    0 ACTIVE
100.100.100.2   100.100.100.6   QM_IDLE         1080    0 ACTIVE
```

以上输出信息表明 R2 与 R1 和 R3 都已经完成协商过程。

6.8.21 任务二十一 防火墙流量控制配置

在防火墙 FW 上完成流量控制配置：

```
FW(config)#access-list outside extended permit udp any host 10.1.0.40 eq 123
FW(config)#access-list outside extended permit udp any host 10.1.0.30 eq domain
FW(config)#access-list outside extended permit tcp any host 10.1.0.10 eq www
FW(config)#access-list outside extended permit udp any host 10.1.0.20 eq tftp
FW(config)#access-list outside extended permit icmp any 10.0.0.0 255.0.0.0
FW(config)#access-group outside in interface outside
```

6.8.22 任务二十二 IOS 版本升级配置

在二层交换机 S5 上升级 IOS 版本：

```
S5#copy tftp: flash:
Address or name of remote host []? 10.1.0.20
Source filename []? c2960-lanbasek9-mz.150-2.SE4.bin
Destination filename [c2960-lanbasek9-mz.150-2.SE4.bin]?

Accessing tftp://10.1.0.20/c2960-lanbasek9-mz.150-2.SE4.bin.....
Loading c2960-lanbasek9-mz.150-2.SE4.bin from
10.1.0.20: !!!!!!!!!!!!!!!!!!!!!!!!!!!!!!!!!!!!!!!!!!!!!!!!!!!!!!!!!!!!!!!!!!!!!!!!!!!!!!!!!!!!!!!!!!!!!!!!!!!
[OK - 4670455 bytes]

4670455 bytes copied in 11.073 secs (33910 bytes/sec)
S5#delete flash:c2960-lanbase-mz.122-25.FX.bin
Delete filename [c2960-lanbase-mz.122-25.FX.bin]?c2960-lanbase-mz.122-25.FX.bin
Delete flash:/c2960-lanbase-mz.122-25.FX.bin? [confirm]y
S5#reload
```

6.8.23 任务二十三 IEEE 802.1x 认证配置

在二层交换机 S5 上配置 IEEE 802.1x 端口认证：

```
S5(config)#aaa new-model
S5(config)#radius-server host 192.168.1.100 auth-port 1645 key cisco
S5(config)#aaa authentication dot1x default group radius
S5(config)#dot1x system-auth-control
S5(config)#interface FastEthernet 0/11
```

```
S5(config-if)#switchport mode access
S5(config-if)#authentication port-control auto
S5(config-if)#dot1x pae authenticator
```

6.8.24　任务二十四　AAA 服务器配置

在服务器上完成 AAA 服务配置，如图 6-2 所示。

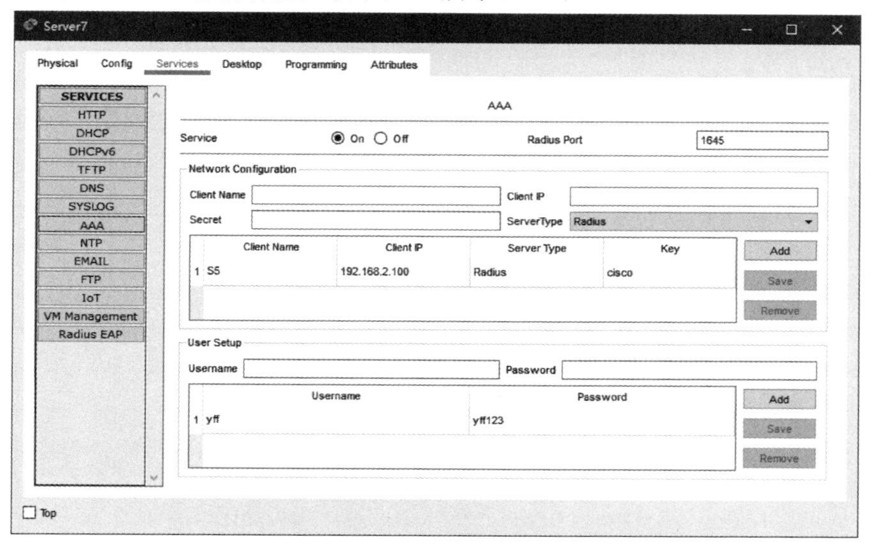

图 6-2　AAA 服务配置

IEEE 802.1x 加密算法配置，如图 6-3 所示。

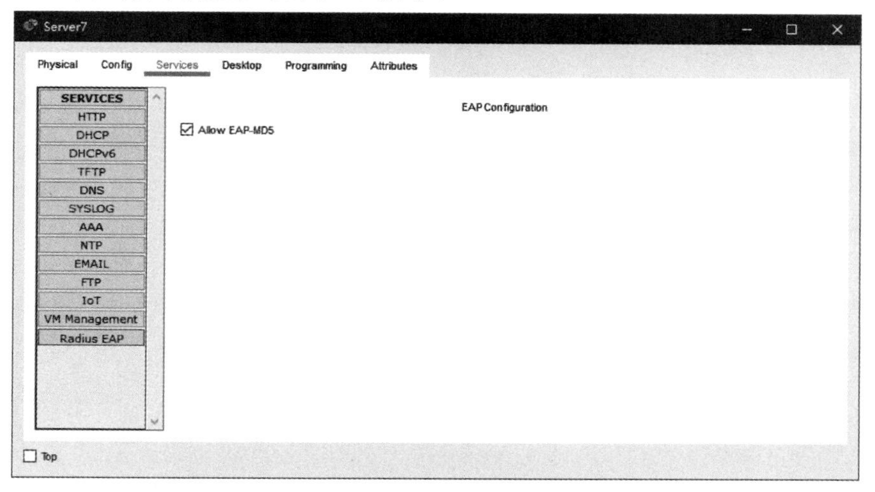

图 6-3　IEEE 802.1x 加密算法配置

6.8.25 任务二十五 NTP 服务器配置

如图 6-4 所示，在服务器 Server2 上完成 NTP 服务配置。

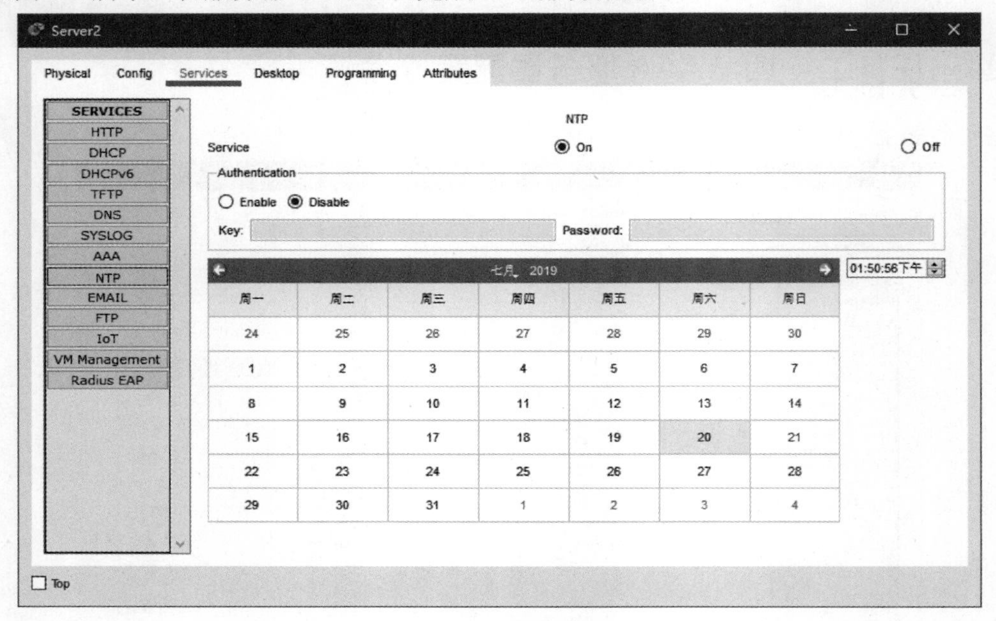

图 6-4 NTP 服务配置

在三层交换机 MS2 上配置 NTP 客户端：

```
MS2(config)#ntp server 10.1.0.10
```

6.8.26 任务二十六 SSH 远程登录配置

在三层交换机 MS1 上配置 SSH：

```
MS1(config)#ip domain-name cisco.com
MS1(config)#username MS1 privilege 15 password yff123
MS1(config)#line vty 0 15
MS1(config-line)#login local
MS1(config-line)#transport input ssh
MS1(config-line)#exit
MS1(config)#crypto key generate rsa
The name for the keys will be: MS1.cisco.com
Choose the size of the key modulus in the range of 360 to 2048 for you
   General Purpose Keys. Choosing a key modulus greater than 512 may take
   a few minutes.
```

```
How many bits in the modulus [512]: 1024
% Generating 1024 bit RSA keys, keys will be non-exportable...[OK]
```

6.9 功能测试

6.9.1 IPSec VPN 连通性测试

在 PC1 与 Server2 间进行连通性测试，可以连通并且有数据流通过 VPN。

```
C:\>ping 10.1.0.10

Pinging 10.1.0.10 with 32 bytes of data:

Reply from 10.1.0.10: bytes=32 time=11ms TTL=124
Reply from 10.1.0.10: bytes=32 time=27ms TTL=124
Reply from 10.1.0.10: bytes=32 time=2ms TTL=124
Reply from 10.1.0.10: bytes=32 time=10ms TTL=124

Ping statistics for 10.1.0.10:
    Packets: Sent = 4, Received = 4, Lost = 0 (0% loss),
Approximate round trip times in milli-seconds:
    Minimum = 2ms, Maximum = 27ms, Average = 12ms
R1#show crypto ipsec sa

interface: Serial0/1/0
    Crypto map tag: mymap, local addr 100.100.100.2

   protected vrf: (none)
   local  ident (addr/mask/prot/port): (172.16.0.0/255.255.0.0/0/0)
   remote  ident (addr/mask/prot/port): (10.0.0.0/255.0.0.0/0/0)
   current_peer 100.100.100.6 port 500
    PERMIT, flags={origin_is_acl,}
   #pkts encaps: 762, #pkts encrypt: 762, #pkts digest: 0
   #pkts decaps: 507, #pkts decrypt: 507, #pkts verify: 0
   #pkts compressed: 0, #pkts decompressed: 0
   #pkts not compressed: 0, #pkts compr. failed: 0
   #pkts not decompressed: 0, #pkts decompress failed: 0
```

```
#send errors 1, #recv errors 0

  local crypto endpt.: 100.100.100.2, remote crypto endpt.:100.100.100.6
  path mtu 1500, ip mtu 1500, ip mtu idb Serial0/1/0
  current outbound spi: 0x7481679E(1954637726)

  inbound esp sas:
   spi: 0x054A684C(88762444)
     transform: esp-3des esp-md5-hmac ,
     in use settings ={Tunnel, }
     conn id: 2006, flow_id: FPGA:1, crypto map: mymap
     sa timing: remaining key lifetime (k/sec): (4525504/3070)
     IV size: 16 bytes
     replay detection support: N
     Status: ACTIVE
```

6.9.2 防火墙流量控制测试

在 PC1 上 ping 服务器 Server2，可见来自外网的 ICMP 流量通过了防火墙。

```
C:\>ping 10.1.0.10

Pinging 10.1.0.10 with 32 bytes of data:

Reply from 10.1.0.10: bytes=32 time=13ms TTL=124
Reply from 10.1.0.10: bytes=32 time=11ms TTL=124
Reply from 10.1.0.10: bytes=32 time=11ms TTL=124
Reply from 10.1.0.10: bytes=32 time=10ms TTL=124

Ping statistics for 10.1.0.10:
    Packets: Sent = 4, Received = 4, Lost = 0 (0% loss),
Approximate round trip times in milli-seconds:
    Minimum = 10ms, Maximum = 13ms, Average = 11ms
```

6.9.3 交换机版本升级测试

通过命令 show version 可查看到交换机 S5 升级后的版本为 15.0(2)SE4。

```
S5#show version | begin Switch Ports Model
```

```
Switch Ports Model              SW Version        SW Image
------ ----- -----              ----------        ----------
*    1 26    WS-C2960-24TT-L    15.0(2)SE4        C2960-LANBASEK9-M

Configuration register is 0xF
```

6.9.4　IEEE 802.1x 认证服务测试

PC9 通过 IEEE 802.1x 认证后，获取到 IP 地址并能访问外网。IEEE 802.1x 认证，如图 6-5 所示。

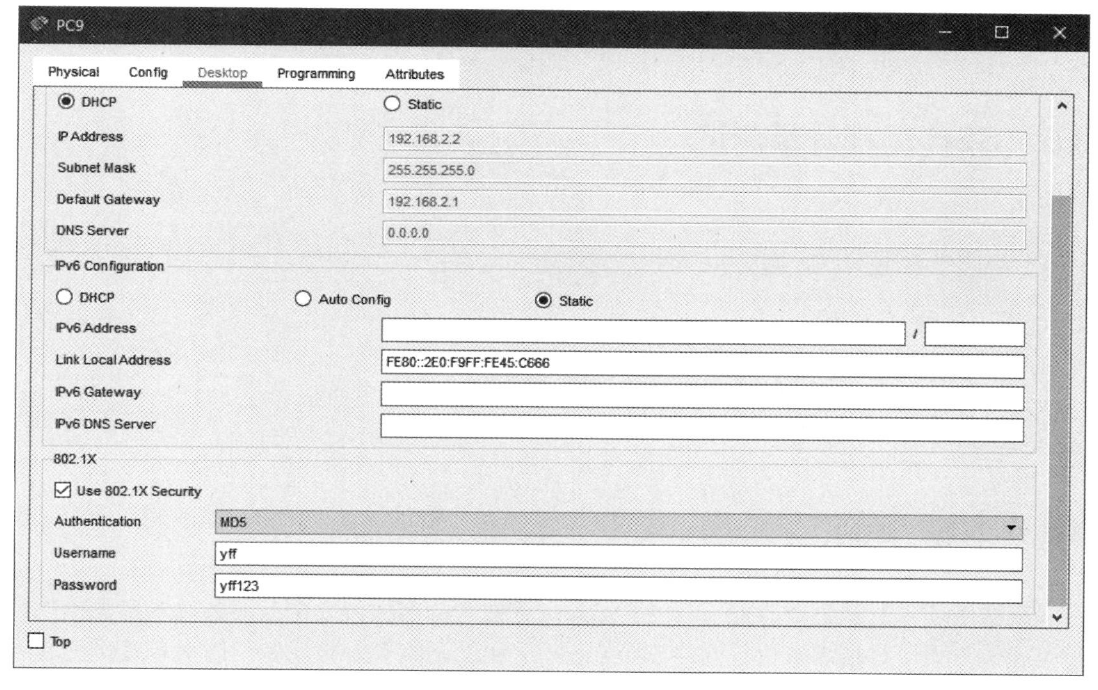

图 6-5　IEEE 802.1x 认证

PC9 完成认证后访问外网的测试结果如下：

```
C:\>ping 200.200.200.200

Pinging 200.200.200.200 with 32 bytes of data:

Reply from 200.200.200.200: bytes=32 time=2ms TTL=253
Reply from 200.200.200.200: bytes=32 time=2ms TTL=253
Reply from 200.200.200.200: bytes=32 time=2ms TTL=253
```

```
Reply from 200.200.200.200: bytes=32 time=2ms TTL=253

Ping statistics for 200.200.200.200:
    Packets: Sent = 4, Received = 4, Lost = 0 (0% loss),
Approximate round trip times in milli-seconds:
    Minimum = 2ms, Maximum = 2ms, Average = 2ms
```

6.9.5 NTP 时间同步测试

在交换机 MS2 上查看当前时间：

```
MS2#show clock
*16:57:2.976 UTC Sat Jul 20 2019
```

6.9.6 SSH 远程登录测试

在 PC 上远程登录 MS1：

```
C:\>ssh -l MS1 172.16.1.1

Password:


MS1#
```

6.10 本章小结

本章案例项目背景是 XQ 公司为 FFY 公司总部与分部提供安全云服务。本章案例的特点是采用硬件防火墙等技术来进行网络安全加固。采用的网络安全技术包括防火墙基础配置和流量控制、IOS 版本升级、IEEE 802.1x 认证、端口安全、CHAP 认证、OSPF 认证、SSH、IPSec VPN 等。为兼顾网络可靠性，采用了 PVST、EthernetChannel 以及 HSRP 技术等。为同步 VLAN 信息，提高网络管理效率，在交换机间采用了 VTP。为实现网内互通以及内网对公网的访问，采用了 RIPv2、OSPF、静态路由以及 NAT 技术。本章案例的重点和难点是硬件防火墙和 IPSec VPN 的配置。通过学习本章案例，可使读者综合运用所学技术来增强网络的安全性，提高其网络安全防范意识，规划和设计出更加安全可靠的网络。

第7章 >>>

实施 IPv6 分支网络

本章要点

- 项目背景
- 项目拓扑
- 项目需求
- 设备选型
- 技术选型
- 地址规划
- VLAN 规划
- 项目实施
- 功能测试
- 本章小结

本章案例以 IPv6 网络规划与部署为项目背景，兼顾 IPv4 网络，使两个 IPv6 网络穿越 IPv4 网络实现互连互通，同时让 IPv6 与 IPv4 技术得到很好的应用。本章案例中路由技术包括默认路由、BGP、IPv6 静态路由、OSPFv3、EIGRP for IPv6 以及路由重分布等相关内容；交换技术包括 VLAN、Trunk 以及 SVI 配置等相关内容；网络安全及管理技术包含特权密码、Telnet 以及 SSH 等相关内容；网络服务包括 DNS、WEB 以及 TFTP 服务等相关内容；WAN 技术包括 NAT 以及 GRE VPN 相关内容。通过学习本章案例，可增强读者对 IPv6 网络的认识，树立不断更新技术的学习理念。

7.1 项目背景

FQHR 公司是一家国内知名的通信技术有限公司，总部设立在北京，分别在上海、深圳、广州三地成立分公司。FQHR 公司为响应国家推广 IPv6 实施方案的相关政策，率先在北京和广州部署 IPv6 网络。由于当地运营商的计算机网络还未部署 IPv6，依然采用 IPv4，因此 FQHR 公司北京总部与广州分部的 IPv6 网络需要穿越 IPv4 网络，采用 VPN 技术实现互连互通。

7.2 项目拓扑

项目拓扑，如图 7-1 所示。

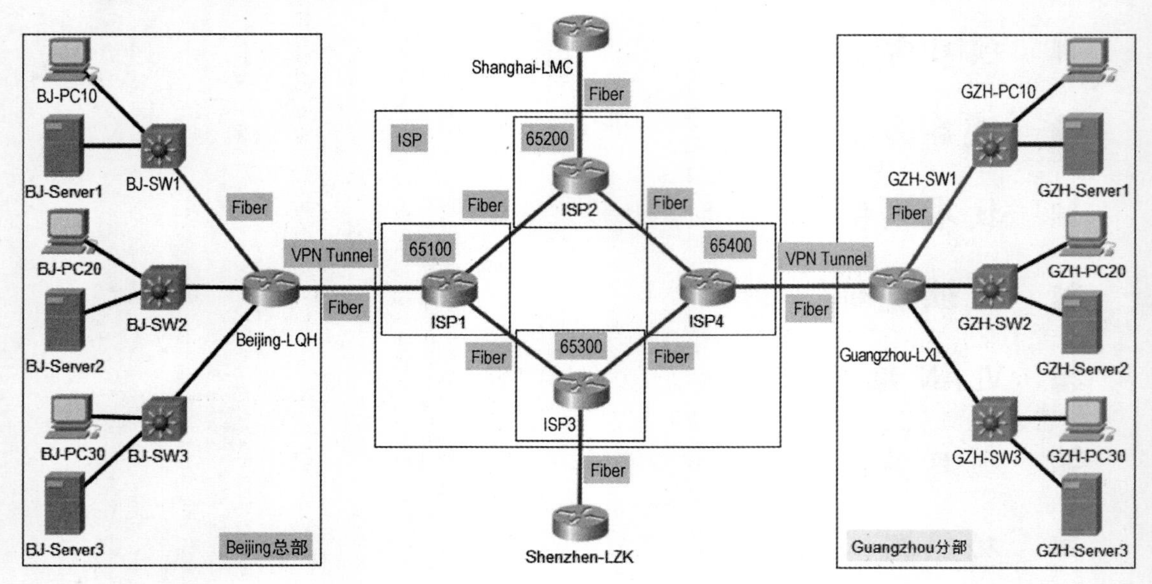

图 7-1 项目拓扑

7.3　项目需求

（1）设备命名及拓扑搭建

- 根据项目拓扑修改所有设备的名称；
- 根据项目拓扑完成设备连接。

（2）VLAN 及 Trunk 配置

- 根据 VLAN 规划表，合理划分 VLAN，确保接口分配正确；
- 根据项目拓扑要求合理配置 Trunk，其封装模式均为 IEEE 802.1q；
- 查看 Trunk 链路信息，确保 Trunk 两端允许通过的 VLAN ID 一致且 Trunk 封装模式正确。

（3）IP 地址配置

- 根据地址规划表配置物理接口或子接口的 IP 地址；
- 根据地址规划表，完成 SVI 配置；
- 确保路由器接口 IP 地址配置正确且都处于 up 状态；
- 根据地址规划表静态指定服务器网卡的 IP 地址。

（4）IPv6 静态路由配置

- Beijing 总部网络使用静态路由实现通信。

（5）OSPFv3 配置

- Guangzhou 分部内部网络使用 OSPFv3，进程号为 1，GZH-SW1、GZH-SW2、GZH-SW3 以及 Guangzhou-LXL 的 Router ID 分别为 1.1.1.1、 2.2.2.2、3.3.3.3 和 4.4.4.4。

（6）BGP 配置

- 运营商 ISP1~ISP4 之间采用 BGP 实现通信；
- ISP1～ISP4 所在 AS 号分别为 65100、65200、65300 和 65400；
- 查看 BGP 邻居关系，确保邻居关系成功建立；
- 查看 BGP 转发表，确保从邻居路由器学习到所有路由信息；
- 查看 BGP 路由表，确保路由选路以及路由条目数量正确。

（7）VPN 配置

- 在 Beijing-LQH 与 Guangzhou-LXL 之间配置 VPN；

- 按照地址规划表配置 Tunnel（隧道）IPv6 地址。

（8）EIGRP for IPv6 配置

- Beijing-LQH 与 Guangzhou-LXL 隧道间使用 EIGRP for IPv6，进程号为 1122；
- Beijing-LQH 的 Router ID 为 5.5.5.5，Guangzhou-LXL 的 Router ID 为 4.4.4.4。

（9）IPv6 路由重分布配置

- 重分布静态路由与 OSPFv3 路由到 EIGRP for IPv6，指定 metric 值为 1 2 3 4 5；
- 查看路由器 Guangzhou-LXL 路由表，确保学习到 Beijing 总部所有网络的路由。

（10）服务配置

- 将 BJ-Server1 配置为 DNS 服务器，为 WEB 服务器提供域名解析，将 www.fqhr.com 解析为相应 IPv6 地址；
- 将 BJ-Server2 配置为 TFTP 服务器，要求将 Beijing 总部与 Guangzhou 分部所有网络设备的配置文件备份到 TFTP 服务器上；
- 将 BJ-Server3 配置为 WEB 服务器，仅支持 HTTPS 访问，为总部与分部用户提供服务。

（11）远程访问配置

- 配置 enable 密码，网络设备最多同时支持 4 个用户进行 SSH 和 Telnet 远程登录，均需要提供用户名与密码，用户名与密码对应表如表 7-1 所示；
- 要求对所有明文口令进行加密操作。

表 7-1　用户名与密码对应表

用 户 名	密　码
Lx	xl
Lth	htl
Lmc	cml
Lsq	qsl
Hmr	rhm

（12）安全访问控制

- 在交换机 BJ-SW2 上配置 IPv6 ACL，限制所有到 BJ-Server2 服务器的 ping 包；
- 在 Beijing-LQH 上配置 VTP 限制访问功能，限制除 GZH-PC10 以外的其他设备远程登录该路由器。

7.4　设备选型

表 7-2 为 FQHR 公司设备选型表。

表 7-2　FQHR 公司设备选型表

设备类型	设备数量	扩展模块	对应设备名称
Cisco 3650 Switch	6 台	——	BJ-SW1、BJ-SW2、BJ-SW3、GZH-SW1、GZH-SW2、GZH-SW3
Cisco 1941 Router	4 台	HWIC-1GE-SFP GLC-LH-SMD	Beijing-LQH、Shanghai-LMC、Guangzhou-LXL、Shenzhen-LZK
Cisco 2911 Router	4 台	HWIC-1GE-SFP GLC-LH-SMD	ISP1、ISP2、ISP3、ISP4

7.5　技术选型

表 7-3 为 FQHR 公司技术选型表。

表 7-3　FQHR 公司技术选型表

涉及技术	具体内容
路由技术	直连路由、默认路由、BGP、IPv6 静态路由、OSPFv3、EIGRP for IPv6、路由重分布
交换技术	VLAN、Trunk、SVI
安全管理	enable 密码、Telnet、SSH
服务配置	DNS、WEB、TFTP
WAN 技术	NAT、GRE VPN

7.6　地址规划

7.6.1　交换设备地址规划

表 7-4 为 FQHR 公司交换设备地址规划表。

表 7-4　FQHR 公司交换设备地址规划表

设备名称	接　口	地址规划	接口描述
BJ-SW1	Gig1/0/2	2018:12:27:B::/64	Link to BJ-Server1
	Gig1/1/1	2018:12:27:AB::/127	Link to Beijing-LQH Gig00/0
	VLAN 10	2018:12:27:A::/64	BM1
	Loopback0	A1::1/128	——

续表

设备名称	接口	地址规划	接口描述
BJ-SW2	Gig1/0/1	2018:12:27:CD::/127	Link to Beijing-LQH Gig0/0
	Gig1/0/3	2018:12:27:D::/64	Link to BJ-Server2
	VLAN 20	2018:12:27:C::/64	BM2
	Loopback0	A1::2/128	——
BJ-SW3	Gig1/0/1	2018:12:27:EF::/127	Link to Beijing-LQH Gig0/1
	Gig1/0/3	2018:12:27:F::/64	Link to BJ-Server3
	VLAN 30	2018:12:27:E::/64	BM3
	Loopback0	A1::3/128	——
GZH-SW1	Gig1/0/1	2019:1:1:A::/64	Link to GZH-PC10
	Gig1/0/2	2019:1:1:B::/64	Link to GZH-Server1
	Gig1/1/1	2019:1:1:AB::/127	Link to Guangzhou-LXL Gig00/0、BM3
	Loopback0	B1::1/128	——
GZH-SW2	Gig1/0/1	2019:1:1:CD::/127	Link to Guangzhou-LXL Gig0/0
	Gig1/0/2	2019:1:1:C::/64	Link to GZH-PC20
	Gig1/0/3	2019:1:1:D::/64	Link to GZH-Server2
	Loopback0	B1::2/128	——
GZH-SW3	Gig1/0/1	2019:1:1:EF::/127	Link to Guangzhou-LXL Gig0/1
	Gig1/0/2	2019:1:1:E::/64	Link to GZH-PC30
	Gig1/0/3	2019:1:1:F::/64	Link to GZH-Server3
	Loopback0	B1::3/128	——

7.6.2 路由设备地址规划

表 7-5 为 FQHR 公司路由设备地址规划表。

表 7-5 FQHR 公司路由设备地址规划表

设备名称	接口	地址规划	接口描述
Beijing-LQH	Gig0/0/0	2018:12:27:AB::1/127	Link to BJ-SW1 Gig1/1/1
	Gig0/0	2018:12:27:CD::1/127	Link to BJ-SW2 Gig1/0/1
	Gig0/1	2018:12:27:EF::1/127	Link to BJ-SW3 Gig1/0/1
	Gig0/1/0	197.8.1.2/24	Link to ISP1 Gig0/2/0
	Tunnel1	1819:12::1/126	——
	Loopback0	A1::4/128	——

续表

设备名称	接　口	地址规划	接口描述
Guangzhou-LXL	Gig0/0/0	2019:1:1:AB::1/127	Link to GZH-SW1 Gig1/1/1
	Gig0/0	2019:1:1:CD::1/127	Link to GZH-SW2 Gig1/0/1
	Gig0/1	2019:1:1:EF::1/127	Link to GZH-SW1 Gig1/0/1
	Gig0/1/0	198.11.18.2/24	Link to ISP4 Gig0/2/0
	Tunnel2	1819:12::2/126	——
	Loopback0	B1::4/128	——
Shanghai-LMC	Gig0/1/0	197.12.16.2/30	Link to ISP2 Gig0/2/0
Shenzhen-LZK	Gig0/1/0	199.2.23.2/30	Link to ISP3 Gig0/2/0

7.6.3　ISP 设备地址规划

表 7-6 为 FQHR 公司运营商设备地址规划表。

表 7-6　FQHR 公司运营商设备地址规划表

设备名称	接　口	地址规划	接口描述
ISP1	Gig0/0/0	217.9.5.1/30	Link to ISP2 Gig0/0/0
	Gig0/1/0	220.7.9.1/30	Link to ISP3 Gig0/0/0
	Gig0/2/0	197.8.1.1/30	Link to Beijing-LQH Gig0/1/0
ISP2	Gig0/0/0	217.9.5.2/30	Link to ISP1 Gig0/0/0
	Gig0/1/0	218.12.26.2/30	Link to ISP4 Gig0/0/0
	Gig0/2/0	197.12.16.1/30	Link to Shanghai-LMC Gig0/1/0
ISP3	Gig0/0/0	220.7.9.2/30	Link to ISP1 Gig0/1/0
	Gig0/1/0	219.3.2.2/30	Link to ISP4 Gig0/1/0
	Gig0/2/0	199.2.23.1/30	Link to Shenzhen-LZK Gig0/1/0
ISP4	Gig0/0/0	218.12.26.1/30	Link to ISP2 Gig0/1/0
	Gig0/1/0	219.3.2.1/30	Link to ISP3 Gig0/1/0
	Gig0/2/0	198.11.18.1/30	Link to Guangzhou-LXL Gig0/1/0

7.6.4　终端地址规划

表 7-7 为 FQHR 公司终端设备地址规划表。

表 7-7　FQHR 公司终端设备地址规划表

设备名称	接　口	地址规划	接口描述
BJ-PC10	NIC	2018:12:27:A::10/64	BM1
BJ-Server1	NIC	2018:12:27:B::1/64	Link to BJ-SW1 Gig1/0/2

续表

设备名称	接口	地址规划	接口描述
BJ-PC20	NIC	2018:12:27:C::20/64	BM2
BJ-Server2	NIC	2018:12:27:D::2/64	Link to BJ-SW2 Gig1/0/3
BJ-PC30	NIC	2018:12:27:E::30/64	BM3
BJ-Server3	NIC	2018:12:27:F::3/64	Link to BJ-SW3 Gig1/0/3
GZH-PC10	NIC	2019:1:1:A::10/64	Link to GZH-SW1 Gig1/0/1
GZH-Server1	NIC	2019:1:1:B::1/64	Link to GZH-SW1 Gig1/0/2
GZH-PC20	NIC	2019:1:1:C::20/64	Link to GZH-SW2 Gig1/0/2
GZH-Server2	NIC	2019:1:1:D::2/64	Link to GZH-SW2 Gig1/0/3
GZH-PC30	NIC	2019:1:1:E::30/64	Link to GZH-SW3 Gig1/0/2
GZH-Server3	NIC	2019:1:1:F::3/64	Link to GZH-SW3 Gig1/0/3

7.7 VLAN 规划

表 7-8 为 FQHR 公司 VLAN 规划表。

表 7-8 FQHR 公司 VLAN 规划表

设备名	VLAN ID	VLAN 名称	接口分配	VLAN 成员
BJ-SW1	10	BM1	Gig1/0/1	BJ-PC10
BJ-SW2	20	BM2	Gig1/0/2	BJ-PC20
BJ-SW3	30	BM3	Gig1/0/2	BJ-PC30

7.8 项目实施

7.8.1 任务一 ISP 设备基础配置

（1）在路由器 ISP1 上配置主机名、接口描述及 IP 地址

```
Router>enable
Router#configure terminal
Router(config)#hostname ISP1
ISP1(config)#no ip domain-lookup                    //关闭域名解析
ISP1(config)#interface GigabitEthernet 0/2/0
ISP1(config-if)#ip address 197.8.1.1 255.255.255.252
```

```
ISP1(config-if)#description link to Beijing-LQH
ISP1(config-if)#no shutdown
ISP1(config-if)#interface GigabitEthernet 0/0/0
ISP1(config-if)#ip address 217.9.5.1 255.255.255.252
ISP1(config-if)#description link to ISP2
ISP1(config-if)#no shutdown
```

（2）在路由器 ISP2 上配置主机名、接口描述及 IP 地址

```
Router>enable
Router#configure terminal
Router(config)#hostname ISP2
ISP2(config)#no ip domain-lookup
ISP2(config)#interface GigabitEthernet 0/2/0
ISP2(config-if)#ip address 197.12.16.1 255.255.255.252
ISP2(config-if)#description link to Shanghai-LMC
ISP2(config-if)#no shutdown
ISP2(config-if)#interface GigabitEthernet 0/0/0
ISP2(config-if)#ip address 217.9.5.2 255.255.255.252
ISP2(config-if)#description link to ISP1
ISP2(config-if)#no shutdown
ISP2(config-if)#interface GigabitEthernet 0/1/0
ISP2(config-if)#ip address 218.12.26.2 255.255.255.252
ISP2(config-if)#description link to ISP4
ISP2(config-if)#no shutdown
```

（3）在路由器 ISP3 上配置主机名、接口描述及 IP 地址

```
Router>enable
Router#configure terminal
Router(config)#hostname ISP3
ISP3(config)#no ip domain-lookup
ISP3(config)#interface GigabitEthernet 0/2/0
ISP3(config-if)#ip address 199.2.23.1 255.255.255.252
ISP3(config-if)#description link to Shenzhen-LZK
ISP3(config-if)#no shutdown
ISP3(config-if)#interface GigabitEthernet 0/0/0
ISP3(config-if)#ip address 220.7.9.2 255.255.255.252
ISP3(config-if)#description link to ISP1
```

```
ISP3(config-if)#no shutdown
ISP3(config-if)#interface GigabitEthernet 0/1/0
ISP3(config-if)#ip address 219.3.2.2 255.255.255.252
ISP3(config-if)#description link to ISP4
ISP3(config-if)#no shutdown
```

（4）在路由器 ISP4 上配置主机名、接口描述及 IP 地址

```
Router>enable
Router#configure terminal
Router(config)#hostname ISP4
ISP4(config)#no ip domain-lookup
ISP4(config)#interface GigabitEthernet 0/2/0
ISP4(config-if)#ip address 198.11.18.1 255.255.255.252
ISP4(config-if)#description link to Guangzhou-LXL
ISP4(config-if)#no shutdown
ISP4(config-if)#interface GigabitEthernet 0/0/0
ISP4(config-if)#ip address 218.12.26.1 255.255.255.252
ISP4(config-if)#description link to ISP2
ISP4(config-if)#no shutdown
ISP4(config-if)#interface GigabitEthernet 0/1/0
ISP4(config-if)#ip address 219.3.2.1 255.255.255.252
ISP4(config-if)#description link to ISP3
ISP4(config-if)#no shutdown
```

（5）在路由器 ISP1～ISP4 上查看接口信息

在路由器 ISP1～ISP4 上查看接口信息，确保路由器接口 IP 地址配置正确且都处于 up 状态。

```
ISP1#show ip interface brief | include          up                    up
GigabitEthernet0/0/0    217.9.5.1      YES manual up                  up
GigabitEthernet0/1/0    220.7.9.1      YES manual up                  up
GigabitEthernet0/2/0    197.8.1.1      YES manual up                  up

ISP2#show ip interface brief | include          up                    up
GigabitEthernet0/0/0    217.9.5.2      YES manual up                  up
GigabitEthernet0/1/0    218.12.26.2    YES manual up                  up
GigabitEthernet0/2/0    197.12.16.1    YES manual up                  up
```

```
ISP3#show ip interface brief | include                up                    up
GigabitEthernet0/0/0    220.7.9.2        YES manual up                      up
GigabitEthernet0/1/0    219.3.2.2        YES manual up                      up
GigabitEthernet0/2/0    199.2.23.1       YES manual up                      up

ISP4#show ip interface brief | include                up                    up
GigabitEthernet0/0/0    218.12.26.1      YES manual up                      up
GigabitEthernet0/1/0    219.3.2.1        YES manual up                      up
GigabitEthernet0/2/0    198.11.18.1      YES manual up                      up
```

7.8.2　任务二　ISP BGP 配置

（1）在路由器 ISP1 上配置 BGP

```
ISP1(config)#router bgp 65100
ISP1(config-router)#neighbor 217.9.5.2 remote-as 65200
ISP1(config-router)#neighbor 220.7.9.2 remote-as 65300
ISP1(config-router)#network 197.8.1.0 mask 255.255.255.252
ISP1(config-router)#network 217.9.5.0 mask 255.255.255.252
ISP1(config-router)#network 220.7.9.0 mask 255.255.255.252
```

（2）在路由器 ISP2 上配置 BGP

```
ISP2(config)#router bgp 65200
ISP2(config-router)#neighbor 217.9.5.1 remote-as 65100
ISP2(config-router)#neighbor 218.12.26.1 remote-as 65400
ISP2(config-router)#network 197.12.16.0 mask 255.255.255.252
ISP2(config-router)#network 217.9.5.0 mask 255.255.255.252
ISP2(config-router)#network 218.12.26.0 mask 255.255.255.252
```

（3）在路由器 ISP3 上配置 BGP

```
ISP3(config)#router bgp 65300
ISP3(config-router)#neighbor 219.3.2.1 remote-as 65400
I SP3(config-router)#neighbor 220.7.9.1 remote-as 65100
ISP3(config-router)#network 199.2.23.0 mask 255.255.255.252
ISP3(config-router)#network 219.3.2.0 mask 255.255.255.252
ISP3(config-router)#network 220.7.9.0 mask 255.255.255.252
```

（4）在路由器 ISP4 上配置 BGP

```
ISP4(config)#router bgp 65400
```

```
ISP4(config-router)#neighbor 218.12.26.2 remote-as 65200
ISP4(config-router)#neighbor 219.3.2.2 remote-as 65300
ISP4(config-router)#network 198.11.18.0 mask 255.255.255.252
ISP4(config-router)#network 218.12.26.0 mask 255.255.255.252
ISP4(config-router)#network 219.3.2.0 mask 255.255.255.252
```

（5）在路由器 ISP2 上查看 BGP 的状态信息

```
ISP2#show ip bgp summary
BGP router identifier 218.12.26.2, local AS number 65200
BGP table version is 18, main routing table version 6
17 network entries using 2244 bytes of memory
17 path entries using 884 bytes of memory
14/10 BGP path/bestpath attribute entries using 2208 bytes of memory
4 BGP AS-PATH entries using 96 bytes of memory
0 BGP route-map cache entries using 0 bytes of memory
0 BGP filter-list cache entries using 0 bytes of memory
Bitfield cache entries: current 1 (at peak 1) using 32 bytes of memory
BGP using 5464 total bytes of memory
BGP activity 8/0 prefixes, 17/0 paths, scan interval 60 secs

Neighbor V      AS MsgRcvd MsgSent   TblVer InQ OutQ Up/Down State/PfxRcd
217.9.5.1       4 65100     22        11          18    0     0 00:09:10    4
218.12.26.1     4 65400     22        10          18    0     0 00:08:35    4
```

由 BGP 路由状态信息可知，可通过执行命令 show ip bgp summary 查看 ISP2 两个邻居的路由汇总信息，通过输出信息我们可以发现 BGP 邻居状态、邻居地址、邻居 AS 号；同时我们还可以了解到 ISP2 的 Router-ID 和 BGP 版本信息以及所消耗内存的相关信息。

（6）在路由器 ISP4 上查看 BGP 转发表

```
ISP4#show ip bgp
BGP table version is 45, local router ID is 219.3.2.1
Status codes: s suppressed, d damped, h history, * valid, > best, i - internal,
              r RIB-failure, S Stale
Origin codes: i - IGP, e - EGP, ? - incomplete

   Network          Next Hop            Metric LocPrf Weight Path
*  197.8.1.0/30     218.12.26.2              0      0      0 65200 65100 i
*>                  219.3.2.2                0      0      0 65300 65100 i
```

```
*> 197.12.16.0/30     218.12.26.2     0     0     0 65200 i
*                     219.3.2.2       0     0     0 65300 65100 65200 i
*> 198.11.18.0/30     0.0.0.0         0     0        32768 i
*   199.2.23.0/30     218.12.26.2     0     0     0 65200 65100 65300 i
*>                    219.3.2.2       0     0     0 65300 i
*> 217.9.5.0/30       218.12.26.2     0     0     0 65200 i
*                     219.3.2.2       0     0     0 65300 65100 i
*> 218.12.26.0/30     0.0.0.0         0     0       32768 i
*                     218.12.26.2     0     0     0 65200 i
*                     219.3.2.2       0     0     0 65300 65100 65200 i
*> 219.3.2.0/30       0.0.0.0         0     0      32768 i
*                     218.12.26.      0     0     0 65200 65100 65300 i
*                     219.3.2.2       0     0     0 65300 i
*   220.7.9.0/30      218.12.26.2     0     0     0 65200 65100 i
*>                    219.3.2.2       0     0     0 65300 i
```

通过查看 BGP 转发表可以获知，当前路由器从邻居路由器那里获取的所有路由信息均在转发表中。

（7）在路由器 ISP4 上查看路由表

```
ISP4#show ip route | include B
Codes: L - local, C - connected, S - static, R - RIP, M - mobile, B - BGP
B          197.8.1.0/30 [20/0] via 218.12.26.2, 00:00:00
B          197.12.16.0/30 [20/0] via 218.12.26.2, 00:00:00
B          199.2.23.0/30 [20/0] via 219.3.2.2, 00:00:00
B          217.9.5.0/30 [20/0] via 218.12.26.2, 00:00:00
B          220.7.9.0/30 [20/0] via 219.3.2.2, 00:00:00
```

从以上输出可以发现，通过 BGP ISP4 学习到 5 条路由信息，BGP 的路由选择进程是，从 BGP 转发表中选出的前往每个网络的最佳路由。

7.8.3　任务三　边界路由器公网 IP 地址配置

（1）在北京总部路由器 Beijing-LQH 上查看 IPv4 接口地址

```
Beijing-LQH#show ip interface brief | exclude unassigned
Interface              IP-Address      OK? Method Status                Protocol
GigabitEthernet0/1/0    197.8.1.2       YES manual   up                  up
```

（2）在广州分部路由器 Guangzhou-LXL 上查看 IPv4 接口地址

```
Guangzhou-LXL#show ip interface brief | exclude unassigned
Interface              IP-Address      OK? Method Status                Protocol
GigabitEthernet0/1/0   198.11.18.2     YES manual  up                   up
```

（3）在上海分部路由器 Shanghai-LMC 上查看 IPv4 接口地址

```
Shanghai-LMC#show ip interface brief | exclude unassigned
Interface              IP-Address      OK? Method Status                Protocol
GigabitEthernet0/1/0   197.12.16.2     YES manual  up                   up
```

（4）在深圳分部路由器 Shenzhen-LZK 上查看 IPv4 接口地址

```
Shenzhen-LZK#show ip interface brief | exclude unassigned
Interface              IP-Address      OK? Method Status                Protocol
GigabitEthernet0/1/0   199.2.23.2      YES manual  up                   up
```

7.8.4 任务四 IPv4 静态默认路由配置

在路由器 Beijing-LQH、Shanghai-LMC、Shenzhen-LZK 和 Guangzhou-LXL 上配置静态默认路由。

```
Beijing-LQH(config)#ip route 0.0.0.0 0.0.0.0 197.8.1.1
Shanghai-LMC(config)#ip route 0.0.0.0 0.0.0.0 197.12.16.1
Shenzhen-LZK(config)#ip route 0.0.0.0 0.0.0.0 199.2.23.1
Guangzhou-LXL(config)#ip route 0.0.0.0 0.0.0.0 198.11.18.1
```

7.8.5 任务五 北京总部三层交换机 IPv6 地址配置

（1）在三层交换机 BJ-SW1 上配置主机名、VLAN、接口描述、链路本地地址及 IPv6 地址

```
Switch>enable
Switch#configure terminal
Switch(config)#hostname BJ-SW1
BJ-SW1(config)#ip routing
BJ-SW1(config)#ipv6 unicast-routing
BJ-SW1(config)#no ip domain-lookup
BJ-SW1(config)#vlan 10
BJ-SW1(config-vlan)#name BM1
```

```
BJ-SW1(config-vlan)#interface GigabitEthernet 1/0/1
BJ-SW1(config-if)#switchport mode access
BJ-SW1(config-if)#switchport access vlan 10
BJ-SW1(config-if)#description Link to BJ-PC10
BJ-SW1(config-if)#interface vlan 10
BJ-SW1(config-if)#ipv6 address 2018:12:27:a::/64
BJ-SW1(config-if)#ipv6 address fe80::1 link-local
BJ-SW1(config-if)#description link to BM1
BJ-SW1(config-if)#interface GigabitEthernet 1/0/2
BJ-SW1(config-if)#no switchport
BJ-SW1(config-if)#ipv6 address 2018:12:27:b::/64
BJ-SW1(config-if)#ipv6 address fe80::1 link-local
BJ-SW1(config-if)#description link to BJ-Server1
BJ-SW1(config-if)#interface GigabitEthernet 1/1/1
BJ-SW1(config-if)#no switchport
BJ-SW1(config-if)#ipv6 address 2018:12:27:ab::/127
BJ-SW1(config-if)#ipv6 address fe80::1 link-local
BJ-SW1(config-if)#description link to Beijing-LQH Router
BJ-SW1(config-if)#exit
BJ-SW1(config)#interface loopback 0
BJ-SW1(config-if)#ipv6 address A1::1/128
BJ-SW1(config-if)#description this is a admin-interface
```

（2）在三层交换机 BJ-SW2 上配置主机名、VLAN、接口描述、链路本地地址及 IPv6 地址

```
Switch>enable
Switch#configure terminal
Switch(config)#hostname BJ-SW2
BJ-SW2(config)#ip routing
BJ-SW2(config)#ipv6 unicast-routing
BJ-SW2(config)#no ip domain-lookup
BJ-SW2(config)#vlan 20
BJ-SW2(config-vlan)#name BM2
BJ-SW2(config-vlan)#interface GigabitEthernet 1/0/2
BJ-SW2(config-if)#switchport mode access
BJ-SW2(config-if)#switchport access vlan 20
BJ-SW2(config-if)#description Link to BJ-PC20
BJ-SW2(config-if)#interface vlan 20
```

```
BJ-SW2(config-if)#ipv6 address 2018:12:27:c::/64
BJ-SW2(config-if)#ipv6 address fe80::2 link-local
BJ-SW2(config-if)#description link to BM2
BJ-SW2(config-if)#interface GigabitEthernet 1/0/3
BJ-SW2(config-if)#no switchport
BJ-SW2(config-if)#ipv6 address 2018:12:27:d::/64
BJ-SW2(config-if)#ipv6 address fe80::2 link-local
BJ-SW2(config-if)#description link to BJ-Server2
BJ-SW2(config-if)#interface GigabitEthernet 1/0/1
BJ-SW2(config-if)#no switchport
BJ-SW2(config-if)#ipv6 address 2018:12:27:cd::/127
BJ-SW2(config-if)#ipv6 address fe80::2 link-local
BJ-SW2(config-if)#description link to Beijing-LQH Router
BJ-SW2(config-if)#exit
BJ-SW2(config)#interface loopback 0
BJ-SW2(config-if)#ipv6 address A1::2/128
BJ-SW2(config-if)#description this is a admin-interface.
```

（3）在三层交换机 BJ-SW3 上配置主机名、VLAN、接口描述、链路本地地址及 IPv6 地址

```
Switch>enable
Switch#configure terminal
Switch(config)#hostname BJ-SW3
BJ-SW3(config)#ip routing
BJ-SW3(config)#ipv6 unicast-routing
BJ-SW3(config)#no ip domain-lookup
BJ-SW3(config)#vlan 30
BJ-SW3(config-vlan)#name BM3
BJ-SW3(config-vlan)#interface GigabitEthernet 1/0/2
BJ-SW3(config-if)#switchport mode access
BJ-SW3(config-if)#switchport access vlan 30
BJ-SW3(config-if)#description Link to BJ-PC30
BJ-SW3(config-if)#interface vlan 30
BJ-SW3(config-if)#ipv6 address 2018:12:27:e::/64
BJ-SW3(config-if)#ipv6 address fe80::3 link-local
BJ-SW3(config-if)#description link to BM3
BJ-SW3(config-if)#interface GigabitEthernet 1/0/3
```

```
BJ-SW3(config-if)#no switchport
BJ-SW3(config-if)#ipv6 address 2018:12:27:f::/64
BJ-SW3(config-if)#ipv6 address fe80::3 link-local
BJ-SW3(config-if)#description link to BJ-Server3
BJ-SW3(config-if)#interface GigabitEthernet 1/0/1
BJ-SW3(config-if)#no switchport
BJ-SW3(config-if)#ipv6 address 2018:12:27:ef::/127
BJ-SW3(config-if)#ipv6 address fe80::3 link-local
BJ-SW3(config-if)#description link to Beijing-LQH Router
BJ-SW3(config-if)#exit
BJ-SW3(config)#interface loopback 0
BJ-SW3(config-if)#ipv6 address A1::3/128
BJ-SW3(config-if)#description this is a admin-interface
```

7.8.6 任务六 北京总部路由器 IPv6 地址配置

在路由器 Beijing-LQH 上配置主机名、链路本地地址及 IPv6 地址：

```
Router>enable
Router#configure terminal
Router(config)#hostname Beijing-LQH
Beijing-LQH(config)#ipv6 unicast-routing
Beijing-LQH(config)#no ip domain-lookup
Beijing-LQH(config)#interface GigabitEthernet 0/0/0
Beijing-LQH(config-if)#ipv6 address 2018:12:27:AB::1/127
Beijing-LQH(config-if)#ipv6 address fe80::4 link-local
Beijing-LQH(config-if)#description Link to BJ-SW1 switch
Beijing-LQH(config-if)#no shutdown
Beijing-LQH(config-if)#interface GigabitEthernet 0/0
Beijing-LQH(config-if)#ipv6 address 2018:12:27:cd::1/127
Beijing-LQH(config-if)#ipv6 address fe80::4 link-local
Beijing-LQH(config-if)#description Link to BJ-SW2 switch
Beijing-LQH(config-if)#no shutdown
Beijing-LQH(config-if)#interface GigabitEthernet 0/1
Beijing-LQH(config-if)#ipv6 address 2018:12:27:ef::1/127
Beijing-LQH(config-if)#ipv6 address fe80::4 link-local
Beijing-LQH(config-if)#description Link to BJ-SW3 switch
Beijing-LQH(config-if)#no shutdown
```

```
Beijing-LQH(config-if)#interface loopback 0
Beijing-LQH(config-if)#ipv6 address A1::4/128
Beijing-LQH(config-if)#description this is a admin-interface
```

7.8.7 任务七 广州分部三层交换机 IPv6 地址配置

（1）在三层交换机 GZH-SW1 上配置主机名、VLAN、接口描述、链路本地地址及 IPv6 地址

```
Switch>enable
Switch#configure terminal
Switch(config)#hostname GZH-SW1
GZH-SW1(config)#ip routing
GZH-SW1(config)#ipv6 unicast-routing
GZH-SW1(config)#no ip domain-lookup
GZH-SW1(config)#interface GigabitEthernet 1/0/1
GZH-SW1(config-if)#no switchport
GZH-SW1(config-if)#ipv6 address 2019:1:1:a::/64
GZH-SW1(config-if)#ipv6 address fe80::1 link-local
GZH-SW1(config-if)#description link to GZH-PC10
GZH-SW1(config-if)#interface GigabitEthernet 1/0/2
GZH-SW1(config-if)#no switchport
GZH-SW1(config-if)#ipv6 address 2019:1:1:B::/64
GZH-SW1(config-if)#ipv6 address fe80::1 link-local
GZH-SW1(config-if)#description link to GZH-Server1
GZH-SW1(config-if)#interface GigabitEthernet 1/1/1
GZH-SW1(config-if)#no switchport
GZH-SW1(config-if)#ipv6 address 2019:1:1:ab::/127
GZH-SW1(config-if)#ipv6 address fe80::1 link-local
GZH-SW1(config-if)#description link to Guangzhou-LXL router
GZH-SW1(config-if)#interface loopback 0
GZH-SW1(config-if)#ipv6 address b1::1/128
GZH-SW1(config-if)#description this is a admin-interface
```

（2）在三层交换机 GZH-SW2 上配置主机名、VLAN、接口描述、链路本地地址及 IPv6 地址

```
Switch>enable
Switch#configure terminal
Switch(config)#hostname GZH-SW2
```

```
GZH-SW2(config)#ip routing
GZH-SW2(config)#ipv6 unicast-routing
GZH-SW2(config)#no ip domain-lookup
GZH-SW2(config)#interface GigabitEthernet 1/0/2
GZH-SW2(config-if)#no switchport
GZH-SW2(config-if)#ipv6 address 2019:1:1:c::/64
GZH-SW2(config-if)#ipv6 address fe80::2 link-local
GZH-SW2(config-if)#description link to GZH-PC20
GZH-SW2(config-if)#interface GigabitEthernet 1/0/3
GZH-SW2(config-if)#no switchport
GZH-SW2(config-if)#ipv6 address 2019:1:1:d::/64
GZH-SW2(config-if)#ipv6 address fe80::2 link-local
GZH-SW2(config-if)#description link to GZH-Server2
GZH-SW2(config-if)#interface GigabitEthernet 1/0/1
GZH-SW2(config-if)#no switchport
GZH-SW2(config-if)#ipv6 address 2019:1:1:cd::/127
GZH-SW2(config-if)#ipv6 address fe80::2 link-local
GZH-SW2(config-if)#description link to Guangzhou-LXL router
GZH-SW2(config-if)#interface loopback 0
GZH-SW2(config-if)#ipv6 address b1::2/128
GZH-SW2(config-if)#description this is a admin-interface
```

（3）在三层交换机 GZH-SW3 上配置主机名、VLAN、接口描述、链路本地地址及 IPv6 地址

```
Switch>enable
Switch#configure terminal
Switch(config)#hostname GZH-SW3
GZH-SW3(config)#ip routing
GZH-SW3(config)#ipv6 unicast-routing
GZH-SW3(config)#no ip domain-lookup
GZH-SW3(config)#interface GigabitEthernet 1/0/2
GZH-SW3(config-if)#no switchport
GZH-SW3(config-if)#ipv6 address 2019:1:1:e::/64
GZH-SW3(config-if)#ipv6 address fe80::3 link-local
GZH-SW3(config-if)#description link to GZH-PC30
GZH-SW3(config-if)#interface GigabitEthernet 1/0/3
GZH-SW3(config-if)#no switchport
GZH-SW3(config-if)#ipv6 address 2019:1:1:f::/64
```

```
GZH-SW3(config-if)#ipv6 address fe80::3 link-local
GZH -SW3(config-if)#description link to GZH-Server3
GZH-SW3(config-if)#interface GigabitEthernet 1/0/1
GZH-SW3(config-if)#no switchport
GZH-SW3(config-if)#ipv6 address 2019:1:1:ef::/127
GZH-SW3(config-if)#ipv6 address fe80::3 link-local
GZH-SW3(config-if)#description link to Guangzhou-LXL router
GZH-SW3(config-if)#interface loopback 0
GZH-SW3(config-if)#ipv6 address b1::3/128
GZH-SW3(config-if)#description this is a admin-interface
```

7.8.8 任务八 广州分部路由器 IPv6 地址配置

在路由器 Guangzhou-LXL 上配置主机名、链路本地地址及 IPv6 地址：

```
Router>enable
Router#configure terminal
Router(config)#hostname Guangzhou-LXL
Guangzhou-LXL(config)#ipv6 unicast-routing
Guangzhou-LXL(config)#no ip domain-lookup
Guangzhou-LXL(config)#interface GigabitEthernet 0/0/0
Guangzhou-LXL(config-if)#ipv6 address 2019:1:1:ab::1/127
Guangzhou-LXL(config-if)#ipv6 address fe80::4 link-local
Guangzhou-LXL(config-if)#description link to GZH-SW1
Guangzhou-LXL(config-if)#no shutdown
Guangzhou-LXL(config-if)#interface GigabitEthernet 0/0
Guangzhou-LXL(config-if)#ipv6 address 2019:1:1:cd::1/127
Guangzhou-LXL(config-if)#ipv6 address fe80::4 link-local
Guangzhou-LXL(config-if)#description link to GZH-SW2
Guangzhou-LXL(config-if)#no shutdown
Guangzhou-LXL(config-if)#interface GigabitEthernet 0/1
Guangzhou-LXL(config-if)#ipv6 address 2019:1:1:ef::1/127
Guangzhou-LXL(config-if)#ipv6 address fe80::4 link-local
Guangzhou-LXL(config-if)#description link to GZH-SW3
Guangzhou-LXL(config-if)#no shutdown
```

```
Guangzhou-LXL(config-if)#interface loopback 0
Guangzhou-LXL(config-if)#ipv6 address b1::4/128
Guangzhou-LXL(config-if)#description this is a admin-interface
在三层交换机 BJ-SW1 上查看接口地址
BJ-SW1#show ipv6 interface brief
GigabitEthernet1/0/2          [up/up]
    FE80::1
    2018:12:27:B::
GigabitEthernet1/1/1          [up/up]
    FE80::1
    2018:12:27:AB::
Loopback0                     [up/up]
    FE80::260:2FFF:FE41:1134
    A1::1
Vlan10                        [up/up]
    FE80::1
    2018:12:27:A::
```

7.8.9 任务九 IPv6 静态默认路由配置

在三层交换机 BJ-SW1、BJ-SW2 及 BJ-SW3 上配置 IPv6 静态默认路由：

```
BJ-SW1(config)#ipv6 route ::/0   2018:12:27:ab::1
BJ-SW2(config)#ipv6 route ::/0   2018:12:27:cd::1
BJ-SW3(config)#ipv6 route ::/0   2018:12:27:ef::1
```

7.8.10 任务十 IPv6 静态路由配置

在路由器 Beijing-LQH 上配置 IPv6 静态路由：

```
Beijing-LQH(config)#ipv6 route 2018:12:27:C::/63 GigabitEthernet0/0 FE80::2
Beijing-LQH(config)#ipv6 route A1::1/128 GigabitEthernet0/0/0 FE80::1
Beijing-LQH(config)#ipv6 route A1::2/128 GigabitEthernet0/0 FE80::2
Beijing-LQH(config)#ipv6 route A1::3/128 GigabitEthernet0/1 FE80::3
Beijing-LQH(config)#ipv6 route 2018:12:27:E::/63 GigabitEthernet0/1 FE80::3
Beijing-LQH(config)#ipv6 route 2018:12:27:A::/63 Gig0/0/0 2018:12:27:AB::
```

7.8.11 任务十一 OSPFv3 配置

（1）在三层交换机 GZH-SW1 上配置 OSPFv3

```
GZH-SW1(config)#ipv6 router ospf 1
GZH-SW1(config-rtr)#router-id 1.1.1.1
GZH-SW1(config-rtr)#exit
GZH-SW1(config)#interface GigabitEthernet 1/0/1
GZH-SW1(config-if)#ipv6 ospf 1 area 0
GZH-SW1(config-if)#interface GigabitEthernet 1/0/2
GZH-SW1(config-if)#ipv6 ospf 1 area 0
GZH-SW1(config-if)#interface GigabitEthernet 1/1/1
GZH-SW1(config-if)#ipv6 ospf 1 area 0
GZH-SW1(config-if)#interface loopback 0
GZH-SW1(config-if)#ipv6 ospf 1 area 0
```

（2）在三层交换机 GZH-SW2 上配置 OSPFv3

```
GZH-SW2(config)#ipv6 router ospf 1
GZH-SW2(config-rtr)#router-id 2.2.2.2
GZH-SW2(config-rtr)#exit
GZH-SW2(config)#interface GigabitEthernet 1/0/1
GZH-SW2(config-if)#ipv6 ospf 1 area 0
GZH-SW2(config-if)#interface GigabitEthernet 1/0/2
GZH-SW2(config-if)#ipv6 ospf 1 area 0
GZH- SW2(config-if)#interface GigabitEthernet 1/0/3
GZH-SW2(config-if)#ipv6 ospf 1 area 0
GZH-SW2(config-if)#interface loopback 0
GZH-SW2(config-if)#ipv6 ospf 1 area 0
```

（3）在三层交换机 GZH-SW3 上配置 OSPFv3

```
GZH-SW3(config)#ipv6 router ospf 1
GZH-SW3(config-rtr)#router-id 3.3.3.3
GZH-SW3(config-rtr)#exit
GZH-SW3(config)#interface GigabitEthernet 1/0/1
GZH-SW3(config-if)#ipv6 ospf 1 area 0
GZH-SW3(config-if)#interface GigabitEthernet 1/0/2
GZH-SW3(config-if)#ipv6 ospf 1 area 0
```

```
GZH-SW3(config-if)#interface GigabitEthernet 1/0/3
GZH-SW3(config-if)#ipv6 ospf 1 area 0
GZH-SW3(config-if)#interface loopback 0
GZH-SW3(config-if)#ipv6 ospf 1 area 0
```

（4）在企业边界路由器 Guangzhou-LXL 上配置 OSPFv3

```
Guangzhou-LXL(config)#ipv6 router ospf 1
Guangzhou-LXL(config-rtr)#router-id 4.4.4.4
Guangzhou-LXL(config-rtr)#interface GigabitEthernet 0/0/0
Guangzhou-LXL(config-if)#ipv6 ospf 1 area 0
Guangzhou-LXL(config-if)#interface GigabitEthernet 0/0
Guangzhou-LXL(config-if)#ipv6 ospf 1 area 0
Guangzhou-LXL(config-if)#interface GigabitEthernet 0/1
Guangzhou-LXL(config-if)#ipv6 ospf 1 area 0
Guangzhou-LXL(config-if)#interface loopback 0
Guangzhou-LXL(config-if)#ipv6 ospf 1 area 0
```

（5）在企业边界路由器 Guangzhou-LXL 上查看邻居关系

```
Guangzhou-LXL#show ipv6 ospf neighbor

Neighbor ID     Pri   State          Dead Time    Interface ID    Interface
3.3.3.3           1   FULL/BDR       00:00:36          1          GigabitEthernet0/1
2.2.2.2           1   FULL/BDR       00:00:36          1          GigabitEthernet0/0
1.1.1.1           1   FULL/BDR       00:00:36         25          GigabitEthernet0/0/0
```

查看 Guangzhou 分部边界路由器上的邻居表，可以看出 Guangzhou 分部三个部门之间全部建立邻居关系。

（6）在企业边界路由器 Guangzhou-LXL 上查看路由表

```
Guangzhou-LXL#show ipv6 route ospf
IPv6 Routing Table - 29 entries
Codes: C - Connected, L - Local, S - Static, R - RIP, B - BGP
       U - Per-user Static route, M - MIPv6
       I1 - ISIS L1, I2 - ISIS L2, IA - ISIS interarea, IS - ISIS summary
       O - OSPF intra, OI - OSPF inter, OE1 - OSPF ext 1, OE2 - OSPF ext 2
       ON1 - OSPF NSSA ext 1, ON2 - OSPF NSSA ext 2
       D - EIGRP, EX - EIGRP external
```

```
O    B1::1/128 [110/1]
      via FE80::1, GigabitEthernet0/0/0
O    B1::2/128 [110/1]
      via FE80::2, GigabitEthernet0/0
O    B1::3/128 [110/1]
      via FE80::3, GigabitEthernet0/1
O    2019:1:1:A::/64 [110/2]
      via FE80::1, GigabitEthernet0/0/0
O    2019:1:1:B::/64 [110/2]
      via FE80::1, GigabitEthernet0/0/0
O    2019:1:1:C::/64 [110/2]
      via FE80::2, GigabitEthernet0/0
O    2019:1:1:D::/64 [110/2]
      via FE80::2, GigabitEthernet0/0
O    2019:1:1:E::/64 [110/2]
      via FE80::3, GigabitEthernet0/1
O    2019:1:1:F::/64 [110/2]
      via FE80::3, GigabitEthernet0/1
```

7.8.12 任务十二 IPv6 GRE VPN 配置

（1）在企业边界路由器 Beijing-LQH 上配置 Tunnel（隧道）

```
Beijing-LQH(config)#interface tunnel 1
Beijing-LQH(config-if)#tunnel mode ipv6ip
Beijing-LQH(config-if)#ipv6 address 1819:12::1/126
Beijing-LQH(config-if)#tunnel source g0/1/0
Beijing-LQH(config-if)#tunnel destination 198.11.18.2
```

（2）在企业边界路由器 Guangzhou-LXL 上配置 Tunnel（隧道）

```
Guangzhou-LXL(config)#interface tunnel 2
Guangzhou-LXL(config-if)#tunnel mode ipv6ip
Guangzhou-LXL(config-if)#ipv6 address 1819:12::2/126
Guangzhou-LXL(config-if)#tunnel source g0/1/0
Guangzhou-LXL(config-if)#tunnel destination 197.8.1.2
```

7.8.13　任务十三　EIGRP for IPv6 配置

（1）在企业边界路由器 Beijing-LQH 上配置 EIGRP For IPV6

```
Beijing-LQH(config)#ipv6 router eigrp 1122
Beijing-LQH(config-rtr)#no shutdown
Beijing-LQH(config-rtr)#eigrp router-id 5.5.5.5
Beijing-LQH(config-rtr)#interface tunnel 1
Beijing-LQH(config-if)#ipv6 eigrp 1122
```

（2）在企业边界路由器 Guangzhou-LXL 上配置 EIGRP For IPV6

```
Guangzhou-LXL(config)#ipv6 router eigrp 1122
Guangzhou-LXL(config-rtr)#no shutdown
Guangzhou-LXL(config-rtr)#eigrp router-id 4.4.4.4
Guangzhou-LXL(config-rtr)#interface tunnel 2
Guangzhou-LXL(config-if)#ipv6 eigrp 1122
```

（3）在企业边界路由器 Beijing-LQH 上查看邻居关系

```
Beijing-LQH#show ipv6 eigrp neighbors
IPv6-EIGRP neighbors for process 1122
H    Address                  Interface   Hold    Uptime     SRTT    RTO     Q    Seq
                                          (sec)              (ms)            Cnt  Num
0    Link-local address:        Tun1      12      00:21:48   40      1000    0    38
     FE80::2E0:8FFF:FE69:EC03
```

7.8.14　任务十四　IPv6 路由重分布配置

（1）在企业边界路由器 Beijing-LQH 上配置路由重分布

```
Beijing-LQH(config)#ipv6 router eigrp 1122
Beijing-LQH(config-rtr)#redistribute connected metric 1 2 3 4 5
Beijing-LQH(config-rtr)#redistribute static metric 1 2 3 4 5
```

（2）在企业边界路由器 Guangzhou-LXL 上配置路由重分布

```
Guangzhou-LXL(config)#ipv6 router eigrp 1122
Guangzhou-LXL(config-rtr)#redistribute connected metric 1 2 3 4 5
Guangzhou-LXL(config-rtr)#redistribute ospf 1 metric 1 2 3 4 5
```

（3）在企业边界路由器 Guangzhou-LXL 上查看路由表

```
Guangzhou-LXL#show ipv6 route
IPv6 Routin g Table - 29 entries
Codes: C - Connected, L - Local, S - Static, R - RIP, B - BGP
       U - Per-user Static route, M - MIPv6
       I1 - ISIS L1, I2 - ISIS L2, IA - ISIS interarea, IS - ISIS summary
       O - OSPF intra, OI - OSPF inter, OE1 - OSPF ext 1, OE2 - OSPF ext 2
       ON1 - OSPF NSSA ext 1, ON2 - OSPF NSSA ext 2
       D - EIGRP, EX - EIGRP external
EX  A1::1/128 [170/2561280512]
     via FE80::260:2FFF:FEDE:82C8, Tunnel2
EX  A1::2/128 [170/2561280512]
     via FE80::260:2FFF:FEDE:82C8, Tunnel2
EX  A1::3/128 [170/2561280512]
     via FE80::260:2FFF:FEDE:82C8, Tunnel2
EX  A1::4/128 [170/2561280512]
     via FE80::260:2FFF:FEDE:82C8, Tunnel2
O   B1::1/128 [110/1]
     via FE80::1, GigabitEthernet0/0/0
O   B1::2/128 [110/1]
     via FE80::2, GigabitEthernet0/0
O   B1::3/128 [110/1]
     via FE80::3, GigabitEthernet0/1
C   B1::4/128 [0/4294967295]
     via Loopback0, directly connected
C   1819:12::/126 [0/4294967295]
     via Tunnel2, directly connected
L   1819:12::2/128 [0/0]
     via Tunnel2, receive
EX  2018:12:27:A::/63 [170/2561280512]
     via FE80::260:2FFF:FEDE:82C8, Tunnel2
EX  2018:12:27:C::/63 [170/2561280512]
     via FE80::260:2FFF:FEDE:82C8, Tunnel2
EX  2018:12:2 7:E::/63 [170/2561280512]
     via FE80::260:2FFF:FEDE:82C8, Tunnel2
EX  2018:12:27:AB::/127 [170/2561280512]
     via FE80::260:2FFF:FEDE:82C8, Tunnel2
```

```
EX   2018:12:27:CD::/127 [170/2561280512]
      via FE80::260:2FFF:FEDE:82C8, Tunnel2
EX   2018:12:27:EF::/127 [170/2561280512]
      via FE80::260:2FFF:FEDE:82C8, Tunnel2
O    2019:1:1:A::/64 [110/2]
      via FE80::1, GigabitEthernet0/0/0
O    2019:1:1:B::/64 [110/2]
      via FE80::1, GigabitEthernet0/0/0
O    2019:1:1:C::/64 [110/2]
      via FE80::2, GigabitEthernet0/0
O    2019:1:1:D::/64 [110/2]
      via FE80::2, GigabitEthernet0/0
O    2019:1:1:E::/64 [110/2]
      via FE80::3, GigabitEthernet0/1
O    2019:1:1:F::/64 [110/2]
      via FE80::3, GigabitEthernet0/1
C    2019:1:1:AB::/127 [0/4294967295]
      via GigabitEthernet0/0/0, directly connected
L    2019:1:1:AB::1/128 [0/0]
      via GigabitEthernet0/0/0, receive
C    2019:1:1:CD::/127 [0/4294967295]
      via GigabitEthernet0/0, directly connected
L    2019:1:1:CD::1/128 [0/0]
      via GigabitEthernet0/0, receive
C    2019:1:1:EF::/127 [0/4294967295]
      via GigabitEthernet0/1, directly connected
L    2019:1:1:EF::1/128 [0/0]
      via GigabitEthernet0/1, receive
L    FF00::/8 [0/0]
      via Null0, receive
```

7.8.15　任务十五　远程登录配置

在三层交换机 BJ-SW2 上配置 Telnet 和 SSH：

```
BJ-SW2(config)#ip domain-name 17net2.ytvc
BJ-SW2(config)#username lx secret xl
BJ-SW2(config)#username lmc secret cml
```

```
BJ-SW2(config)#usernam hmr secret rhm
BJ-SW2(config)#usernam lth secret htl
BJ-SW2(config)#usernam lsq secret qsl
BJ-SW2(config)#line vty 0 3
BJ-SW2(config-line)#transport input all
BJ-SW2(config-line)#login local
BJ-SW2(config-line)#exit
BJ-SW2(config)#crypto key generate rsa
The name for the keys will be: BJ-SW2.17net2.ytvc
Choose the size of the key modulus in the range of 360 to 2048 for your
  General Purpose Keys. Choosing a key modulus greater than 512 may take
  a few minutes.

How many bits in the modulus [512]: 1024
% Generating 1024 bit RSA keys, keys will be non-exportable...[OK]
```

7.8.16 任务十六 TFTP 服务器配置

在服务器上配置 TFTP 服务。TFTP 服务器配置如图 7-2 所示。

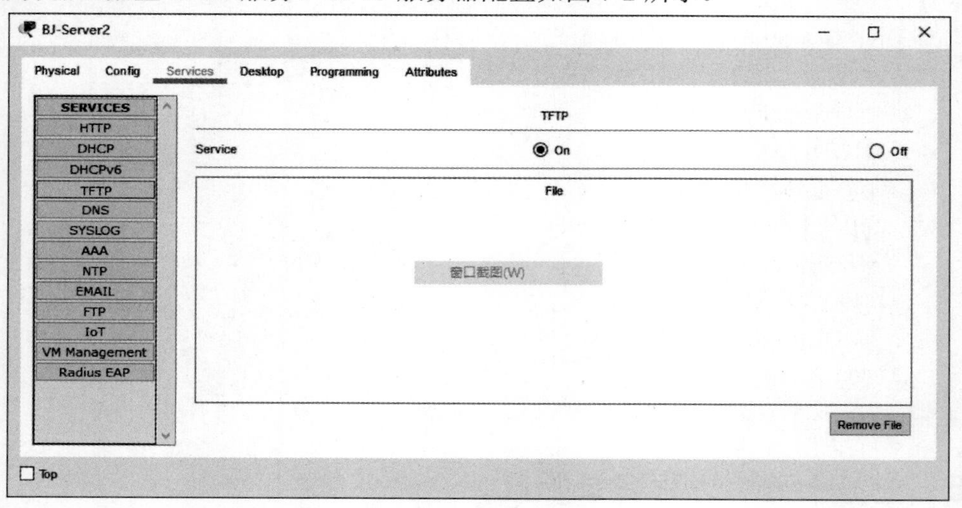

图 7-2 TFTP 服务器配置

7.8.17 任务十七 WEB 服务器配置

在服务器上配置 WEB 服务。WEB 服务器配置如图 7-3 所示。

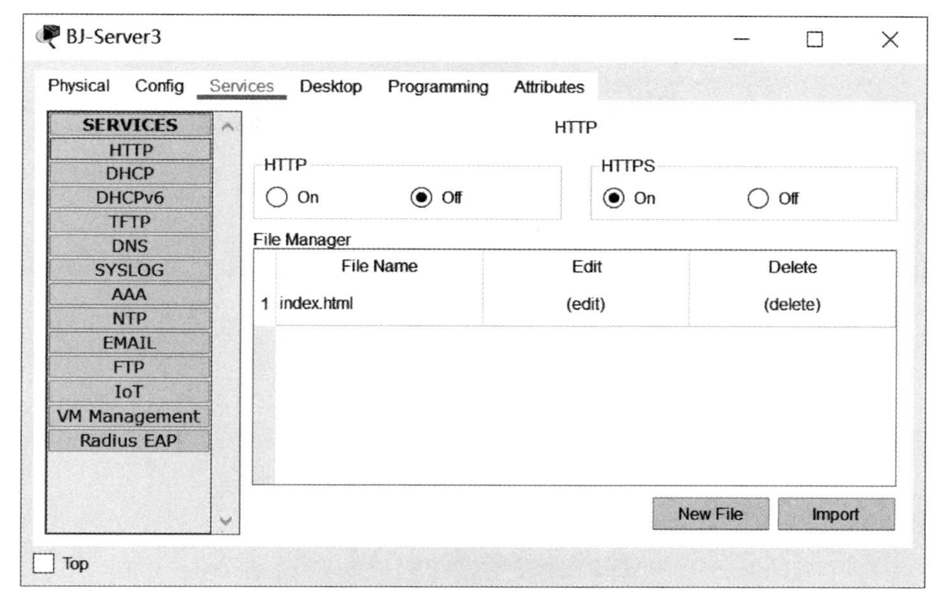

图 7-3　WEB 服务器配置

7.8.18　任务十八　DNS 服务器配置

在服务器上配置 DNS 服务。DNS 服务器配置如图 7-4 所示。

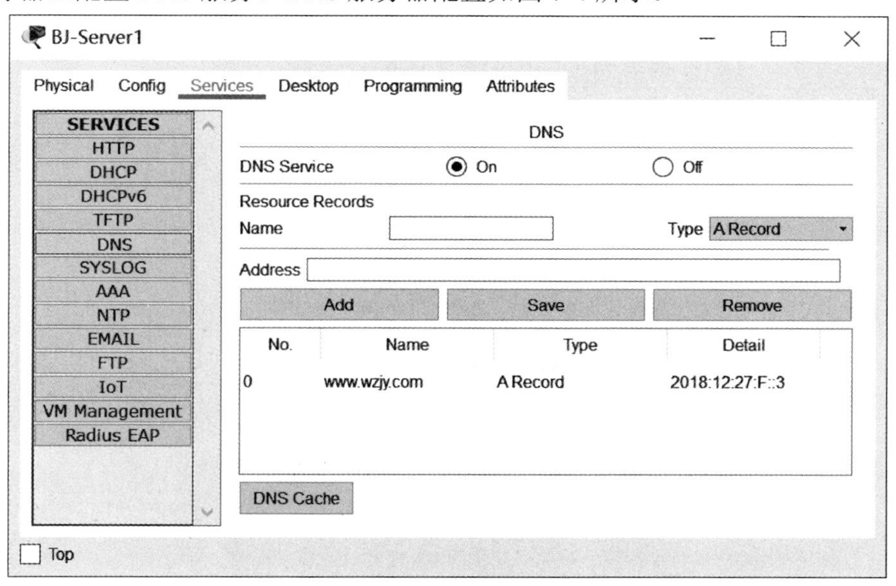

图 7-4　DNS 服务器配置

7.8.19 任务十九 IPv6 VTY 访问限制

在路由器 Beijing-LQH 上配置 VTY 访问限制功能：

```
Beijing-LQH(config)#ipv6 access-list deny-VTY
Beijing-LQH(config-ipv6-acl)#permit ipv6 host 2018:12:27:C::20 any
Beijing-LQH(config-ipv6-acl)#line vty 0 2
Beijing-LQH(config-line)#ipv6 access-class deny-VTY in
```

7.8.20 任务二十 IPv6 ACL 安全配置

在三层交换机 BJ-SW2 上配置 IPv6 ACL：

```
BJ-SW2(config)#ipv6 access-list deny-ICMP-Server
BJ-SW2(config-ipv6-acl)#deny icmp any host 2018:12:27:D::2
BJ-SW2(config-ipv6-acl)#permit ipv6 any any
BJ-SW2(config-ipv6-acl)#interface GigabitEthernet 1/0/3
BJ-SW2(config-if)#ipv6 traffic-filter deny-ICMP-Server out
```

7.9 功能测试

7.9.1 IPv6 连通性测试

Beijing 总部网络内部连通性测试，如图 7-5 所示。

Fire	Last Status	Source	Destination	Type	Color	Time(sec)	Periodic	Num	Edit
●	Successful	BJ-PC10	2018:12:27:C::20	ICMPv6		4.000	N	0	(edit)
●	Successful	BJ-PC10	2018:12:27:E::30	ICMPv6		4.000	N	1	(edit)
●	Successful	BJ-PC20	2018:12:27:E::30	ICMPv6		4.000	N	2	(edit)

图 7-5 Beijing 总部网络内部连通性测试

Guangzhou 分部网络内部连通性测试，如图 7-6 所示。

Fire	Last Status	Source	Destination	Type	Color	Time(sec)	Periodic	Num	Edit
●	Successful	GZH-Ser...	2019:1:1:D::2	ICMPv6		4.000	N	0	(edit)
●	Successful	GZH-Ser...	2019:1:1:F::3	ICMPv6		4.000	N	1	(edit)
●	Successful	GZH-Ser...	2019:1:1:F::3	ICMPv6		4.000	N	2	(edit)

图 7-6 Guangzhou 分部网络内部连通性测试

Beijing 总部与 Guangzhou 分部网络间连通性测试，如图 7-7 所示。

Fire	Last Status	Source	Destination	Type	Color	Time(sec	Periodic	Num	Edit
●	Successful	GZH-PC10	2018:12:27:A::10	ICMPv6		4.000	N	0	(edit)
●	Successful	GZH-PC20	2018:12:27:C::20	ICMPv6		4.000	N	1	(edit)
●	Successful	GZH-PC30	2018:12:27:E::30	ICMPv6		4.000	N	2	(edit)

图 7-7 Beijing 总部与 Guangzhou 分部网络间连通性测试

7.9.2　远程登录测试

在终端 BJ-PC10 上进行 Telnet 测试，如图 7-8 所示。

```
C:\>telnet B1::2
Trying B1::2 ...Open


User Access Verification

Username: lmcUsername:
Password:
GZH-SW2>enable
Password:
GZH-SW2#
```

图 7-8　在终端 BJ-PC10 上进行 Telnet 测试

在终端 GZH-PC20 上进行 SSH 测试，如图 7-9 所示。

```
C:\>ssh -l lth A1::2

Password:



BJ-SW2>enable
Password:
BJ-SW2#
```

图 7-9　在终端 GZH-PC20 上进行 SSH 测试

7.9.3　IPv4 连通性测试

IPv4 连通性测试，如图 7-10 所示。

Fire	Last Status	Source	Destination	Type	Color	Time(sec)	Periodic	Num	Edit
●	Successful	ISP1	ISP2	ICMP		0.000	N	0	(edit)
●	Successful	ISP1	ISP3	ICMP		0.000	N	1	(edit)
●	Successful	ISP1	ISP4	ICMP		0.000	N	2	(edit)

图 7-10　IPv4 连通性测试

7.9.4　文件备份测试

（1）在三层交换机 GZH-SW1 上备份配置文件

```
GZH-SW1#copy startup-config tftp
Address or name of remote host []? 2018:12:27:D::2
Destination filename [GZH-SW1-confg]?
```

```
Writing startup-config....!!
[OK - 2183 bytes]

2183 bytes copied in 3.029 secs (720 bytes/sec)
```

（2）在三层交换机 BJ-SW3 上备份 VLAN 配置

```
BJ-SW3#copy flash: tftp
Source filename []? vlan.dat
Address or name of remote host []? 2018:12:27:D::2
Destination filename [vlan.dat]? BJ-SW3-vlan.dat

Writing vlan.dat...!!
[OK - 616 bytes]

616 bytes copied in 0.013 secs (47384 bytes/sec)
```

在服务器 BJ-Server2 上查看 TFTP 备份文件信息，备份结果如图 7-11 所示。

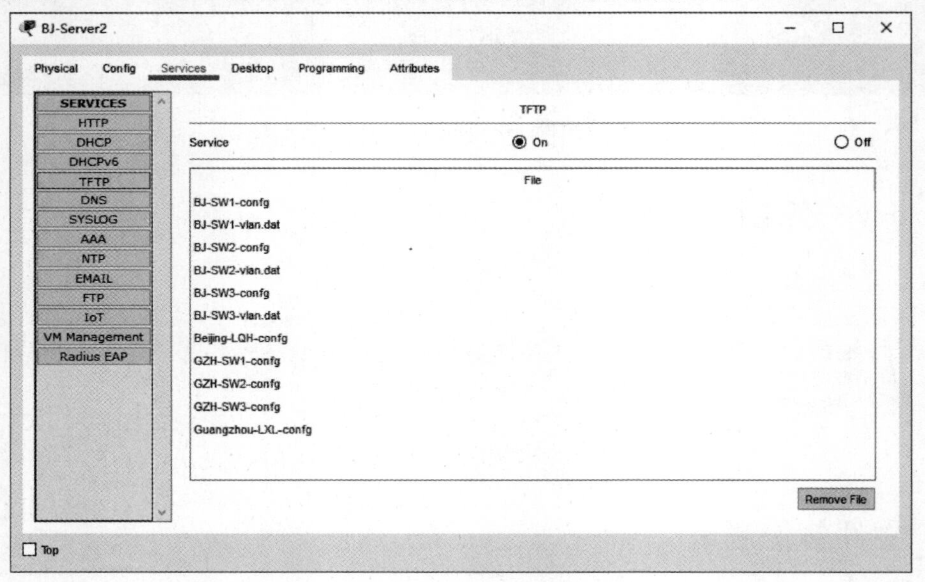

图 7-11　TFTP 备份结果

7.9.5　DNS 服务测试

在 GZH-PC10 上使用 nslookup 命令进行 DNS 解析测试：

```
C:\>nslookup www.fqhr.com 2018:12:27:B::1

Server: [2018:12:27:B::1]
Address:   2018:12:27:B::1

Non-authoritative answer:
Name:    www.fqhr.com
Address:    2018:12:27:F::3
```

7.9.6　WEB 服务测试

在 GZH-PC30 上使用域名访问 WEB 网站，WEB 访问测试如图 7-12。

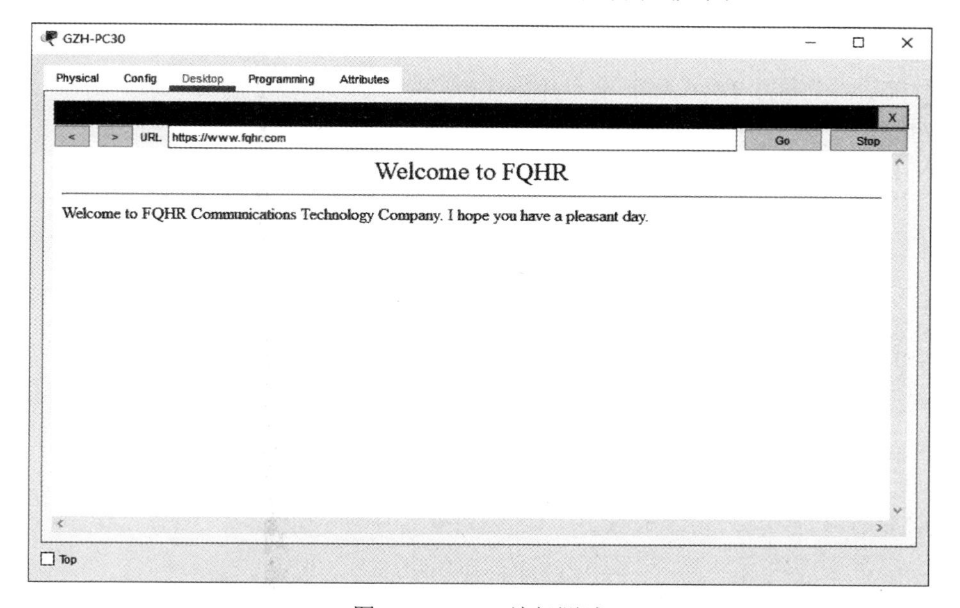

图 7-12　WEB 访问测试

7.9.7　IPv6 ACL 测试

（1）将 Beijing-LQH 的配置备份到 BJ-Server2 上

```
Beijing-LQH#copy running-config tftp
Address or name of remote host []? 2018:12:27:D::2
Destination filename [Beijing-LQH-confg]?
```

```
Writing running-config....!!
[OK - 1973 bytes]

1973 bytes copied in 3.001 secs (657 bytes/sec)
```

（2）在 Beiging-LQH 上 ping 服务器 BJ-Server2

```
Beijing-LQH#ping 2018:12:27:D::2

Type escape sequence to abort.
Sending 5, 100-byte ICMP Echos to 2018:12:27:D::2, timeout is 2 seconds:
AAAAA
Success rate is 0 percent (0/5)
```

因为是被 IPv6 ACL 所阻挡的 ping 包，所以反馈为 AAAAA。由上文可知，备份功能正常，ping 操作不成功，验证了 IPv6 ACL 安全策略生效。

7.9.8 VTP 限制测试

（1）在 BJ-PC10 上远程登录 Beijing-LQH

```
C:\>telnet A1::4
Trying A1::4 ...
% Connection refused by remote host
```

（2）在 BJ-PC20 上远程登录 Beijing-LQH

```
C:\>telnet A1::4
Trying A1::4 ...Open


User Access Verification

Password:
Beijing-LQH>
```

7.10 本章小结

本章案例的项目背景是 IPv6 网络的规划与部署。本章案例的特点是两个纯 IPv6 网络跨越运营商的纯IPv4网络，即IPv6 over IPv4实现相互通信。其中北京总部网络采用IPv6静态路由及IPv6静态默认路由实现网络互通，广州分部网络则采用OSPFv3实现网络互通；两个IPv6网络通过彼此连接到ISP的边界路由器建立Tunnel（隧道）和VPN实现互通。基于隧道，我们采用了EIGRP for IPv6连接两端的OSPFv3网络和IPv6静态路由网络，再通过OSPFv3与EIGRP for IPv6、EIGRP for IPv6与IPv6静态路由之间的路由重分布，实现两个纯IPv6网络的互连互通。由于IPv6接口多地址的特点，所以为便于管理接口，除配置IPv6全局地址外，对链路本地地址做了相应修改并对接口进行了描述。IPv6网络中的网络设备均配置了一个环回地址，远程管理采用SSH，以增强网络的安全性。同时进行了IPv6的ACL和VTY限制，以维护现有IPv6网络。通过学习本章案例，可使读者对IPv6的路由协议、ACL、基于IPv6的VPN等有更深入的理解，从而进一步提高其IPv6网络规划与实施能力。

第8章 >>>

改造高可用性网络

本章要点

- 项目背景
- 项目拓扑
- 项目需求
- 设备选型
- 技术选型
- 地址规划
- VLAN 规划
- 项目实施
- 功能测试
- 验收反馈
- 本章小结

本章案例以在 IPv4 网络的基础上部署 IPv6 网络为项目背景，使公司与合作伙伴间通过 VPN 实现互连互通。本章案例的特色是采用双协议栈，既可以采用 IPv4 又可以采用 IPv6 通信。本章案例中路由技术包括 IPv4 静态路由、IPv6 静态路由、BGP、OSPFv2、OSPFv3、IPv4 和 IPv6 默认路由传播以及 IPv6 静态路由重分布等相关内容；交换技术包括 VLAN、Trunk、HSRP、STP 以及 EtherChannel 等相关内容；网络安全及管理技术包括特权密码、SSH 以及端口安全等相关内容；网络服务包括 DNS、DHCP 以及 EMAIL 服务等相关内容；WAN 技术包括 NAT 以及 VPN 等相关内容。通过学习本章案例，可使读者对 IPv4 和 IPv6 网络的共存有更深层次的认识，加深其对 IPv6 技术的理解，使其更好地应用 IPv6 技术。

8.1　项目背景

YLZH 公司是一家提供互联网解决方案的网络公司。最近公司刚接手 KFY 公司的一个网络工程项目，要求在原有 IPv4 网络基础上部署 IPv6 网络，终端 PC 之间既可以采用 IPv4 又可以采用 IPv6 通信，所有网络设备都要支持双协议栈。KFY 公司总部设有服务器群，分部成立三个部门，总部与分部之间通过光纤互连，公司通过边界路由器 R1 接入 ISP。如果你是该工程的项目经理，KFY 公司要求你为其公司及其合作伙伴 FYSZ 公司搭建 VPN，便于公司间业务往来。为了更好地实施该项目，你让项目助理 YFF 先使用 Packet Tracer 模拟实施该工程项目，最后再由项目经理验收。

8.2　项目拓扑

项目拓扑，如图 8-1 所示。

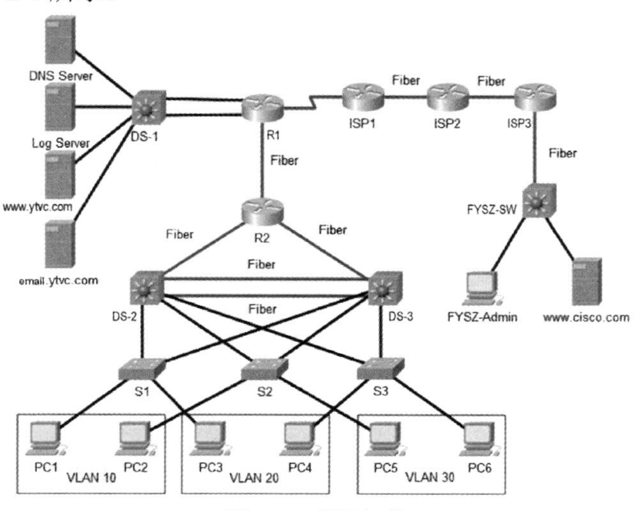

图 8-1　项目拓扑

8.3 项目需求

（1）设备命名及拓扑搭建

- 根据项目拓扑修改所有设备的名称；
- 根据项目拓扑完成设备连接；
- 配置各设备通过 SSH 登录，用户名为 ytvc，密码为 cytyff，登录后直接进入特权模式。

（2）VLAN 及 Trunk 配置

- 根据 VLAN 规划表，合理划分 VLAN，确保接口分配正确；
- 根据项目拓扑要求合理配置 Trunk，其封装模式均为 IEEE 802.1q；
- 查看 Trunk 链路信息，确保 Trunk 两端允许通过的 VLAN ID 一致且 Trunk 封装模式正确。

（3）IP 地址配置

- 根据地址规划表配置物理接口或子接口的 IP 地址；
- 根据地址规划表完成 SVI 地址配置；
- 确保路由器接口 IP 地址配置正确且都处于 up 状态；
- 根据地址规划表静态指定服务器网卡的 IP 地址。

（4）链路聚合配置

- 在三层交换机 DS-2 和 DS-3 上配置二层链路聚合，使用 LACP，DS-2 为主动模式，DS-3 为被动模式；
- 在 DS-1 和 R1 上配置三层链路聚合。

（5）STP 配置

- 采用 PVST；
- 三层交换机 DS-2 是 VLAN 10 和 VLAN 20 的主根，VLAN 30 和 VLAN 100 的备根；
- 三层交换机 DS-3 是 VLAN 30 和 VLAN 100 的主根，VLAN 10 和 VLAN 20 的备根。

（6）HSRP 配置

- 在三层交换机 DS-2 和 DS-3 上配置 HSRP，实现主机网关冗余，HSRP 参数表如表 8-1 所示；
- 三层交换机 DS-2 和 DS-3 各 HSRP 组中高优先级设置为 105，低优先级为默认值；

- DS-2 和 DS-3 均设置为抢占模式；
- 检测上行链路，如出现故障，可自行切换。

表 8-1 HSRP 参数表

VLAN	HSRP 组号	HSRP 虚拟 IP 地址
VLAN 10	10	10.0.1.254
VLAN 20	20	10.0.2.254
VLAN 30	30	10.0.3.254
VLAN 100	100	10.0.4.254

（7）端口安全配置

- 在二层交换机 S1、S2、S3 接入终端设备的端口开启端口安全；
- 允许接入最多主机数为 1，并对违规的端口进行限制。

（8）静态路由配置

- 在路由器 R1 上配置去往 ISP 的静态默认路由。

（9）OSPFv2 配置

- 在三层设备 R1、R2、DS-1、DS-2 和 DS-3 上配置 OSPFv2，Router ID 为环回接口地址；
- 宣告内网路由；
- 业务网段中不允许出现协议报文；
- 在路由器 R1 上传播默认路由和重分布静态路由。

（10）PPP 配置

- Serial 接口使用 PPP 封装，使用 CHAP 双向认证；
- 用户名为对端主机名，密码为 cisco。

（11）NAT 配置

- 在路由器 R1 上配置 NAPT 功能，使内网地址可以转换为公网地址访问公网。

（12）BGP 配置

- 在设备 ISP1、ISP2、ISP3 和 FYSZ-SW 上配置 BGP；
- 设备 ISP1、ISP2、ISP3 以及 FYSZ-SW 的 AS 号分别为 100、101、102 和 103；
- 宣告各自网段。

（13）IPv6 地址配置

- 根据地址规划表，给相应设备配置 IPv6 地址。

（14）OSPFv3 配置

- 在三层设备 R1、R2、DS-1、DS-2、DS-3 上配置 OSPFv3，Router ID 为环回接口地址；
- 宣告内网路由；
- 将静态路由重分布到 OSPFv3 中。

（15）配置 IPv6 Tunnel（隧道）

- 在设备 R1 和 FYSZ-SW 之间配置 Tunnel（隧道）；
- 隧道间使用 IPv6 静态路由。

（16）服务配置

- 在三层交换机 DS-2、DS-3 上配置 DHCP 服务，DS-2 为 VLAN 10 和 VLAN 20 分配 IP 地址，DS-3 为 VLAN 30 分配 IP 地址；
- 配置 EMAIL Server（email.ytvc.com），对内网提供邮件服务，账号间可以互发邮件；
- 配置 www.ytvc.com 和 www.cisco.com 服务器，对内网提供 WEB 服务，使用 HTTPS；
- 配置 DNS Server，对内网提供地址解析服务，将 www.ytvc.com、ytvc.com 和 www.cisco.com 解析为 IPv4 和 IPv6 地址；
- 配置 Log Server，对内网设备的日志进行存储；
- 配置 TFTP 服务器，将 Log Server 同时配置为 TFTP 服务器，将内网中所有设备配置文件及 IOS 备份到该服务器上。

8.4 设备选型

表 8-2 为设备选型表。

表 8-2 设备选型表

设备类型	设备数量	扩展模块	对应设备名称
C2960-24TT Switch	3 台	——	S1、S2、S3
C3650-24PS Switch	4 台	GLC-LH-SMD	DS-1、DS-2、DS-3、FYSZ-SW
Cisco 2911 Router	5 台	HWIC-1GE-SFP GLC-LH-SMD HWIC-2T	R1、R2、ISP1、ISP2、ISP3

8.5　技术选型

表 8-3 为技术选型表。

表 8-3　技术选型表

涉及技术	具体内容
路由技术	IPv4 直连路由、IPv6 直连路由、IPv4 静态路由、IPv6 静态路由、BGP、OSPFv2、OSPFv3、IPv4 默认路由传播、IPv6 静态路由重分布
交换技术	VLAN、Trunk、HSRP、STP、EtherChannel、SVI
安全管理	enable 密码、SSH、端口安全
服务配置	WEB、DNS、DHCP、EMAIL、Log
WAN 技术	PPP、NAT、VPN

8.6　地址规划

8.6.1　交换设备地址规划表

表 8-4 为交换设备地址规划表。

表 8-4　交换设备地址规划表

<table>
<tr><th>设备名称</th><th>接　口</th><th>VLAN 名称</th><th>地址规划</th><th>描　述</th></tr>
<tr><td>S1</td><td>VLAN 100</td><td>Manage</td><td>10.0.4.1/24</td><td>——</td></tr>
<tr><td>S2</td><td>VLAN 100</td><td>Manage</td><td>10.0.4.2/24</td><td>——</td></tr>
<tr><td>S3</td><td>VLAN 100</td><td>Manage</td><td>10.0.4.3/24</td><td>——</td></tr>
<tr><td rowspan="3">FYSZ-SW</td><td>Gig1/1/1</td><td>——</td><td>198.1.18.2/30</td><td>Link to ISP3 Gig0/0/0</td></tr>
<tr><td>VLAN 10</td><td>Server</td><td>2001:198:1:18::1/64</td><td>——</td></tr>
<tr><td>Tunnel 0</td><td>——</td><td>2001:1::2/64</td><td>Link to R1 Tunnel 0</td></tr>
<tr><td rowspan="5">DS-1</td><td rowspan="2">Port-channel1</td><td rowspan="2">——</td><td>10.0.0.14/30</td><td rowspan="2">Link to R1 Port-channel1</td></tr>
<tr><td>2001:10:0:D::2/64</td></tr>
<tr><td>Loopback0</td><td>——</td><td>219.7.27.2/32</td><td>——</td></tr>
<tr><td rowspan="2">VLAN 10</td><td rowspan="2">Server</td><td>10.1.0.254/24</td><td rowspan="2">——</td></tr>
<tr><td>2001:10:1::1/64</td></tr>
<tr><td>DS-2</td><td>Gig1/1/1</td><td>——</td><td>10.0.0.6/30</td><td>Link to R2 Gig0/0/0</td></tr>
</table>

续表

设备名称	接　口	VLAN 名称	地址规划	描　述
DS-2			2001:10:0:B::2/64	
	Loopback0	——	219.7.27.12/32	——
	VLAN 10	BM1	10.0.1.252/24	——
			2001:10:0:1::1/64	
	VLAN 20	BM2	10.0.2.252/24	——
			2001:10:0:2::1/64	
	VLAN 30	BM3	10.0.3.252/24	——
	VLAN 100	Manage	10.0.4.252/24	——
DS-3	Gig1/1/1	——	10.0.0.10/30	Link to R2 Gig0/1/0
			2001:10:0:C::2/64	
	Loopback0	——	219.7.27.13/32	——
	VLAN 10	BM1	10.0.1.253/24	——
	VLAN 20	BM2	10.0.2.253/24	——
	VLAN 30	BM3	10.0.3.253/24	——
			2001:10:0:3::1/64	
	VLAN 100	Manage	10.0.4.253/24	——
			2001:10:0:4::1/64	

8.6.2 路由设备地址规划表

表 8-5 为路由设备地址规划表。

表 8-5　路由设备地址规划表

设备名称	接　口	VLAN 名称	地址规划	描　述
R1	Port-channel1	——	10.0.0.13/30	Link to DS-1 Port-channel1
			2001:10:0:D::1/64	
	Gig0/1/0	——	10.0.0.1/30	Link to R2 Gig0/2/0
			2001:10:0:A::1/64	
	Se0/0/0	——	197.4.16.1/30	Link to ISP1 Se0/2/0
	Loopback0	——	219.7.27.1/32	——
	Tunnel 0	——	2001:1::1/64	Link to FYSZ-SW Tunnel 0
R2	Gig0/2/0	——	10.0.0.2/30	Link to R1 Gig0/1/0
			2001:10:0:A::2/64	
	Gig0/0/0	——	10.0.0.5/30	Link to DS-2 Gig1/1/1

续表

设备名称	接　口	VLAN 名称	地址规划	描　述
R2			2001:10:0:B::1/64	
	Gig0/1/0	——	10.0.0.9/30	Link to DS-3 Gig1/1/1
			2001:10:0:C::1/64	
	Loopback0	——	219.7.27.11/32	——

8.6.3　ISP 设备地址规划表

表 8-6 为 ISP 设备地址规划表。

表 8-6　ISP 设备地址规划表

设备名称	接　口	VLAN 名称	地址规划	描　述
ISP1	Gig0/1/0	——	200.10.14.1/30	Link to ISP2 Gig0/0/0
	Se0/2/0	——	197.4.16.2/30	Link to R1 Se0/0/0
ISP2	Gig0/0/0	——	200.10.14.2/30	Link to ISP1 Gig0/1/0
	Gig0/1/0	——	197.12.16.1/30	Link to ISP3 Gig0/1/0
ISP3	Gig0/0/0	——	198.1.18.1/30	Link to FYSZ-SW Gig1/1/1
	Gig0/1/0	——	197.12.16.2/30	Link to ISP2 Gig0/1/0

8.6.4　终端地址规划表

表 8-7 为终端地址规划表。

表 8-7　终端地址规划表

设备名称	接　口	VLAN 名称	地址规划	描　述
PC1	NIC	——	DHCP	——
			2001:10:0:1::10/64	
PC2	NIC	——	DHCP	——
			2001:10:0:1::11/64	
PC3	NIC	——	DHCP	——
			2001:10:0:2::10/64	
PC4	NIC	——	DHCP	——
			2001:10:0:2::11/64	
PC5	NIC	——	DHCP	——

续表

设备名称	接口	VLAN 名称	地址规划	描述
PC5	NIC	——	2001:10:0:3::10/64	
PC6	NIC	——	DHCP 2001:10:0:3::11/64	——
email.ytvc.com	NIC	——	10.1.0.1/24 2001:10:1::11/64	——
www.ytvc.com	NIC	——	10.1.0.2/24 2001:10:1::12/64	——
DNS Server	NIC	——	10.1.0.3/24 2001:10:1::13/64	——
Log Server	NIC	——	10.1.0.4/24 2001:10:1::14/64	——
www.cisco.com	NIC	——	2001:198:1:18::2/64	——
FYSZ-Admin	NIC	——	2001:198:1:18::3/64	——

8.7 VLAN 规划

表 8-8 为 YLZH 公司 VLAN 规划表。

表 8-8 YLZH 公司 VLAN 规划表

设备名	VLAN ID	VLAN 名称	接口分配	备注
S1	10	BM1	Fa0/1～Fa0/5	——
	20	BM2	Fa0/6～Fa0/10	——
	30	BM3	Fa0/11～Fa0/15	——
	100	Manage	——	管理 VLAN
S2	10	BM1	Fa0/1～Fa0/5	——
	20	BM2	Fa0/6～Fa0/10	——
	30	BM3	Fa0/11～Fa0/15	——
	100	Manage	——	管理 VLAN
S3	10	BM1	Fa0/1～Fa0/5	——
	20	BM2	Fa0/6～Fa0/10	——
	30	BM3	Fa0/11～Fa0/15	——
	100	Manage	——	管理 VLAN
FYSZ-SW	10	Server	Gig1/1/1, Gig1/0/1～Gig1/0/20	——

续表

设备名	VLAN ID	VLAN 名称	接口分配	备注
DS-1	10	Server	Gig1/0/11～Gig1/0/20	——
DS-2	10	BM1	——	——
	20	BM2	——	——
	30	BM3	——	——
	100	Manage	——	管理 VLAN
DS-3	10	BM1	——	——
	20	BM2	——	——
	30	BM3	——	——
	100	Manage	——	管理 VLAN

8.8　项目实施

8.8.1　任务一　二层交换机基础配置

（1）在二层交换机 S1 上配置主机名、VLAN、Trunk、管理 IP 地址及网关

```
Switch>enable
Switch#configure terminal
Switch(config)#hostname S1
S1(config)#vlan 10
S1(config-vlan)#name BM1
S1(config-vlan)#vlan 20
S1(config-vlan)#name BM2
S1(config-vlan)#vlan 30
S1(config-vlan)#name BM3
S1(config-vlan)#vlan 100
S1(config-vlan)#name Manage
S1(config-vlan)#interface range FastEthernet 0/1-5
S1(config-if-range)#switchport mode access
S1(config-if-range)#switchport access vlan 10
S1(config-if-range)#interface range FastEthernet 0/6-10
S1(config-if-range)#switchport mode access
```

```
S1(config-if-range)#switchport access vlan 20
S1(config-if-range)#interface range FastEthernet 0/11-15
S1(config-if-range)#switchport mode access
S1(config-if-range)#switchport access vlan 30
S1(config-if-range)#interface range GigabitEthernet 0/1-2
S1(config-if-range)#switchport mode trunk
S1(config-if-range)#interface vlan 100
S1(config-if)#ip address 10.0.4.1 255.255.255.0
S1(config-if)#exit
S1(config)#ip default-gateway 10.0.4.254
```

（2）在二层交换机 S2 上配置主机名、VLAN、Trunk、管理 IP 地址及网关

```
Switch>enable
Switch#configure terminal
Switch(config)#hostname S2
S2(config)#vlan 10
S2(config-vlan)#name BM1
S2(config-vlan)#vlan 20
S2(config-vlan)#name BM2
S2(config-vlan)#vlan 30
S2(config-vlan)#name BM3
S2(config-vlan)#vlan 100
S2(config-vlan)#name Manage
S2(config-vlan)#interface range FastEthernet 0/1-5
S2(config-if-range)#switchport mode access
S2(config-if-range)#switchport access vlan 10
S2(config-if-range)#interface range FastEthernet 0/6-10
S2(config-if-range)#switchport mode access
S2(config-if-range)#switchport access vlan 20
S2(config-if-range)#interface range FastEthernet 0/11-15
S2(config-if-range)#switchport mode access
S2(config-if-range)#switchport access vlan 30
S2(config-if-range)#interface range GigabitEthernet 0/1-2
S2(config-if-range)#switchport mode trunk
S2(config-if-range)#interface vlan 100
S2(config-if)#ip address 10.0.4.2 255.255.255.0
S2(config-if)#ip default-gateway 10.0.4.254
```

（3）在二层交换机 S2 上查看 VLAN 的划分情况

```
S2#show vlan brief

VLAN Name                             Status    Ports
---- -------------------------------- --------- -------------------------------
1    default                          active    Fa0/16, Fa0/17, Fa0/18, Fa0/19
                                                Fa0/20, Fa0/21, Fa0/22, Fa0/23
                                                Fa0/24
10   BM1                              active    Fa0/1, Fa0/2, Fa0/3, Fa0/4
                                                Fa0/5
20   BM2                              active    Fa0/6, Fa0/7, Fa0/8, Fa0/9
                                                Fa0/10
30   BM3                              active    Fa0/11, Fa0/12, Fa0/13, Fa0/14
                                                Fa0/15
100  Manage                           active
1002 fddi-default                     active
1003 token-ring-default               active
1004 fddinet-default                  active
1005 trnet-default                    active
```

（4）在二层交换机 S3 上配置主机名、VLAN、Trunk、管理 IP 地址及网关

```
Switch>enable
Switch#configure terminal
Switch(config)#hostname S3
S3(config)#vlan 10
S3(config-vlan)#name BM1
S3(config-vlan)#vlan 20
S3(config-vlan)#name BM2
S3(config-vlan)#vlan 30
S3(config-vlan)#name BM3
S3(config-vlan)#vlan 100
S3(config-vlan)#name Manage
S3(config-vlan)#interface range FastEthernet 0/1-5
S3(config-if-range)#switchport mode access
S3(config-if-range)#switchport access vlan 10
S3(config-if-range)#interface range FastEthernet 0/6-10
```

```
S3(config-if-range)#switchport mode access
S3(config-if-range)#switchport access vlan 20
S3(config-if-range)#interface range FastEthernet 0/11-15
S3(config-if-range)#switchport mode access
S3(config-if-range)#switchport access vlan 30
S3(config-if-range)#interface range GigabitEthernet 0/1-2
S3(config-if-range)#switchport mode trunk
S3(config-if-range)#interface vlan 100
S3(config-if)#ip address 10.0.4.3 255.255.255.0
S3(config-if)#ip default-gateway 10.0.4.254
```

8.8.2 任务二 三层交换机基础配置

（1）在三层交换机 DS-1 上配置主机名、VLAN、IP 地址及 SVI 地址

```
Switch>enable
Switch#configure terminal
Switch(config)#hostname DS-1
DS-1(config)#ip routing
DS-1(config)#vlan 10
DS-1(config-vlan)#name Server
DS-1(config-vlan)#interface range GigabitEthernet 1/0/11-20
DS-1 (config-if-range)#switchport mode access
DS-1(config-if-range)#switchport access vlan 10
DS-1(config-if-range)#interface Loopback 0
DS-1(config-if)#ip address 219.7.27.2 255.255.255.255
DS-1(config-if)#interface vlan 10
DS-1(config-if)#ip address 10.1.0.254 255.255.255.0
```

（2）在三层交换机 DS-2 上配置主机名、VLAN、Trunk、IP 地址及 SVI 地址

```
Switch>enable
Switch#configure terminal
Switch(config)#hostname DS-2
DS-2(config)#ip routing
DS-2(config)#vlan 10
DS-2(config-vlan)#name BM1
DS-2(config-vlan)#vlan 20
```

```
DS-2(config-vlan)#name BM2
DS-2(config-vlan)#vlan 30
DS-2(config-vlan)#name BM3
DS-2(config-vlan)#vlan 100
DS-2(config-vlan)#name Manage
DS-2(config-vlan)#interface range GigabitEthernet 1/0/1-3
DS-2(config-if-range)#switchport trunk encapsulation dot1q
DS-2(config-if-range)#switchport mode trunk
DS-2(config-if-range)#interface Loopback 0
DS-2(config-if)#ip address 219.7.27.12 255.255.255.255
DS-2(config-if)#interface GigabitEthernet 1/1/1
DS-2(config-if)#no switchport
DS-2(config-if)#ip address 10.0.0.6 255.255.255.252
DS-2(config-if)#interface vlan 10
DS-2(config-if)#ip address 10.0.1.252 255.255.255.0
DS-2(config-if)#interface vlan 20
DS-2(config-if)#ip address 10.0.2.252 255.255.255.0
DS-2(config-if)#interface vlan 30
DS-2(config-if)#ip address 10.0.3.252 255.255.255.0
DS-2(config-if)#interface vlan 100
DS-2(config-if)#ip address 10.0.4.252 255.255.255.0
```

（3）在三层交换机 DS-3 上配置主机名、VLAN、IP 地址及 SVI 地址

```
Switch>enable
Switch#configure terminal
Switch(config)#hostname DS-3
DS-3(config)#ip routing
DS-3(config)#vlan 10
DS-3(config-vlan)#name BM1
DS-3(config-vlan)#vlan 20
DS-3(config-vlan)#name BM2
DS-3(config-vlan)#vlan 30
DS-3(config-vlan)#name BM3
DS-3(config-vlan)#vlan 100
DS-3(config-vlan)#name Manage
DS-3(config-vlan)#interface range GigabitEthernet 1/0/1-3
DS-3(config-if-range)#switchport trunk encapsulation dot1q
```

```
DS-3(config-if-range)#switchport mode trunk
DS-3(config-if-range)#interface Loopback 0
DS-3(config-if)#ip address 219.7.27.13 255.255.255.255
DS-3(config-if)#interface GigabitEthernet 1/1/1
DS-3(config-if)#no switchport
DS-3(config-if)#ip address 10.0.0.10 255.255.255.252
DS-3(config-if)#interface vlan 10
DS-3(config-if)#ip address 10.0.1.253 255.255.255.0
DS-3(config-if)#interface vlan 20
DS-3(config-if)#ip address 10.0.2.253 255.255.255.0
DS-3(config-if)#interface vlan 30
DS-3(config-if)#ip address 10.0.3.253 255.255.255.0
DS-3(config-if)#interface vlan 100
DS-3(config-if)#ip address 10.0.4.253 255.255.255.0
```

（4）在三层交换机 FYSZ-SW 上配置主机名及 IP 地址并进行 VLAN 划分

```
Switch>enable
Switch#configure terminal
Switch(config)#hostname FYSZ-SW
FYSZ-SW(config)#vlan 10
FYSZ-SW(config-vlan)#name Server2
FYSZ-SW(config-vlan)#interface GigabitEthernet 1/1/1
FYSZ-SW(config-if)#no switchport
FYSZ-SW(config-if)#ip address 198.1.18.2 255.255.255.252
FYSZ-SW(config-if)#interface range GigabitEthernet 1/0/1-20
FYSZ-SW(config-if-range)#switchport mode access
FYSZ-SW(config-if-range)#switchport access vlan 10
```

8.8.3 任务三　路由器基础配置

（1）在路由器 R1 上配置主机名及 IP 地址

```
Router>enable
Router#configure terminal
Router(config)#hostname R1
R1(config)#interface GigabitEthernet 0/1/0
R1(config-if)#ip address 10.0.0.1 255.255.255.252
```

```
R1(config-if)#no shutdown
R1(config-if)#interface Serial 0/0/0
R1(config-if)#ip address 197.4.16.1 255.255.255.252
R1(config-if)#no shutdown
R1(config-if)#interface Loopback 0
R1(config-if)#ip address 219.7.27.1 255.255.255.255
```

（2）在路由器 R2 上配置主机名及 IP 地址

```
Router>enable
Router#configure terminal
Router(config)#hostname R2
R2(config)#interface GigabitEthernet 0/2/0
R2(config-if)#ip address 10.0.0.2 255.255.255.252
R2(config-if)#no shutdown
R2(config-if)#interface GigabitEthernet 0/0/0
R2(config-if)#ip address 10.0.0.5 255.255.255.252
R2(config-if)#no shutdown
R2(config-if)#interface GigabitEthernet 0/1/0
R2(config-if)#ip address 10.0.0.9 255.255.255.252
R2(config-if)#no shutdown
R2(config-if)#interface Loopback 0
R2(config-if)#ip address 219.7.27.11 255.255.255.255
```

（3）在路由器 ISP1 上配置主机名及 IP 地址

```
Router>enable
Router#configure terminal
Router(config)#hostname ISP1
ISP1(config)#interface GigabitEthernet 0/1/0
ISP1(config-if)#ip address 200.10.14.1 255.255.255.252
ISP1(config-if)#no shutdown
ISP1(config)#interface Serial 0/2/0
ISP1(config-if)#ip address 197.4.16.2 255.255.255.252
ISP1(config-if)#no shutdown
```

（4）在路由器 ISP2 上配置主机名及 IP 地址

```
Router>enable
```

```
Router#configure terminal
Router(config)#hostname ISP2
ISP2(config)#interface GigabitEthernet 0/0/0
ISP2(config-if)#ip address 200.10.14.2 255.255.255.252
ISP2(config-if)#no shutdown
ISP2(config-if)#interface GigabitEthernet 0/1/0
ISP2(config-if)#ip address 197.12.16.1 255.255.255.252
ISP2(config-if)#no shutdown
```

（5）在路由器 ISP3 上配置主机名及 IP 地址

```
Router>enable
Router#configure terminal
Router(config)#hostname ISP3
ISP3(config)#interface GigabitEthernet 0/0/0
ISP3(config-if)#ip address 198.1.18.1 255.255.255.252
ISP3(config-if)#no shutdown
ISP3(config-if)#interface GigabitEthernet 0/1/0
ISP3(config-if)#ip address 197.12.16.2 255.255.255.252
ISP3(config-if)#no shutdown
```

（6）在路由器 R1 上查看 IP 地址信息

```
R1#show ip interface brief | include                          up              up
Port-channel1            10.0.0.13        YES manual     up              up
GigabitEthernet0/0       unassigned       YES unset      up              up
GigabitEthernet0/1       unassigned       YES unset      up              up
GigabitEthernet0/1/0     10.0.0.1         YES manual     up              up
Serial0/0/0              197.4.16.1       YES manual     up              up
Loopback0                219.7.27.1       YES manual     up              up
Tunnel0                  unassigned       YES unset      up              up
```

8.8.4 任务四 交换机链路聚合配置

（1）在三层交换机 DS-2 上配置链路聚合

```
DS-2(config)#interface range GigabitEthernet 1/1/2-3
DS-2(config-if-range)#channel-group 1 mode active
DS-2(config-if-range)#exit
```

```
DS-2(config)#interface port-channel 1
DS-2(config-if)#switchport trunk encapsulation dot1q
DS-2(config-if)#switchport mode trunk
```

（2）在三层交换机 DS-3 上配置链路聚合

```
DS-3(config)#interface range GigabitEthernet 1/1/2-3
DS-3(config-if-range)#channel-group 1 mode passive
DS-3(config-if-range)#interface port-channel 1
DS-3(config-if)#switchport trunk encapsulation dot1q
DS-3(config-if)#switchport mode trunk
```

（3）在三层交换机 DS-1 上配置链路聚合

```
DS-1(config)#interface range GigabitEthernet 1/0/1-2
DS-1(config-if-range)#no switchport
DS-1(config-if-range)#channel-group 1 mode on
DS-1(config)#interface Port-channel1
DS-1(config-if)#ip address 10.0.0.14 255.255.255.252
```

8.8.5　任务五　路由器链路聚合配置

（1）在路由器 R1 上配置链路聚合

```
R1(config)#interface range GigabitEthernet 0/0-1
R1(config-if-range)#channel-group 1
R1(config-if-range)#no shutdown
R1(config-if-range)#interface port-channel 1
R1(config-if)#ip address 10.0.0.13 255.255.255.252
```

（2）在三层交换机 DS-2 上查看链路聚合状态

```
DS-2#show etherchannel summary
Flags:     D – down        P - in port-channel
           I - stand-alone s - suspended
           H - Hot-standby (LACP only)
           R - Layer3          S - Layer2
           U - in use          f - failed to allocate aggregator
           u - unsuitable for bundling
```

```
              w - waiting to be aggregated
              d - default port


Number of channel-groups in use: 1
Number of aggregators:           1

Group  Port-channel  Protocol    Ports
------+-------------+-----------+----------------------------------------------

1      Po1(SU)           LACP      Gig1/1/2(I) Gig1/1/3(P)
```

8.8.6 任务六 PVST 配置

（1）在三层交换机 DS-2 上配置 PVST

```
DS-2(config)#spanning-tree mode pvst
DS-2(config)#spanning-tree vlan 10,20 priority 4096
DS-2(config)#spanning-tree vlan 30,100 priority 8192
```

（2）在三层交换机 DS-3 上配置 PVST

```
DS-3(config)#spanning-tree mode pvst
DS-3(config)#spanning-tree vlan 10,20 priority 8192
DS-3(config)#spanning-tree vlan 30,100 priority 4096
```

（3）在二层交换机 S2 上查看 VLAN 10 的 STP 信息

```
S2#show spanning-tree vlan 10
VLAN0010
  Spanning tree enabled protocol ieee
  Root ID    Priority    4106
             Address     0050.0F7B.EBA3
             Cost        4
             Port        25(GigabitEthernet0/1)
             Hello Time  2 sec  Max Age 20 sec  Forward Delay 15 sec
```

```
  Bridge ID     Priority     32778   (priority 32768 sys-id-ext 10)
                Address      00E0.8F59.A958
                Hello Time   2 sec   Max Age 20 sec   Forward Delay 15 sec
                Aging Time   20

Interface        Role Sts Cost        Prio.Nbr Type
---------------- ---- --- --------- -------- --------------------------------
Fa0/1            Desg FWD 19          128.1     P2p
Gi0/1            Root FWD 4           128.25    P2p
Gi0/2            Altn BLK 4           128.26    P2p
```

（4）在二层交换机 S2 上查看 VLAN 30 的 STP 信息

```
S2#show spanning-tree vlan 30
VLAN0030
  Spanning tree enabled protocol ieee
  Root ID       Priority     4126
                Address      000D.BD97.A0BB
                Cost         4
                Port         26(GigabitEthernet0/2)
                Hello Time   2 sec   Max Age 20 sec   Forward Delay 15 sec

  Bridge ID     Priority     32798   (priority 32768 sys-id-ext 30)
                Address      00E0.8F59.A958
                Hello Time   2 sec   Max Age 20 sec   Forward Delay 15 sec
                Aging Time   20

Interface        Role Sts Cost        Prio.Nbr Type
---------------- ---- --- --------- -------- --------------------------------
Fa0/11           Desg FWD 19          128.11    P2p
Gi0/1            Altn BLK 4           128.25    P2p
Gi0/2            Root FWD 4           128.26    P2p
```

因为交换机 S2 与交换机 DS-2 和 DS-3 相连，交换机 DS-2 为 VLAN 10 的主根，交换机 DS-3 为 VLAN 30 的主根，所以在交换机 S2 上看到 VLAN 10 实例中 Gig0/2 接口为堵塞状态，VLAN 30 实例中 Gig0/1 接口为堵塞状态。

8.8.7 任务七 HSRP 配置

（1）在三层交换机 DS-2 上配置 HSRP

```
DS-2(config)#interface vlan 10
DS-2(config-if)#standby 10 ip 10.0.1.254
DS-2(config-if)#standby 10 priority 105
DS-2(config-if)#standby 10 preempt
DS-2(config-if)#standby 10 track GigabitEthernet 1/1/1
DS-2(config-if)#interface vlan 20
DS-2(config-if)#standby 20 ip 10.0.2.254
DS-2(config-if)#standby 20 priority 105
DS-2(config-if)#standby 20 preempt
DS-2(config-if)#standby 20 track GigabitEthernet 1/1/1
DS-2(config-if)#interface vlan 30
DS-2(config-if)#standby 30 ip 10.0.3.254
DS-2(config-if)#standby 30 preempt
DS-2(config-if)#interface vlan 100
DS-2(config-if)#standby 40 ip 10.0.4.254
DS-2(config-if)#standby 40 preempt
```

（2）在三层交换机 DS-3 上配置 HSRP

```
DS-3(config)#interface vlan 10
DS-3(config-if)#standby 10 ip 10.0.1.254
DS-3(config-if)#standby 10 preempt
DS-3(config-if)#interface vlan 20
DS-3(config-if)#standby 20 ip 10.0.2.254
DS-3(config-if)#standby 20 preempt
DS-3(config-if)#interface vlan 30
DS-3(config-if)#standby 30 ip 10.0.3.254
DS-3(config-if)#standby 30 preempt
DS-3(config-if)#standby 30 priority 105
DS-3(config-if)#standby 30 track GigabitEthernet 1/1/1
DS-3(config-if)#interface vlan 100
DS-3(config-if)#standby 40 ip 10.0.4.254
DS-3(config-if)#standby 40 preempt
```

```
DS-3(config-if)#standby 40 priority 105
DS-3(config-if)#standby 40 track GigabitEthernet 1/1/1
```

（3）在三层交换机 DS-2 上查看 HSRP 的详细信息

```
DS-2#show standby brief
                     P indicates configured to preempt.
                     |
Interface   Grp   Pri P State     Active      Standby     Virtual IP
Vl10        10    105 P Active    local       10.0.1.253  10.0.1.254
Vl20        20    105 P Active    local       10.0.2.253  10.0.2.254
Vl30        30    100 P Standby   10.0.3.253  local       10.0.3.254
Vl100       40    100 P Standby   10.0.4.253  local       10.0.4.254
```

（4）将 DS-2 的上行链路端口关闭，查看设备 HSRP 状态

```
DS-2(config)#interface GigabitEthernet 1/1/1
DS-2(config-if)#shutdown
DS-2#show standby brief
                     P indicates configured to preempt.
                     |
Interface   Grp   Pri P State     Active      Standby     Virtual IP
Vl10        10     95 P Standby   10.0.1.253  local       10.0.1.254
Vl20        20     95 P Standby   10.0.2.253  local       10.0.2.254
Vl30        30    100 P Standby   10.0.3.253  local       10.0.3.254
Vl100       40    100 P Standby   10.0.4.253  local       10.0.4.254
```

通过查看端口关闭后的 HSRP 状态可知，DS-2 的优先级相比之前减少 10，变成 95，状态则由 Active 变成 Standby。

8.8.8　任务八　端口安全配置

（1）在二层交换机 S1 上配置端口安全功能

```
S1(config)#interface range FastEthernet0/1-15
S1(config-if-range)#switchport mode access
S1(config-if-range)#switchport port-security
S1(config-if-range)#switchport port-security maximum 1
S1(config-if-range)#switchport port-security mac-address sticky
```

```
S1(config-if-range)#switchport port-security violation restrict
```

（2）在二层交换机 S2 上配置端口安全功能

```
S2(config)#interface range FastEthernet0/1-15
S2(config-if-range)#switchport mode access
S2(config-if-range)#switchport port-security
S2(config-if-range)#switchport port-security maximum 1
S2(config-if-range)#switchport port-security mac-address sticky
S2(config-if-range)#switchport port-security violation restrict
```

（3）在二层交换机 S3 上配置端口安全功能

```
S3(config)#interface range FastEthernet0/1-15
S3(config-if-range)#switchport mode access
S3(config-if-range)#switchport port-security
S3(config-if-range)#switchport port-security maximum 1
S3(config-if-range)#switchport port-security mac-address sticky
S3(config-if-range)#switchport port-security violation restrict
```

（4）在二层交换机 S2 上查看端口安全详细信息

```
S1#show port-security interface FastEthernet 0/1
Port Security                  : Enabled
Port Status                    : Secure-up
Violation Mode                 : Restrict
Aging Time                     : 0 mins
Aging Typ                      : Absolute
SecureStatic Address Aging     : Disabled
Maximum MAC Addresses          : 1
Total MAC Addresses            : 1
Configured MAC Addresses       : 0
Sticky MAC Addresses           : 1
Last Source Address:Vlan       : 0060.701E.E132:10
Security Violation Count       : 0
```

8.8.9 任务九 默认路由配置

在路由器 R1 上配置 IPv4 静态默认路由：

```
R1(config)#ip route 0.0.0.0 0.0.0.0 Serial 0/0/0
```

8.8.10　任务十　OSPFv2 配置

（1）在三层交换机 DS-1 上配置 OSPFv2

```
DS-1(config)#router ospf 10
DS-1(config-router)#router-id 219.7.27.2
DS-1(config-router)#network 10.0.0.14 0.0.0.0 area 0
DS-1(config-router)#network 219.7.27.2 0.0.0.0 area 0
DS-1(config-router)#network 10.1.0.0 0.0.0.255 area 0
```

（2）在三层交换机 DS-2 上配置 OSPFv2

```
DS-2(config)#router ospf 10
DS-2(config-router)#router-id 219.7.27.12
DS-2(config-router)#network 10.0.0.6 0.0.0.0 area 0
DS-2(config-router)#network 219.7.27.12 0.0.0.0 area 0
DS-2(config-router)#network 10.0.1.0 0.0.0.255 area 0
DS-2(config-router)#network 10.0.2.0 0.0.0.255 area 0
DS-2(config-router)#network 10.0.3.0 0.0.0.255 area 0
DS-2(config-router)#network 10.0.4.0 0.0.0.255 area 0
```

（3）在三层交换机 DS-3 上配置 OSPFv2

```
DS-3(config)#router ospf 10
DS-3(config-router)#router-id 219.7.27.13
DS-3(config-router)#network 10.0.0.10 0.0.0.0 area 0
DS-3(config-router)#network 219.7.27.13 0.0.0.0 area 0
DS-3(config-router)#network 10.0.1.0 0.0.0.255 area 0
DS-3(config-router)#network 10.0.2.0 0.0.0.255 area 0
DS-3(config-router)#network 10.0.3.0 0.0.0.255 area 0
DS-3(config-router)#network 10.0.4.0 0.0.0.255 area 0
```

（4）在路由器 R1 上配置 OSPFv2

```
R1(config)#router ospf 10
R1(config-router)#router-id 219.7.27.1
R1(config-router)#network 219.7.27.1 0.0.0.0 area 0
```

```
R1(config-router)#network 10.0.0.13 0.0.0.0 area 0
R1(config-router)#network 10.0.0.1 0.0.0.0 area 0
```

（5）在路由器 R2 上配置 OSPFv2

```
R2(config)#router ospf 10
R2(config-router)#router-id 219.7.27.11
R2(config-router)#network 10.0.0.2 0.0.0.0 area 0
R2(config-router)#network 10.0.0.5 0.0.0.0 area 0
R2(config-router)#network 10.0.0.9 0.0.0.0 area 0
R2(config-router)#network 219.7.27.11 0.0.0.0 area 0
```

（6）在路由器 R1 上查看路由表

```
R1#show ip route | begin Gateway
Gateway of last resort is 0.0.0.0 to network 0.0.0.0

      10.0.0.0/8 is variably subnetted, 10 subnets, 3 masks
C        10.0.0.0/30 is directly connected, GigabitEthernet0/1/0
L        10.0.0.1/32 is directly connected, GigabitEthernet0/1/0
O        10.0.0.8/30 [110/2] via 10.0.0.2, 01:00:36, GigabitEthernet0/1/0
C        10.0.0.12/30 is directly connected, Port-channel1
L        10.0.0.13/32 is directly connected, Port-channel1
O        10.0.1.0/24 [110/3] via 10.0.0.2, 00:01:31, GigabitEthernet0/1/0
O        10.0.2.0/24 [110/3] via 10.0.0.2, 00:01:31, GigabitEthernet0/1/0
O        10.0.3.0/24 [110/3] via 10.0.0.2, 00:01:31, GigabitEthernet0/1/0
O        10.0.4.0/24 [110/3] via 10.0.0.2, 00:32:04, GigabitEthernet0/1/0
O        10.1.0.0/24 [110/2] via 10.0.0.14, 01:00:01, Port-channel1
      197.4.16.0/24 is variably subnetted, 3 subnets, 2 masks
C        197.4.16.0/30 is directly connected, Serial0/0/0
L        197.4.16.1/32 is directly connected, Serial0/0/0
C        197.4.16.2/32 is directly connected, Serial0/0/0
      219.7.27.0/32 is subnetted, 5 subnets
C        219.7.27.1/32 is directly connected, Loopback0
O        219.7.27.2/32 [110/2] via 10.0.0.14, 01:00:01, Port-channel1
O        219.7.27.11/32 [110/2] via 10.0.0.2, 01:00:36, GigabitEthernet0/1/0
O        219.7.27.12/32 [110/4] via 10.0.0.2, 00:01:31, GigabitEthernet0/1/0
O        219.7.27.13/32 [110/3] via 10.0.0.2, 01:00:36, GigabitEthernet0/1/0
S*    0.0.0.0/0 is directly connected, Serial0/0/0
```

8.8.11　任务十一　被动接口配置

（1）在三层交换机 DS-1 上配置被动接口

```
DS-1(config)#router ospf 10
DS-1(config-router)#passive-interface vlan 10
```

（2）在三层交换机 DS-2 上配置被动接口

```
DS-2(config)#router ospf 10
DS-2(config-router)#passive-interface vlan 10
DS-2(config-router)#passive-interface vlan 20
DS-2(config-router)#passive-interface vlan 30
```

（3）在三层交换机 DS-3 上配置被动接口

```
DS-3(config)#router ospf 10
DS-3(config-router)#passive-interface vlan 10
DS-3(config-router)#passive-interface vlan 20
DS-3(config-router)#passive-interface vlan 30
```

8.8.12　任务十二　默认路由传播

在路由器 R1 上传播默认路由：

```
R1(config)#router ospf 10
R1(config-router)#default-information originate
```

8.8.13　任务十三　CHAP 认证配置

（1）在路由器 R1 上配置 PPP，开启 CHAP 认证

```
R1(config)#username ISP1 password cisco
R1(config)#interface Serial 0/0/0
R1(config-if)#encapsulation ppp
R1(config-if)#ppp authentication chap
```

（2）在路由器 ISP1 上配置 PPP，开启 CHAP 认证

```
ISP1(config)#username R1 password cisco
ISP1(config)#interface Serial 0/2/0
ISP1(config-if)#encapsulation ppp
ISP1(config-if)#ppp authentication chap
```

8.8.14 任务十四 NAT 配置

（1）在路由器 R1 上配置 NAT 功能

```
R1(config)#ip access-list standard nat
R1(config-std-nacl)#permit 10.0.0.0 0.0.0.255
R1(config-std-nacl)#permit 10.1.0.0 0.0.0.255
R1(config-std-nacl)#permit 10.0.1.0 0.0.0.255
R1(config-std-nacl)#permit 10.0.2.0 0.0.0.255
R1(config-std-nacl)#permit 10.0.3.0 0.0.0.255
R1(config-std-nacl)#permit 10.0.4.0 0.0.0.255
R1(config-std-nacl)#exit
R1(config)#ip nat inside source list nat interface S0/0/0 overload
R1(config)#interface port-channel 1
R1(config-if)#ip nat inside
R1(config-if)#interface GigabitEthernet 0/1/0
R1(config-if)#ip nat inside
R1(config-if)#interface Serial 0/0/0
R1(config-if)#ip nat outside
```

（2）在路由器 R1 上查看 NAT 转换表

```
R1#show ip nat translations
Pro   Inside global        Inside local      Outside local       Outside global
icmp  197.4.16.1:1024      10.1.0.3:1        198.1.18.2:1        198.1.18.2:1024
icmp  197.4.16.1:1025      10.1.0.1:1        198.1.18.2:1        198.1.18.2:1025
icmp  197.4.16.1:1         10.1.0.4:1        198.1.18.2:1        198.1.18.2:1
icmp  197.4.16.1:36        10.0.3.1:36       198.1.18.2:36       198.1.18.2: 36
icmp  197.4.16.1:37        10.0.3.1:37       198.1.18.2:37       198.1.18.2:37
```

8.8.15 任务十五 BGP 配置

（1）在路由器 ISP1 上配置 BGP

```
ISP1(config)#router bgp 100
ISP1(config-router)#neighbor 200.10.14.2 remote-as 101
ISP1(config-router)#network 200.10.14.0 mask 255.255.255.252
ISP1(config-router)#network 197.4.16.0 mask 255.255.255.252
```

（2）在路由器 ISP2 上配置 BGP

```
ISP2(config)#router bgp 101
ISP2(config-router)#neighbor 200.10.14.1 remote-as 100
ISP2(config-router)#neighbor 197.12.16.2 remote-as 102
ISP2(config-router)#network 200.10.14.0 mask 255.255.255.252
ISP2(config-router)#network 197.12.16.0 mask 255.255.255.252
```

（3）在路由器 ISP3 上配置 BGP

```
ISP3(config)#router bgp 102
ISP3(config-router)#neighbor 197.12.16.1 remote-as 101
ISP3(config-router)#neighbor 198.1.18.2 remote-as 103
ISP3(config-router)#network 198.1.18.0 mask 255.255.255.252
ISP3(config-router)#network 197.12.16.0 mask 255.255.255.252
```

（4）在三层交换机 FYSZ-SW 上配置 BGP

```
FYSZ-SW(config)#router bgp 103
FYSZ-SW(config-router)#neighbor 198.1.18.1 remote-as 102
FYSZ-SW(config-router)#network 198.1.18.0 mask 255.255.255.252
```

（5）在路由器 ISP2 上查看 BGP 详细信息

```
ISP2#show ip bgp summary
BGP router identifier 200.10.14.2, local AS number 101
BGP table version is 7, main routing table version 6
6 network entries using 792 bytes of memory
6 path entries using 312 bytes of memory
```

```
4/2 BGP path/bestpath attribute entries using 552 bytes of memory
3 BGP AS-PATH entries using 72 bytes of memory
0 BGP route-map cache entries using 0 bytes of memory
0 BGP filter-list cache entries using 0 bytes of memory
Bitfield cache entries: current 1 (at peak 1) using 32 bytes of memory
BGP using 1760 total bytes of memory
BGP activity 4/0 prefixes, 6/0 paths, scan interval 60 secs

Neighbor        V    AS    MsgRcvd    MsgSent    TblVer  InQ  OutQ Up/Down   State/PfxRcd
200.10.14.1     4    100   68         65         7       0    0 01:03:48     4
197.12.16.2     4    102   70         65         7       0    0 01:03:48     4
```

（6）在 ISP2 上查看 BGP 表

```
ISP2#show ip bgp
BGP table version is 7, local router ID is 200.10.14.2
Status codes: s suppressed, d damped, h history, * valid, > best, i - internal,
              r RIB-failure, S Stale
Origin codes: i - IGP, e - EGP, ? - incomplete

   Network            Next Hop          Metric  LocPrf    Weight Path
*> 197.4.16.0/30      200.10.14.1       0       0         0 100 i
*> 197.12.16.0/30     0.0.0.0           0       0         32768 i
*                     197.12.16.2       0       0         0 102 i
*> 198.1.18.0/3       197.12.16.2       0       0         0 102 i
*> 200.10.14.0/30     0.0.0.0           0       0         32768 i
*                     200.10.14.1       0       0         0 100 i
```

（7）在三层交换机 FYSZ-SW 上查看路由表

```
FYSZ-SW#show ip route | begin Gateway
Gateway of last resort is not set

     197.4.16.0/30 is subnetted, 1 subnets
B        197.4.16.0 [20/0] via 198.1.18.1, 00:00:00
     197.12.16.0/30 is subnetted, 1 subnets
B        197.12.16.0 [20/0] via 198.1.18.1, 00:00:00
     198.1.18.0/30 is subnetted, 1 subnets
```

```
C          198.1.18.0 is directly connected, GigabitEthernet1/1/1
       200.10.14.0/30 is subnetted, 1 subnets
B          200.10.14.0 [20/0] via 198.1.18.1, 00:00:00
```

8.8.16　任务十六　IPv6 基础配置

（1）在三层交换机 DS-1 上配置 IPv6 地址及 SVI 的 IPv6 地址

```
DS-1(config)#ipv6 unicast-routing
DS-1(config)#interface Port-channel1
DS-1(config-if)#ipv6 address 2001:10:0:D::2/64
DS-1(config)#interface vlan 10
DS-1(config-if)#ipv6 address 2001:10:1::1/64
```

（2）在三层交换机 DS-2 上配置 IPv6 地址及 SVI 的 IPv6 地址

```
DS-2(config)#ipv6 unicast-routing
DS-2(config-if)#interface GigabitEthernet 1/1/1
DS-2(config-if)#ipv6 address 2001:10:0:B::2/64
DS-2(config-if)#interface vlan 10
DS-2(config-if)#ipv6 address 2001:10:0:1::1/64
DS-2(config-if)#interface vlan 20
DS-2(config-if)#ipv6 address 2001:10:0:2::1/64
```

（3）在三层交换机 DS-3 上配置 IPv6 地址及 SVI 的 IPv6 地址

```
DS-3(config)#ipv6 unicast-routing
DS-3(config-if)#interface GigabitEthernet 1/1/1
DS-3(config-if)#ipv6 address 2001:10:0:C::2/64
DS-3(config-if)#interface vlan 30
DS-3(config-if)#ipv6 address 2001:10:0:3::1/64
DS-3(config-if)#interface vlan 100
DS-3(config-if)#ipv6 address 2001:10:0:4::1/64
```

（4）在路由器 R1 上配置 IPv6 地址

```
R1(config)#ipv6 unicast-routing
R1(config)#interface port-channel 1
R1(config-if)#ipv6 address 2001:10:0:D::1/64
```

```
R1(config-if)#interface GigabitEthernet 0/1/0
R1(config-if)#ipv6 address 2001:10:0:A::1/64
```

（5）在路由器 R2 上配置 IPv6 地址

```
R2(config)#ipv6 unicast-routing
R2(config)#interface GigabitEthernet 0/2/0
R2(config-if)#ipv6 address 2001:10:0:A::2/64
R2(config-if)#interface GigabitEthernet 0/0/0
R2(config-if)#ipv6 address 2001:10:0:B::1/64
R2(config-if)#interface GigabitEthernet 0/1/0
R2(config-if)#ipv6 address 2001:10:0:C::1/64
```

（6）在三层交换机 FYSZ-SW 上配置 SVI 的 IPv6 地址

```
FYSZ-SW(config)#ipv6 unicast-routing
FYSZ-SW(config)#interface vlan 10
FYSZ-SW(config-if)#ipv6 address 2001:198:1:18::1/64
```

（7）在路由器 R1 上查看 IPv6 地址详细信息

```
R1#show ipv6 interface brief
Port-channel1              [up/up]
    FE80::230:F2FF:FE98:14C3
    2001:10:0:D::1
GigabitEthernet0/0         [up/up]
    unassigned
GigabitEthernet0/1         [up/up]
    unassigned
Serial0/0/0                [up/up]
    unassigned
GigabitEthernet0/1/0       [up/up]
    FE80::209:7CFF:FEAE:8336
    2001:10:0:A::1
Loopback0                  [up/up]
    unassigned
Tunnel0                    [up/up]
    FE80::2D0:BAFF:FEED:460E
    2001:1::1
```

8.8.17　任务十七　IPv6 Tunnel 配置

（1）在路由器 R1 上配置 IPv6 Tunnel（隧道）

```
R1(config)#interface tunnel 0
R1(config-if)#tunnel mode ipv6ip
R1(config-if)#tunnel source Serial 0/0/0
R1(config-if)#tunnel destination 198.1.18.2
R1(config-if)#ipv6 address 2001:1::1/64
```

（2）在三层交换机 FYSZ-SW 上配置 IPv6 Tunnel（隧道）

```
FYSZ-SW(config)#interface tunnel 0
FYSZ-SW(config-if)#tunnel mode ipv6ip
FYSZ-SW(config-if)#tunnel source GigabitEthernet 1/1/1
FYSZ-SW(config-if)#tunnel destination 197.4.16.1
FYSZ-SW(config-if)#ipv6 address 2001:1::2/64
```

8.8.18　任务十八　IPv6 静态路由配置

（1）在三层交换机 FYSZ-SW 上配置 IPv6 静态路由

```
FYSZ-SW(config)#ipv6 route 2001:10::/32 2001:1::1
```

（2）在路由器 R2 上配置 IPv6 静态路由

```
R1(config)#ipv6 route 2001:198:1:18::/64 2001:1::2
```

（3）在路由器 R1 上查看路由表

```
R1#show ipv6 route
IPv6 Routing Table - 15 entries
Codes:  C - Connected, L - Local, S - Static, R - RIP, B - BGP
        U - Per-user Static route, M - MIPv6
        I1 - ISIS L1, I2 - ISIS L2, IA - ISIS interarea, IS - ISIS summary
        O - OSPF intra, OI - OSPF inter, OE1 - OSPF ext 1, OE2 - OSPF ext 2
        ON1 - OSPF NSSA ext 1, ON2 - OSPF NSSA ext 2
        D - EIGRP, EX - EIGRP external
```

```
C    2001:1::/64 [0/0]
      via Tunnel0, directly connected
L    2001:1::1/128 [0/0]
      via Tunnel0, receive
O    2001:10:0:1::/64 [110/3]
      via FE80::2D0:BAFF:FE7A:6101, GigabitEthernet0/1/0
O    2001:10:0:2::/64 [110/3]
      via FE80::2D0:BAFF:FE7A:6101, GigabitEthernet0/1/0
O    2001:10:0:3::/64 [110/3]
      via FE80::2D0:BAFF:FE7A:6101, GigabitEthernet0/1/0
O    2001:10:0:4::/64 [110/3]
      via FE80::2D0:BAFF:FE7A:6101, GigabitEthernet0/1/0
C    2001:10:0:A::/64 [0/0]
      via GigabitEthernet0/2, directly connected
L    2001:10:0:A::1/128 [0/0]
      via GigabitEthernet0/2, receive
O    2001:10:0:B::/64 [110/2]
      via FE80::2D0:BAFF:FE7A:6101, GigabitEthernet0/1/0
O    2001:10:0:C::/64 [110/2]
      via FE80::2D0:BAFF:FE7A:6101, GigabitEthernet0/1/0
C    2001:10:0:D::/64 [0/0]
      via Port-channel1, directly connected
L    2001:10:0:D::1/128 [0/0]
      via Port-channel1, receive
O    2001:10:1::/64 [110/2]
      via FE80::20A:41FF:FE3A:310, Port-channel1
S    2001:198:1:18::/64 [1/0]
      via 2001:1::2
L    FF00::/8 [0/0]
      via Null0, receive
```

8.8.19 任务十九 OSPFv3 配置

（1）在三层交换机 DS-1 上配置 OSPFv3

```
DS-1(config)#ipv6 router ospf 10
DS-1(config-rtr)#router-id 219.7.27.2
```

```
DS-1(config-rtr)#interface vlan 10
DS-1(config-if)#ipv6 ospf 10 area 0
DS-1(config-if)#interface port-channel 1
DS-1(config-if)#ipv6 ospf 10 area 0
```

（2）在三层交换机 DS-2 上配置 OSPFv3

```
DS-2(config)#ipv6 router ospf 10
DS-2(config-rtr)#router-id 219.7.27.12
DS-2(config-rtr)#interface vlan 10
DS-2(config-if)#ipv6 ospf 10 area 0
DS-2(config-if)#interface vlan 20
DS-2(config-if)#ipv6 ospf 10 area 0
DS-2(config-if)#interface GigabitEthernet 1/1/1
DS-2(config-if)#ipv6 ospf 10 area 0
```

（3）在三层交换机 DS-3 上配置 OSPFv3

```
DS-3(config)#ipv6 router ospf 10
DS-3(config-rtr)#router-id 219.7.27.13
DS-3(config-rtr)#interface vlan 30
DS-3(config-if)#ipv6 ospf 10 area 0
DS-3(config-if)#interface vlan 100
DS-3(config-if)#ipv6 ospf 10 area 0
DS-3(config-if)#interface GigabitEthernet 1/1/1
DS-3(config-if)#ipv6 ospf 10 area 0
```

（4）在路由器 R1 上配置 OSPFv3

```
R1(config)#ipv6 router ospf 10
R1(config-rtr)#router-id 219.7.27.1
R1(config-rtr)#interface port-channel 1
R1(config-if)#ipv6 ospf 10 area 0
R1(config-if)#interface GigabitEthernet 0/1/0
R1(config-if)#ipv6 ospf 10 area 0
```

（5）在路由器 R2 上配置 OSPFv3

```
R2(config)#ipv6 router ospf 10
```

```
R2(config-rtr)#router-id 219.7.27.11
R2(config-rtr)#interface GigabitEthernet 0/2/0
R2(config-if)#ipv6 ospf 10 area 0
R2(config-if)#interface GigabitEthernet 0/0/0
R2(config-if)#ipv6 ospf 10 area 0
R2(config-if)#interface GigabitEthernet 0/1/0
R2(config-if)#ipv6 ospf 10 area 0
```

8.8.20 任务二十 IPv6 静态路由重分布

在路由器 R1 上配置 IPv6 静态路由重分布功能：

```
R1(config)#ipv6 router ospf 10
R1(config-rtr)#redistribute static
```

8.8.21 任务二十一 DHCP 服务配置

（1）在三层交换机 DS-2 上配置 DHCP 服务

```
DS-2(config)#ip dhcp pool lan10
DS-2(dhcp-config)#network 10.0.1.0 255.255.255.0
DS-2(dhcp-config)#default-router 10.0.1.254
DS-2(dhcp-config)#dns-server 10.1.0.3
DS-2(dhcp-config)#ip dhcp pool lan20
DS-2(dhcp-config)#network 10.0.2.0 255.255.255.0
DS-2(dhcp-config)#default-router 10.0.2.254
DS-2(dhcp-config)#dns-server 10.1.0.3
```

（2）在三层交换机 DS-3 上配置 DHCP 服务

```
DS-3(config)#ip dhcp pool lan30
DS-3(dhcp-config)#network 10.0.3.0 255.255.255.0
DS-3(dhcp-config)#default-router 10.0.3.254
DS-3(dhcp-config)#dns-server 10.1.0.3
```

8.8.22 任务二十二 EMAIL 服务器配置

在 EMAIL 服务器（email.ytvc.com）上配置 EMAIL 服务。EMAIL 服务器的配置如图 8-2 所示。

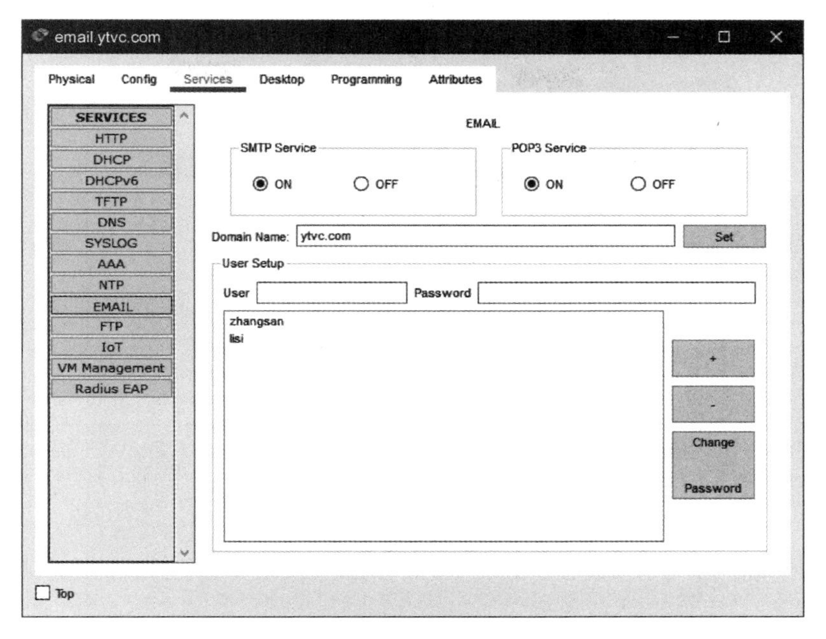

图 8-2　EMAIL 服务器的配置

在客户端 PC6 上登录邮箱。PC6 EMAIL 客户端配置如图 8-3 所示。

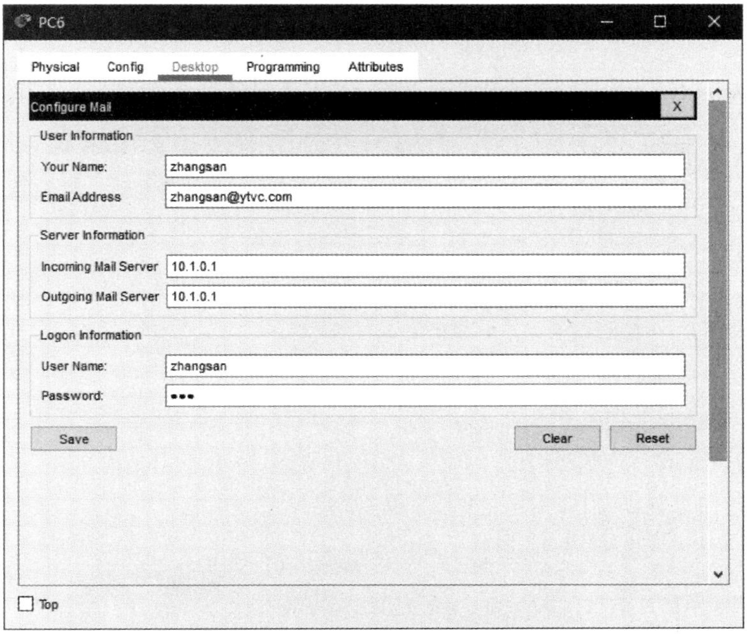

图 8-3　PC6 EMAIL 客户端配置

在客户端 PC4 上登录邮箱。PC4 EMAIL 客户端配置如图 8-4 所示。

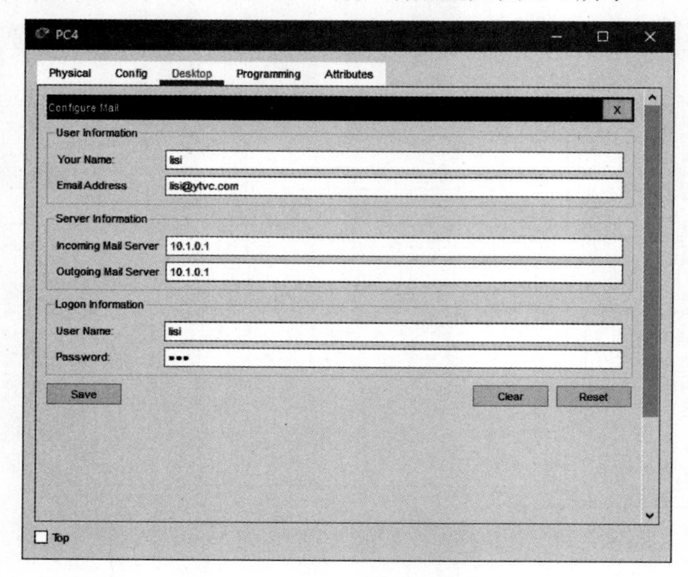

图 8-4　PC4 EMAIL 客户端配置

8.8.23　任务二十三　WEB 服务器配置

在服务器 www.ytvc.com 上配置 WEB 服务。WEB 服务器配置（一）如图 8-5 所示。

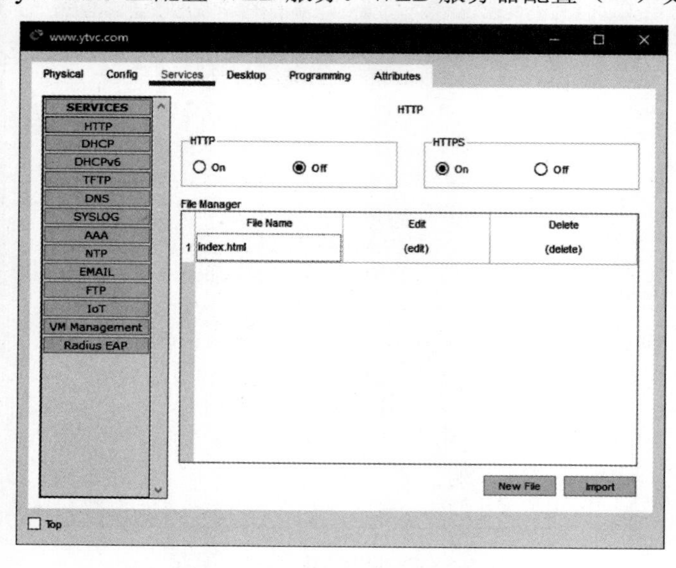

图 8-5　WEB 服务器配置（一）

在服务器 www.cisio.com 上配置 WEB 服务。WEB 服务器配置（二）如图 8-6 所示。

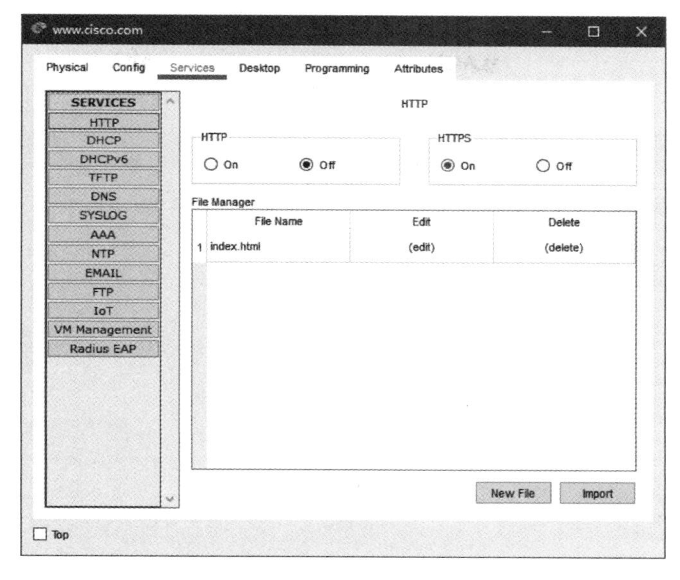

图 8-6　WEB 服务器配置（二）

8.8.24　任务二十四　DNS 服务器配置

在 DNS Server 上配置 DNS 服务。DNS 服务器配置如图 8-7 所示。

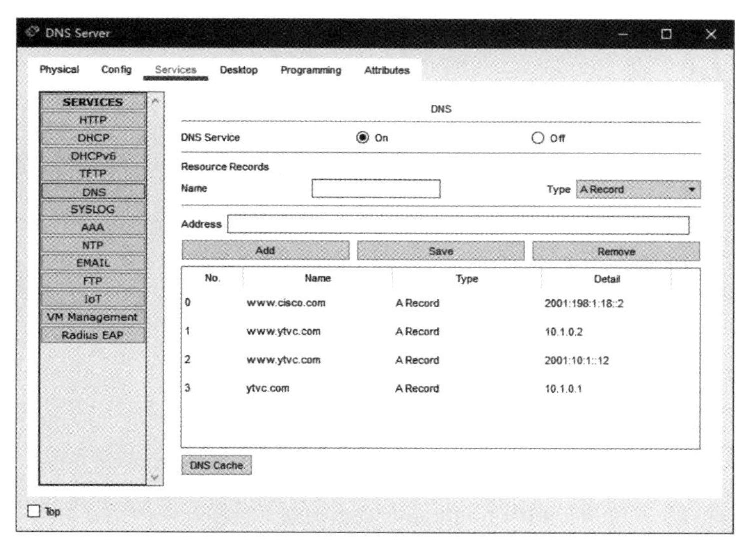

图 8-7　DNS 服务器配置

8.8.25 任务二十五 Log 服务器配置

在 Log Server 上配置 Log 服务。Log 服务器配置如图 8-8 所示。

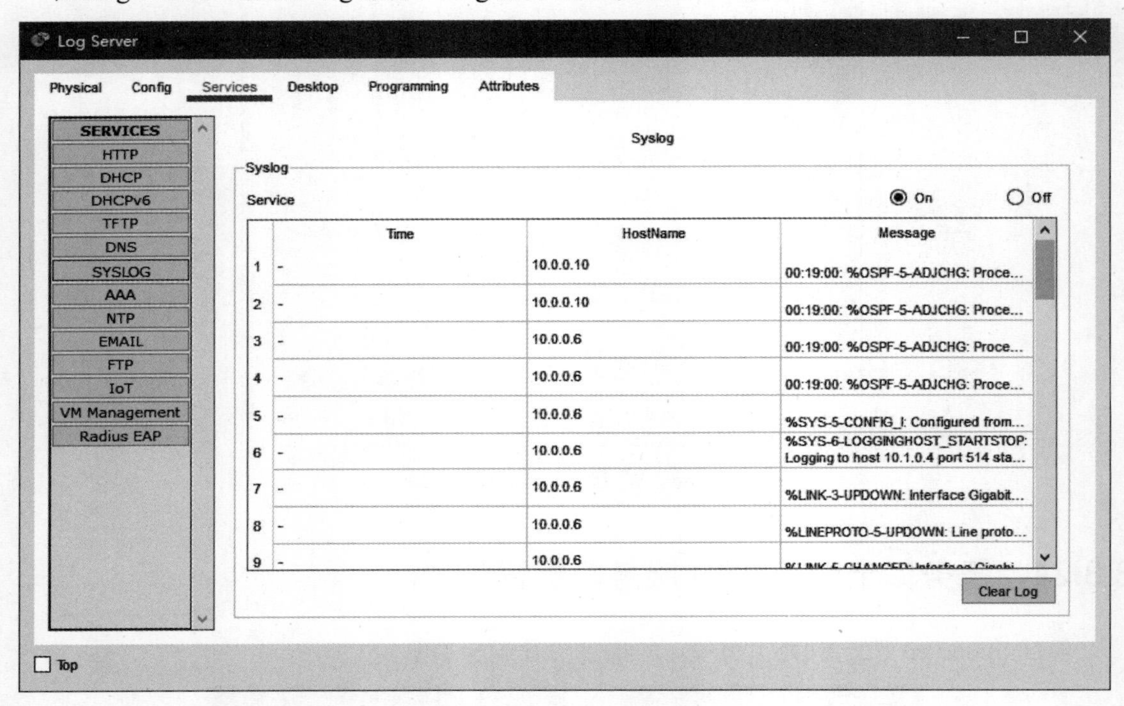

图 8-8 Log 服务器配置

在路由器 R2 上配置 Log 客户端：

```
R2(config)#login on-failure log
R2(config)#login on-success log
R2(config)#logging trap debugging
R2(config)#logging 10.1.0.4
```

8.8.26 任务二十六 SSH 远程登录配置

在三层交换机 DS1 上配置 SSH：

```
DS1(config)#enable secret cytyff
DS1(config)#ip domain-name RR
```

```
DS1(config)#username ytvc privilege 15 secret cytyff
DS1(config)#crypto key generate rsa
The name for the keys will be: DS1.RR
Choose the size of the key modulus in the range of 360 to 2048 for your
  General Purpose Keys. Choosing a key modulus greater than 512 may take
  a few minutes.
How many bits in the modulus [512]: 1024
% Generating 1024 bit RSA keys, keys will be non-exportable...[OK]
DS1(config)#line vty 0 3
DS1(config-line)#transport input ssh
DS1(config-line)#login local
```

8.8.27　任务二十七　TFTP 文件备份

请将内网中所有设备的配置文件及 IOS 备份到 TFTP 服务器上。

8.9　功能测试

8.9.1　IPv6 连通性测试

```
R1#ping 2001:1::2

Type escape sequence to abort.
Sending 5, 100-byte ICMP Echos to 2001:1::2, timeout is 2 seconds:
!!!!!
Success rate is 100 percent (5/5), round-trip min/avg/max = 1/36/76 ms
```

8.9.2　EMAIL 服务测试

zhangsan 给 lisi 发送一封邮件，如图 8-9 所示。

lisi 接收邮件并回复。图 8-10 所示为 lisi 查看邮件内容，图 8-11 所示为 lisi 回复邮件。

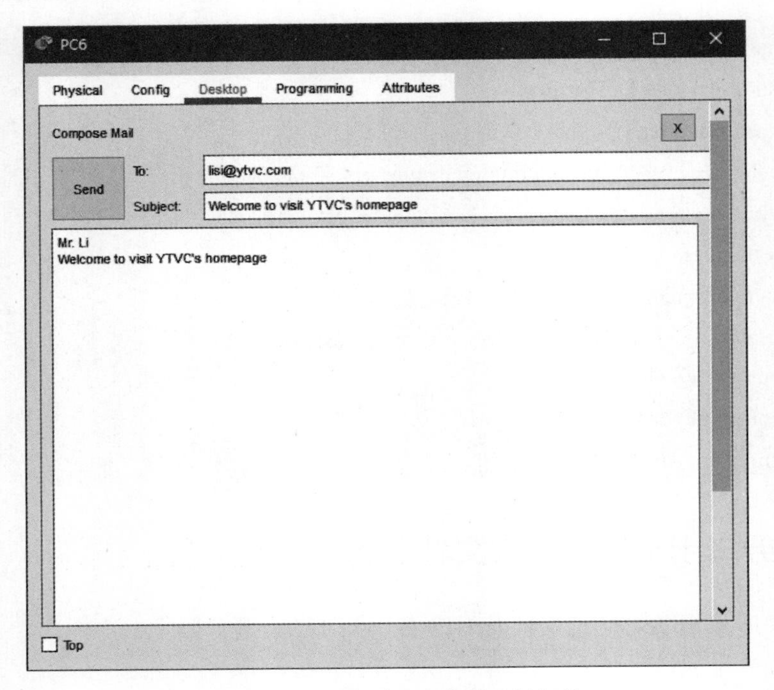

图 8-9　zhangsan 给 lisi 发送一封邮件

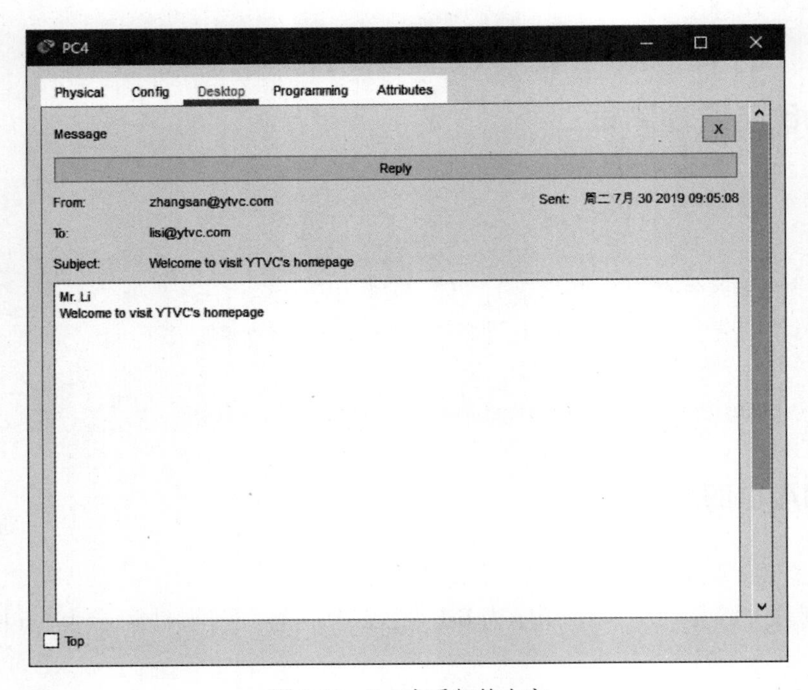

图 8-10　lisi 查看邮件内容

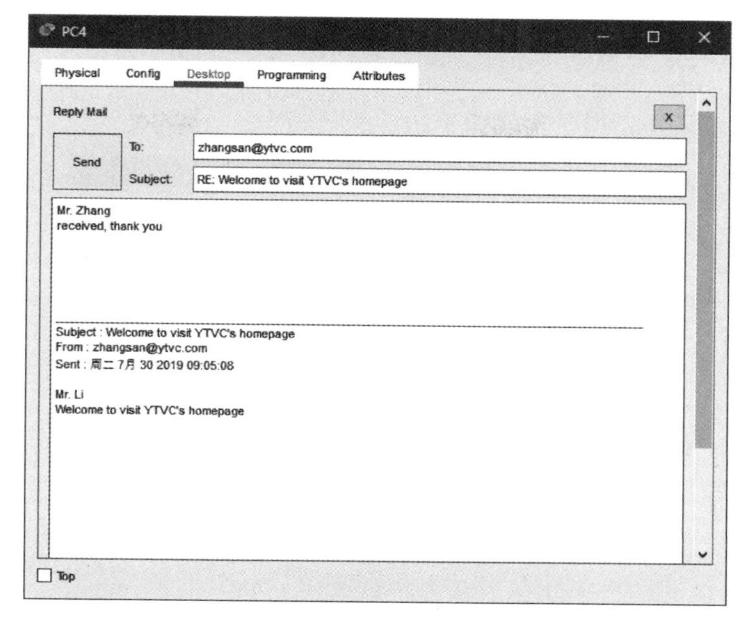

图 8-11　lisi 回复邮件

zhangsan 接收 lisi 回复的邮件，如图 8-12 所示。

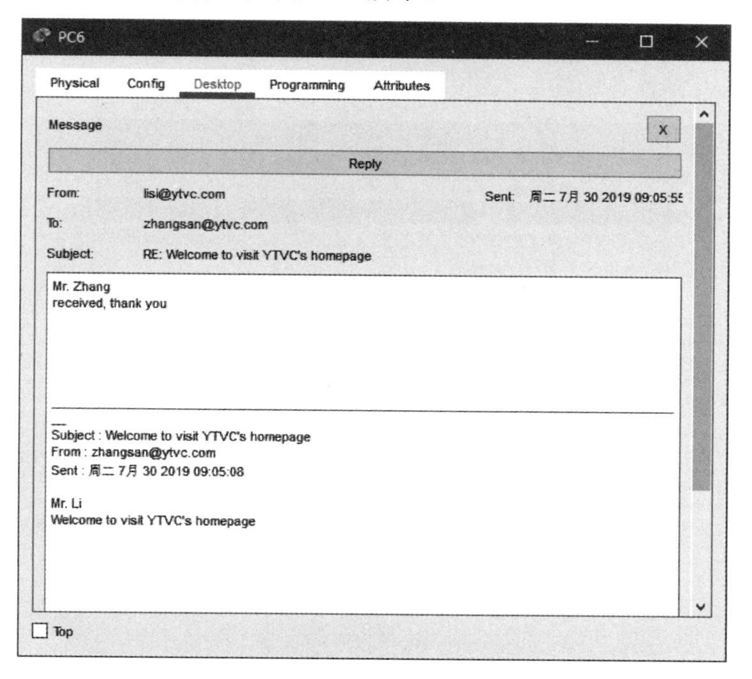

图 8-12　zhangsan 接收 lisi 回复的邮件

8.9.3 WEB 服务测试

PC5 访问 Cisco 网站， 如图 8-13 所示。

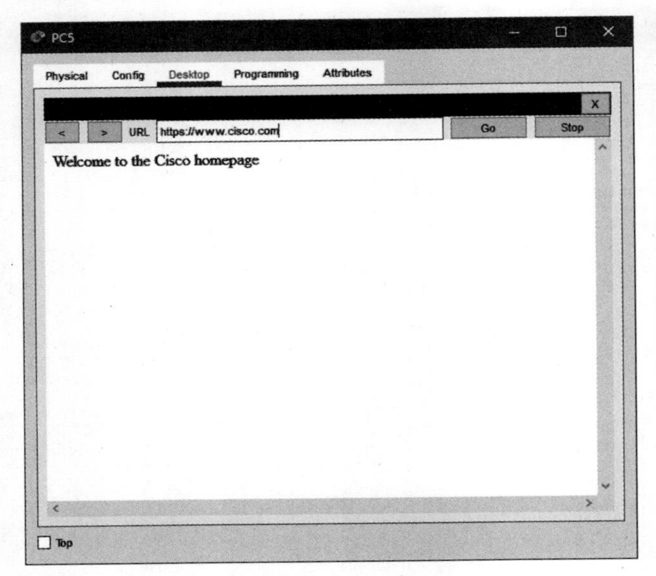

图 8-13 PC5 访问 Cisco 网站

PC3 访问 YTVC 网站，如图 8-14 所示。

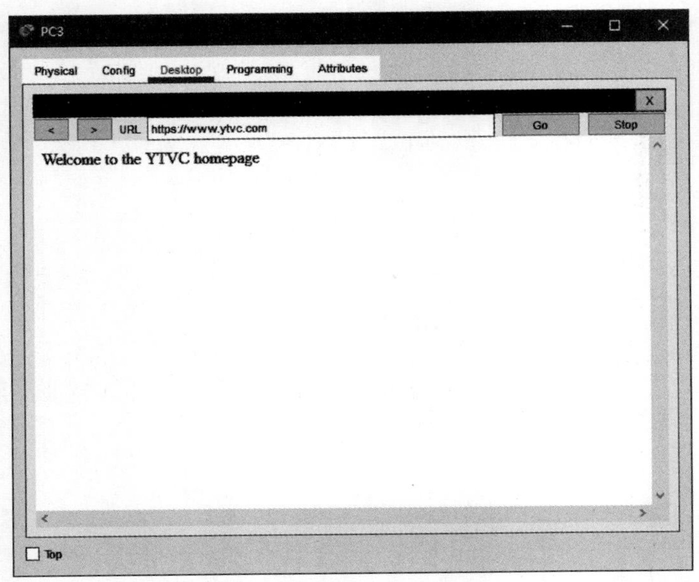

图 8-14 PC3 访问 YTVC 网站

8.9.4　Log 服务测试

在 Log Server 上查看 Log 日志，如图 8-15 所示。

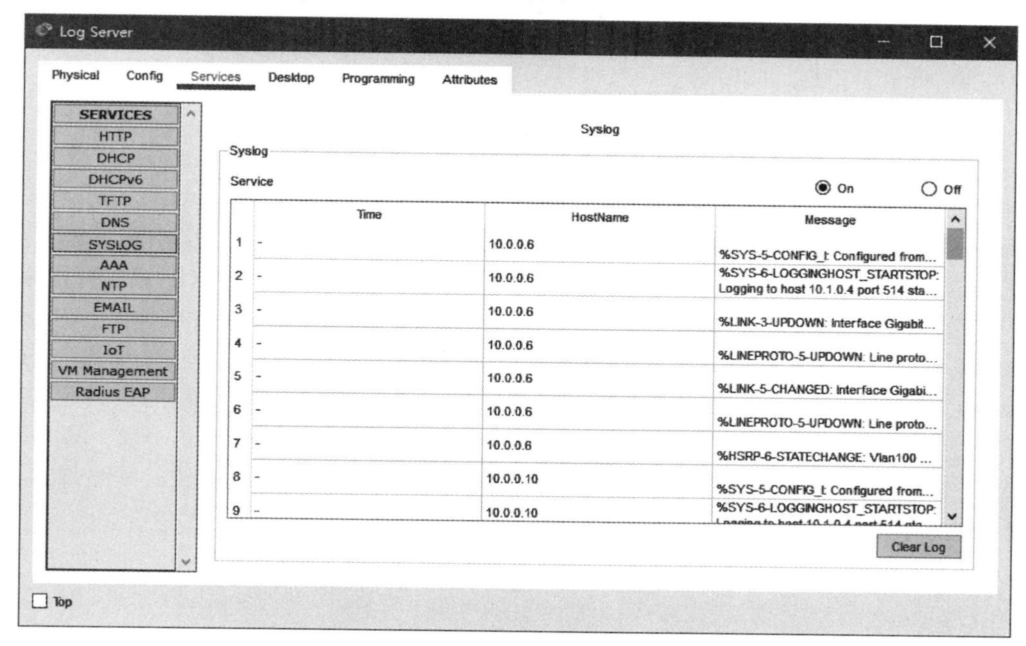

图 8-15　查看 Log 日志

8.9.5　SSH 登录测试

```
C:\>ssh -l ytvc 219.7.27.1
Password:
R1#show user
     Line        User       Host(s)          Idle          Location
     0 con 0                                 idle          00:02:14
     *390 vty 0  ytvc                        idle          00:00:00
     Interface   User       Mode             Idle          Peer Address
```

8.10　验收反馈

本项目的模拟实施由项目助理 YFF 完成，项目经理对验收结果很满意，但是他还是发现了两个非常重要的问题，反馈如下：

① ISP 与 FYSZ 公司的网络设备之间采用 BGP 实现互通，即 ISP3 与 FYSZ-SW 之间配置 BGP，这显然不合理。

② 公司总部、总部与分部之间以及合作伙伴与 ISP 间均采用光纤实现互连，但公司的边界路由器却通过串行线路与 ISP 相连，这显然与对带宽要求较高的网络环境不匹配，是公司访问外网的瓶颈。

8.11 本章小结

本章案例的项目背景是在现有 IPv4 网络基础上再部署 IPv6 网络，终端 PC 间既可以采用 IPv4 又可以采用 IPv6 进行通信。在该项目中采用 OSPFv2、OSPFv3 以及 BGP 等实现网络互通；采用 PVST、EtherChannel、HSRP 等增强网络可靠性；采用端口安全、CHAP 认证、SSH、Log 等提高网络安全性。公司网络采用 NAT 技术接入 Internet，其合作伙伴的公司网络因采用公网 IP 地址，无须进行地址转换。公司总部与分部之间通过光纤互连。本章案例的特点是先模拟实施，再进行项目验收，通过问题反馈找出项目设计中存在的不足，提出整改方案。通过学习本章案例，可使读者熟悉计算机网络规划与实施的整个流程，同时对其今后进行网络规划与实施提出更规范的要求。

第9章 >>>

连接家庭企业网络

本章要点

- 项目背景
- 项目拓扑
- 项目需求
- 设备选型
- 技术选型
- 地址规划
- VLAN 规划
- 项目实施
- 功能测试
- 本章小结

本章案例以 Bosea 公司企业网络以及 Rechie 和 Angela 的家庭网络为项目背景，引入光纤、串行线缆、双绞线、同轴电缆、电话线以及无线多种传输介质。本章案例中网络类型包括企业网络、家庭网络和运营商网络，接入 WAN 方式包括串行线缆接入、ADSL 接入和 HFC 接入；网络协议包括 IPv4 和 IPv6。整个项目是互联网的缩影，项目实施有一定的难度。本章案例中路由技术包括 IPv4 静态路由、IPv6 静态路由、RIPng、RIPv2、OSPFv2、EIGRP 以及路由重分布等相关内容；交换技术包括 VLAN、Trunk 及 SVI 配置等相关内容；安全及管理技术包括特权密码、远程登录、文件备份以及无线安全等相关内容；网络服务包括 WEB、DNS、DHCP 以及 EMAIL 服务等相关内容；WAN 技术包括 PPP、NAT、ADSL 以及 HFC 等相关内容。本章案例实现了真正意义上的“三网融合”，旨在拓展广大读者的工程实施思路，提高其对网络故障的定位、分析及排错能力。

9.1 项目背景

Bosea 公司有三个分支机构 Branch1、Branch2 和 Branch3。Bob 是 Bosea 公司的老板，Angela 是公司的网络管理员。Bosea 公司的 Branch1 和 Branch3 的网络通过光纤接到边界路由器上，Branch2 的网络则通过双串行接口接入。为响应国家对 IPv6 部署的号召，Bob 要求 Angela 将 Branch2 作为 IPv6 部署试点，但不要影响 IPv4 网络的正常通信。Angela 的家庭网络通过 Cable Modem 以 HFC 方式接入 Internet，Rechie 的家庭网络通过 DSL Modem 以 ADSL 的方式接入 Inetrnet。Rechie 是 Bob 的儿子，他最近沉迷于网络游戏，Bob 为了让儿子能专心学习，对 Rechie 的计算机做了无线访问控制。

9.2 项目拓扑

项目拓扑，如图 9-1 所示。

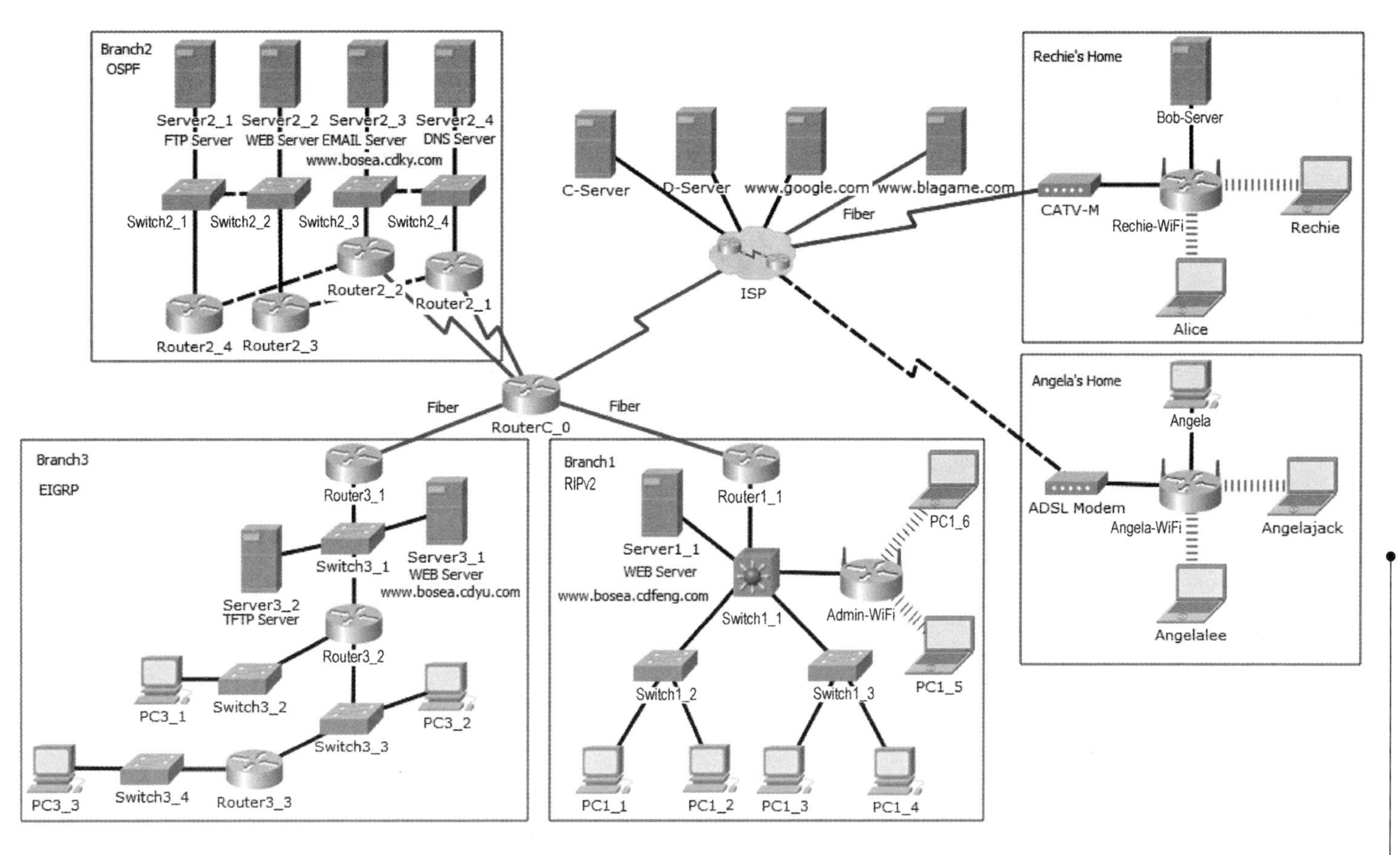
Branch2
OSPF
Server2_1
FTP Server
Server2_2
WEB Server
Server2_3
EMAIL Server
www.bosea.cdky.com
Server2_4
DNS Server
Switch2_1
Switch2_2
Switch2_3
Switch2_4
Router2_2
Router2_1
Router2_4
Router2_3
C-Server
D-Server
www.google.com
www.blagame.com
Fiber
ISP
Rechie's Home
Bob-Server
CATV-M
Rechie-WiFi
Rechie
Alice
Angela's Home
Angela
ADSL Modem
Angela-WiFi
Angelajack
Angelalee
Fiber
RouterC_0
Fiber
Branch3
EIGRP
Router3_1
Switch3_1
Server3_1
WEB Server
www.bosea.cdyu.com
Server3_2
TFTP Server
Router3_2
PC3_1
Switch3_2
PC3_2
Switch3_3
PC3_3
Switch3_4
Router3_3
Branch1
RIPv2
Router1_1
Server1_1
WEB Server
www.bosea.cdfeng.com
Switch1_1
Admin-WiFi
PC1_6
PC1_5
Switch1_2
Switch1_3
PC1_1
PC1_2
PC1_3
PC1_4

图 9-1　项目拓扑

9.3 项目需求

（1）设备命名及拓扑搭建

- 根据项目拓扑修改所有设备的名称；
- 根据项目拓扑完成设备连接；
- 配置各设备通过 Telnet 登录，最多允许 5 个用户同时登录，登录密码为 CFL。

（2）VLAN 及 Trunk 配置

- 根据 VLAN 规划表，合理划分 VLAN，确保接口分配正确；
- 根据项目拓扑要求合理配置 Trunk，其封装模式均为 IEEE 802.1q；
- 查看 Trunk 链路信息，确保 Trunk 两端允许通过的 VLAN ID 一致且 Trunk 封装模式正确。

（3）IP 地址配置

- 根据地址规划表配置物理接口或子接口的 IP 地址；
- 根据地址规划表完成 SVI 地址配置；
- 确保路由器接口 IP 地址配置正确且都处于 up 状态；
- 根据地址规划表静态指定服务器网卡的 IP 地址；
- 指定 Serial 接口的时钟频率为 64000 Hz。

（4）静态路由配置

- 在路由器 RouterC_0 上配置去往各区域的静态路由；
- 在路由器 Router1_1、Router2_1、Router2_2、Router3_1 上配置默认路由。

（5）RIPv2 配置

- Branch1 区域配置 RIPv2，关闭自动路由汇总功能；
- 宣告内网路由；
- 在路由器 Router1_1 上传播默认路由。

（6）EIGRP 配置

- Branch3 区域配置 EIGRP，关闭自动路由汇总功能；
- EIGRP AS 号为 530；
- 宣告内网路由；
- 业务网段中不允许出现协议报文；

● 在路由器 Router3_1 上传播默认路由。

（7）OSPFv2 配置

● Branch2 区域配置 OSPFv2；
● 宣告内网路由；
● 在路由器 Router2_1 和 Router2_2 上传播默认路由。

（8）NAT 配置

● 在路由器 RouterC_0 上配置 NAPT 功能，使内网可以访问公网；
● 在路由器 RouterC_0 上配置静态 NAT 功能，将 3 个区域 WEB 服务器的地址转换为公网地址。

表 9-1 为 NAT 地址对应表。

表 9-1　NAT 地址对应表

内 网 地 址	公 网 地 址
10.1.30.253	213.5.31.1
10.2.1.252	213.5.31.2
10.3.0.17	213.5.31.3

（9）PPP 配置

● 在 RouterC_0 和 ISP 之间的串行链路上配置 PPP，采用 PAP 认证；
● 将 ISP 作为认证端，RouterC_0 作为客户端；
● 用户名为 bosea，密码为 YTLAI。

（10）IPv6 地址配置

● 根据地址规划表，给相应设备配置 IPv6 地址。

（11）RIPng 配置

● Branch1 区域配置 RIPng，进程名为 SUFEI，确保区域内 IPv6 互通。

（12）HFC 接入配置

● 配置 ISP 的广域网云（Cloud），使 Rechie 的家庭网络可以通过 Cable Modem 接入互联网。

（13）DSL 接入配置

● 配置 ISP 的广域网云（Cloud），使 Angela 的家庭网络可以通过 DSL Modem 接入互联网。

（14）无线路由器配置

- Angela 家庭路由器 SSID 为 Angela-WiFi，加密方式为 WPA2，密码为 0123456789；
- Rechie 家庭路由器 SSID 为 Rechie-WiFi，加密方式为 WPA2，密码为 0123456789；
- Branch1 区域的无线路由器 SSID 为 bosea，加密方式为 WPA2，密码为 12345678；
- 为限制 Rechie 玩游戏，禁止其计算机接入无线路由器。

（15）DHCP 服务配置

- Branch1 区域的计算机通过 Switch1_1 提供的 DHCP 服务获取地址，排除已经使用过的地址；
- Branch3 区域的计算机通过 Router3_2 提供的 DHCP 服务获取地址，排除已经使用过的地址；
- D-Server 作为 DHCP 服务器给 ADSL 用户分配 IP 地址；
- C-Server 作为 DHCP 服务器给 HFC 用户分配 IP 地址；
- 无线路由器开启内置 DHCP 服务。

（16）DNS 服务配置

- 配置 Branch2 区域的 Server2_4 和 ISP 区域中 D-Server 提供 DNS 服务，为网络中的 WEB 服务器进行地址解析。

（17）WEB 服务器配置

- 配置 Branch1 区域的 Server 1_1、Branch2 区域的 Server2_2、Branch3 区域的 Server3_1 及 ISP 区域内的 www.google.com 和 www.blagame.com 提供 WEB 服务，使主机可以访问其主页。

（18）文件保存及备份

- 请将网络中所有交换机和路由器的配置文件及 IOS 映像备份到 TFTP Server 上。

9.4 设备选型

表 9-2 为 Bosea 公司设备选型表。

表 9-2 Bosea 公司设备选型表

设备类型	设备数量	扩展模块	对应设备名称
C2960-24TT Switch	10 台	—	Switch1_2、Switch1_3、Switch2_1、Switch2_2、Switch2_3、Switch2_4、Switch3_1、Switch3_2、Switch3_3、Switch3_4

续表

设备类型	设备数量	扩展模块	对应设备名称
C3560-24PS Switch	1 台	——	Switch1_1
Cisco 2811 Router	6 台	WIC-IT	Router2_1、Router2_2、Router2_3、Router2_4、Router3_2、Router3_3
Cisco PT1000 Router	3 台	PT-ROUTER-NM-1SS、PT-ROUTER-NM-1FGE	Router1_1、Router3_1、RouterC_0
Cisco WRT300N Router	3 台	——	Rechie-WiFi、Admin-WiFi、Angela-WiFi
DSL Modem	1 台	——	ADSL Modem
Cable Modem	1 台	——	CATV-M

9.5 技术选型

表 9-3 为 Bosea 公司技术选型表。

表 9-3　Bosea 公司技术选型表

涉及技术	具体内容
路由技术	IPv4 直连路由、IPv6 直连路由、IPv4 静态路由、RIPv2、RIPng、OSPFv2、EIGRP、IPv4 默认路由传播、路由重分布
交换技术	VLAN、Trunk、SVI
安全管理	enable 密码、Telnet、WPA2、MAC 地址过滤
服务配置	WEB、DNS、DHCP、EMAIL
WAN 技术	PPP、Static NAT、 NAPT、ADSL、HFC

9.6 地址规划

9.6.1 Branch1 地址规划表

表 9-4 为 Bosea 公司 Branch1 地址规划表。

表 9-4　Bosea 公司 Branch1 地址规划表

设备名称	接口	地址规划	接口描述
Router1_1	Gig0/0	10.0.11.2/30	Link to RouterC_0 Gig1/0
	Gig1/0	10.1.0.101/30	Link to Switch1_1 Gig0/2

续表

设备名称	接口	地址规划	接口描述
Admin-WiFi	Internet	DHCP	Link to Switch1_1 Fa0/4
	LAN	192.168.0.1/24	Link to Router2_4 Fa0/1
Switch1_1	VLAN 10	10.1.10.254/24	Fa0/1 Link to Switch1_2 Fa0/1
	VLAN 20	10.1.20.254/24	Fa0/2 Link to Switch1_3 Fa0/1
	VLAN 30	10.1.30.254/24	Fa0/3 Link to Server1_1 NIC WEB Server
	VLAN 40	10.1.40.1/30	Fa0/4 Link to Admin-WiFi Router Internet
	VLAN 100	10.1.0.102/30	Gig0/2 Link to Router1_1 Gig0/0
Switch1_2	Fa0/1	——	Link to Switch1_1 Fa0/1
	Fa0/2	——	Link to PC1_2 NIC
	Fa0/3	——	Link to PC1_1 NIC
	VLAN 1	10.1.10.100/24	Admin
Switch1_3	Fa0/1	——	Link to Switch1_1 Fa0/2
	Fa0/2	——	Link to PC1_4 NIC
	Fa0/3	——	Link to PC1_3 NIC
	VLAN 1	10.1.20.100/24	Admin
Server1_1	NIC	10.1.30.253/24	10.1.30.254
		——	(213.5.31.1)WEB Server Link to Switch1_1 Fa0/3
PC1_1	NIC	DHCP	Link to Switch1_2 Fa0/3
PC1_2	NIC	DHCP	Link to Switch1_2 Fa0/2
PC1_3	NIC	DHCP	Link to Switch1_3 Fa0/3
PC1_4	NIC	DHCP	Link to Switch1_3 Fa0/2
PC1_5	NIC	DHCP	Wireless Link to Admin-WiFi
PC1_6	NIC	DHCP	Wireless Link to Admin-WiFi

9.6.2 Branch2 地址规划表

表 9-5 为 Bosea 公司 Branch2 地址规划表。

表 9-5 Bosea 公司 Branch2 地址规划表

设备名称	接口	地址规划	网关 / 接口描述
Router2_1	Fa0/0	10.2.2.254/24	Link to Switch2_4 F0/23
	Fa0/1	10.2.0.5/30	Link to Router2_3 F0/1
	Se0/0/0	10.0.21.2/30	Link to RouterC_0 S2/0
Router2_2	Fa0/0	10.2.2.1/24	Link to Switch2_3 F0/23

续表

设备名称	接口	地址规划	网关 / 接口描述
Router2_2	Fa0/1	10.2.0.1/30	Link to Router2_4 Fa0/1
	Se0/0/0	10.0.22.2/30	Link to RouterC_0 Se3/0
Router2_3	Fa0/0	10.2.1.254/30	Link to Switch2_2 Fa0/22
	Fa0/1	10.2.0.6/30	Link to Router2_1 Fa0/1
Router2_4	Fa0/0	10.2.1.1/24	Link to Switch2_1 Fa0/22
	Fa0/1	10.2.0.2/30	Link to Router2_2 Fa0/1
Switch2_1	Fa0/1	——	Link to Switch2_2 Fa0/1
	Fa0/24	——	Link to Server2_1 NIC
	Fa0/22	——	Link to Router2_4 Fa0/0
	VLAN 1	10.2.1.100/24	10.2.1.1
Switch2_2	Fa0/1	——	Link to Switch2_1 Fa0/1
	Fa0/24	——	Link to Server2_2 NIC
	Fa0/22	——	Link to Router2_4 Fa0/0
	VLAN 1	10.2.1.200/24	10.2.1.254
Switch2_3	Fa0/1	——	Link to Switch2_4 Fa0/1
	Fa0/24	——	Link to Server2_3 NIC
	Fa0/23	——	Link to Router2_2 Fa0/0
	VLAN 1	10.2.2.100/24	10.2.2.1
Switch2_4	Fa0/1	——	Link to Switch2_3 Fa0/1
	Fa0/24	——	Link to Server2_4 NIC
	Fa0/23	——	Link to Router2_1 Fa0/0
	VLAN 1	10.2.2.200/24	10.2.2.254
Server2_1	NIC	10.2.1.253/24	10.2.1.1
		——	FTP Server Link to Switch2_1 Fa0/24
Server2_2	NIC	10.2.1.252/24	10.2.1.254
		——	(213.5.31.2)WEB Link to Switch2_2 Fa0/24
Server2_3	NIC	10.2.2.253/24	10.2.2.1
		——	MAIL Server Link to Switch2_3 Fa0/24
Server2_4	NIC	10.2.2.252/24	10.2.2.254
		——	DNS Server Link to Switch2_4 Fa0/24

9.6.3 Branch3 地址规划表

表 9-6 为 Bosea 公司 Branch3 地址规划表。

表 9-6　Bosea 公司 Branch3 地址规划表

设备名称	接　口	地址规划	接口描述
Router3_1	Gig0/0	10.0.31.2/30	Link to RouterC_0 Gig0/0
	Gig1/0	10.3.0.30/30	Link to Switch3_1 Fa0/3
Router3_2	Fa0/0	10.3.0.19/28	Link to Switch3_1 Fa0/1
	Fa0/1	10.3.0.46/28	Link to Switch3_2 Fa0/1
	Fa1/0	10.3.0.62/28	Link to Switch3_3 Fa0/2
Router3_3	Fa0/0	10.3.0.49/28	Link to Switch3_3 Fa0/1
	Fa0/1	10.3.0.78/28	Link to Switch3_4 Fa0/1
Switch3_1	Fa0/1	——	Link to Router3_2 Fa0/0
	Fa0/2	——	Link to Server3_2 NIC TFTP Server
	Fa0/3	——	Link to Router3_1 Gig1/0
	Fa0/4	——	Link to Server3_1 NIC WEB Server
	VLAN 1	10.3.0.20/28	10.3.0.30
Switch3_2	Fa0/1	——	Link to Router3_2 Fa0/1
	Fa0/2	——	Link to PC3_1 NIC
	VLAN 1	10.3.0.40/28	10.3.0.46
Switch3_3	Fa0/1	——	Link to Router3_3 Fa0/0
	Fa0/2	——	Link to Router3_2 Fa1/0
	Fa0/3	——	Link to PC3_2 NIC
	VLAN 1	10.3.0.60/28	10.3.0.62
Switch3_4	Fa0/1	——	Link to Router3_3 Fa0/1
	Fa0/2	——	Link to PC3_3 NIC
	VLAN 1	10.3.0.70/28	10.3.0.78
Server3_1	NIC	10.3.0.17/28	10.3.0.30
		——	(213.5.31.3)WEB　Link to Switch3_1 Fa0/4
Server3_2	NIC	10.3.0.18/28	10.3.0.30
		——	TFTP Server Link to Switch3_1 Fa0/2
PC3_1	NIC	DHCP	DHCP
		——	Link to Switch3_2 Fa0/2
PC3_2	NIC	DHCP	DHCP
		——	Link to Switch3_3 Fa0/3
PC3_3	NIC	10.3.0.65/28	10.3.0.78
		——	Link to Switch3_4 Fa0/2

9.6.4　HeadQuarter 地址规划表

表 9-7 为 Bosea 公司 HeadQuarter 地址规划表。

表 9-7　Bosea 公司 HeadQuarter 地址规划表

设备名称	接　口	地址规划	接口描述
RouterC_0	Gig0/0	10.0.31.1/30	Link to Router3_1 Gig0/0
	Gig1/0	10.0.11.1/30	Link to Router1_1 Gig0/0
	Se2/0	10.0.21.1/30	Link to Router2_1 Se0/0/0
	Se3/0	10.0.22.1/30	Link to Router2_2 Se0/0/0
	Se4/0	213.5.29.1/30	Link to ISP Se0/0/0

9.6.5　Branch2 IPv6 地址规划表

表 9-8 为 Bosea 公司 Branch2 IPv6 地址规划表。

表 9-8　Bosea 公司 Branch2 IPv6 地址规划表

设备名称	接　口	地址规划	接口描述
Router2_1	Fa0/0	2013:0519:A528::254/64	Link to Switch2_4 Fa0/23
	Fa0/1	2013:0519:D531::/127	Link to Router2_3 Fa0/1
Router2_2	Fa0/0	2013:0519:A528::1/64	Link to Switch2_3 Fa0/23
	Fa0/1	2013:0519:C530::/127	Link to Router2_4 Fa0/1
Router2_3	Fa0/0	013:0519:B529::254/64	Link to Switch2_2 Fa0/22
	Fa0/1	2013:0519:D531::1/127	Link to Router2_1 Fa0/1
Router2_4	Fa0/0	2013:0519:B529::1/64	Link to Switch2_1 Fa0/22
	Fa0/1	2013:0519:C530::1/127	Link to Router2_2 Fa0/1
Server2_1	NIC	2013:0519:B529::253/64	2013:0519:B529::1（网关）
Server2_2	NIC	2013:0519:B529::252/64	2013:0519:B529::254
Server2_3	NIC	2013:0519:A528::253/64	2013:0519:A528::1
Server2_4	NIC	2013:0519:A528::252/64	2013:0519:A528:254

9.7 VLAN 规划

表 9-9 为 Branch1 VLAN 规划表。

表 9-9 Branch1 VLAN 规划表

设 备 名	VLAN ID	VLAN 名称	接 口 分 配	备 注
Switch1_1	10	BM1	Fa0/1	——
	20	BM2	Fa0/2	——
	30	BM3	Fa0/3	——
	40	BM4	Fa0/4	——
	100	Manage	Gig0/2	——

9.8 项目实施

9.8.1 任务一 Branch1 二层交换机基本配置

（1）在二层交换机 Switch1_2 上配置主机名、管理 IP 地址及网关

```
Switch>enable
Switch#configure terminal
Switch(config)#hostname Switch1_2
Switch1_2(config)#interface vlan 1
Switch1_2(config-if)#ip address 10.1.10.100 255.255.255.0
Switch1_2(config-if)#no shutdown
Switch1_2(config-if)#ip default-gateway 10.1.10.254
```

（2）在二层交换机 Switch1_3 上配置主机名、管理 IP 地址及网关

```
Switch>enable
Switch#configure terminal
Switch(config)#hostname Switch1_3
Switch1_3(config)#interface vlan 1
Switch1_3(config-if)#ip address 10.1.20.100 255.255.255.0
Switch1_3(config-if)#no shutdown
```

```
Switch1_3(config-if)#ip default-gateway 10.1.20.254
```

9.8.2 任务二 Branch1 三层交换机基本配置

（1）在三层交换机 Switch1_1 上配置主机名、VLAN 及 SVI 地址

```
Switch>enable
Switch#configure terminal
Switch(config)#hostname Switch1_1
Switch1_1(config)#ip routing
Switch1_1(config)#vlan 10
Switch1_1(config-vlan)#name BM1
Switch1_1(config-vlan)#vlan 20
Switch1_1(config-vlan)#name BM2
Switch1_1(config-vlan)#vlan 30
Switch1_1(config-vlan)#name BM3
Switch1_1(config-vlan)#vlan 40
Switch1_1(config-vlan)#name BM4
Switch1_1(config-vlan)#vlan 100
Switch1_1(config-vlan)#name Manage
Switch1_1(config-vlan)#interface vlan 10
Switch1_1(config-if)#ip address 10.1.10.254 255.255.255.0
Switch1_1(config-if)#interface vlan 20
Switch1_1(config-if)#ip address 10.1.20.254 255.255.255.0
Switch1_1(config-if)#interface vlan 30
Switch1_1(config-if)#ip address 10.1.30.254 255.255.255.0
Switch1_1(config-if)#interface vlan 40
Switch1_1(config-if)#ip address 10.1.40.1 255.255.255.252
Switch1_1(config-if)#interface vlan 100
Switch1_1(config-if)#ip address 10.1.0.102 255.255.255.252
Switch1_1(config-if)#interface FastEthernet0/1
Switch1_1(config-if)#switchport mode access
Switch1_1(config-if)#switchport access vlan 10
Switch1_1(config-if)#interface FastEthernet0/2
Switch1_1(config-if)#switchport mode access
Switch1_1(config-if)#switchport access vlan 20
Switch1_1(config-if)#interface FastEthernet0/3
```

```
Switch1_1(config-if)#switchport mode access
Switch1_1(config-if)#switchport access vlan 30
Switch1_1(config-if)#interface FastEthernet0/4
Switch1_1(config-if)#switchport mode access
Switch1_1(config-if)#switchport access vlan 40
Switch1_1(config-if)#interface GigabitEthernet0/2
Switch1_1(config-if)#switchport mode access
Switch1_1(config-if)#switchport access vlan 100
```

（2）在交换机 Switch1_1 上查看 VLAN 配置情况

```
Switch1_1#show vlan brief
VLAN Name                             Status    Ports
---- -------------------------------- --------- -------------------------------
1    default                          active    Fa0/5, Fa0/6, Fa0/7, Fa0/8
                                                Fa0/9, Fa0/10, Fa0/11, Fa0/12
                                                Fa0/13, Fa0/14, Fa0/15, Fa0/16
                                                Fa0/17, Fa0/18, Fa0/19, Fa0/20
                                                Fa0/21, Fa0/22, Fa0/23, Fa0/24
                                                Gig0/1
10   BM1                              active    Fa0/1
20   BM2                              active    Fa0/2
30   BM3                              active    Fa0/3
40   BM4                              active    Fa0/4
100  Manage                           active    Gig0/2
1002 fddi-default                     active
1003 token-ring-default               active
1004 fddinet-default                  active
1005 trnet-default                    active
```

9.8.3 任务三 Branch1 边界路由器基本配置

在路由器 Router1_1 上配置主机名及 IP 地址：

```
Router>enable
Router#configure terminal
Router(config)#hostname Router1_1
Router1_1(config)#interface GigabitEthernet0/0
Router1_1(config-if)#ip address 10.0.11.2 255.255.255.252
Router1_1(config-if)#no shutdown
```

```
Router1_1(config-if)#interface GigabitEthernet1/0
Router1_1(config-if)#ip address 10.1.0.101 255.255.255.252
Router1_1(config-if)#no shutdown
```

9.8.4　任务四　Branch2 二层交换机基本配置

（1）在二层交换机 Switch2_1 上配置主机名、管理 IP 地址及网关

```
Switch>enable
Switch#configure terminal
Switch(config)#hostname Switch2_1
Switch2_1(config)#interface vlan 1
Switch2_1(config-if)#ip address 10.2.1.100 255.255.255.0
Switch2_1(config-if)#no shutdown
Switch2_1(config-if)#ip default-gateway 10.2.1.1
```

（2）在二层交换机 Switch2_2 上配置主机名、管理 IP 地址及网关

```
Switch>enable
Switch#configure terminal
Switch(config)#hostname Switch2_2
Switch2_2(config)#interface vlan 1
Switch2_2(config-if)#ip address 10.2.1.200 255.255.255.0
Switch2_2(config-if)#no shutdown
Switch2_2(config-if)#ip default-gateway 10.2.1.254
```

（3）在二层交换机 Switch2_3 上配置主机名、管理 IP 地址及网关

```
Switch>enable
Switch#configure terminal
Switch(config)#hostname Switch2_3
Switch2_3(config)#interface vlan 1
Switch2_3(config-if)#ip address 10.2.2.100 255.255.255.0
Switch2_3(config-if)#no shutdown
Switch2_3(config-if)#ip default-gateway 10.2.2.1
```

（4）在二层交换机 Switch2_4 上配置主机名、管理 IP 地址及网关

```
Switch>enable
```

```
Switch#configure terminal
Switch(config)#hostname Switch2_4
Switch2_4(config)#interface vlan 1
Switch2_4(config-if)#ip address 10.2.2.200 255.255.255.0
Switch2_4(config-if)#no shutdown
Switch2_4(config-if)#ip default-gateway 10.2.2.254
```

9.8.5 任务五 Branch2 内网路由器基本配置

（1）在路由器 Router2_3 上配置主机名及 IP 地址

```
Router>enable
Router#configure terminal
Router(config)#hostname Router2_3
Router2_3(config)#interface FastEthernet0/0
Router2_3(config-if)#ip address 10.2.1.254 255.255.255.0
Router2_3(config-if)#no shutdown
Router2_3(config-if)#interface FastEthernet0/1
Router2_3(config-if)#ip address 10.2.0.6 255.255.255.252
Router2_3(config-if)#no shutdown
```

（2）在路由器 Router2_4 上配置主机名及 IP 地址

```
Router>enable
Router#configure terminal
Router(config)#hostname Router2_4
Router2_4(config)#interface FastEthernet0/0
Router2_4(config-if)#ip address 10.2.1.1 255.255.255.0
Router2_4(config-if)#no shutdown
Router2_4(config-if)#interface FastEthernet0/1
Router2_4(config-if)#ip address 10.2.0.2 255.255.255.252
Router2_4(config-if)#no shutdown
```

9.8.6 任务六 Branch2 边界路由器基本配置

（1）在路由器 Router2_1 上配置主机名及 IP 地址

```
Router>enable
```

```
Router#configure terminal
Router(config)#hostname Router2_1
Router2_1(config)#interface FastEthernet0/0
Router2_1(config-if)#ip address 10.2.2.254 255.255.255.0
Router2_1(config-if)#no shutdown
Router2_1(config-if)#interface FastEthernet0/1
Router2_1(config-if)#ip address 10.2.0.5 255.255.255.252
Router2_1(config-if)#no shutdown
Router2_1(config-if)#interface Serial0/0/0
Router2_1(config-if)#ip address 10.0.21.2 255.255.255.252
Router2_1(config-if)#no shutdown
```

（2）在路由器 Router2_2 上配置主机名及 IP 地址

```
Router>enable
Router#configure terminal
Router(config)#hostname Router2_2
Router2_2(config)#interface FastEthernet0/0
Router2_2(config-if)#ip address 10.2.2.1 255.255.255.0
Router2_2(config-if)#no shutdown
Router2_2(config-if)#interface FastEthernet0/1
Router2_2(config-if)#ip address 10.2.0.1 255.255.255.252
Router2_2(config-if)#no shutdown
Router2_2(config-if)#interface Serial0/0/0
Router2_2(config-if)#ip address 10.0.22.2 255.255.255.252
Router2_2(config-if)#no shutdown
```

9.8.7　任务七　Branch3 二层交换机基本配置

（1）在二层交换机 Switch3_1 上配置主机名、管理 IP 地址及网关

```
Switch>enable
Switch#configure terminal
Switch(config)#hostname Switch3_1
Switch3_1(config)#interface vlan 1
Switch3_1(config-if)#ip address 10.3.0.20 255.255.255.240
Switch3_1(config-if)#no shutdown
Switch3_1(config-if)#ip default-gateway 10.3.0.30
```

（2）在二层交换机 Switch3_2 上配置主机名、管理 IP 地址及网关

```
Switch>enable
Switch#configure terminal
Switch(config)#hostname Switch3_2
Switch3_2(config)#interface vlan 1
Switch3_2(config-if)#ip address 10.3.0.40 255.255.255.240
Switch3_2(config-if)#no shutdown
Switch3_2(config-if)#ip default-gateway 10.3.0.46
```

（3）在二层交换机 Switch3_3 上配置主机名、管理 IP 地址及网关

```
Switch>enable
Switch#configure terminal
Switch(config)#hostname Switch3_3
Switch3_3(config)#interface vlan 1
Switch3_3(config-if)#ip address 10.3.0.60 255.255.255.240
Switch3_3(config-if)#no shutdown
Switch3_3(config-if)#ip default-gateway 10.3.0.62
```

（4）在二层交换机 Switch3_4 上配置主机名、管理 IP 地址及网关

```
Switch>enable
Switch#configure terminal
Switch(config)#hostname Switch3_4
Switch3_4(config)#interface vlan 1
Switch3_4(config-if)#ip address 10.3.0.70 255.255.255.240
Switch3_4(config-if)#no shutdown
Switch3_4(config-if)#ip default-gateway 10.3.0.78
```

9.8.8 任务八 Branch3 内网路由器基本配置

（1）在路由器 Router3_2 上配置主机名及 IP 地址

```
Router>enable
Router#configure terminal
Router(config)#hostname Router3_2
Router3_2(config)#interface FastEthernet0/0
Router3_2(config-if)#ip address 10.3.0.19 255.255.255.240
```

```
Router3_2(config-if)#no shutdown
Router3_2(config-if)#interface FastEthernet0/1
Router3_2(config-if)#ip address 10.3.0.46 255.255.255.240
Router3_2(config-if)#no shutdown
Router3_2(config-if)#interface FastEthernet1/0
Router3_2(config-if)#ip address 10.3.0.62 255.255.255.240
Router3_2(config-if)#no shutdown
```

（2）在路由器 Router3_3 上配置主机名及 IP 地址

```
Router>enable
Router#configure terminal
Router(config)#hostname Router3_3
Router3_3(config)#interface FastEthernet0/0
Router3_3(config-if)#ip address 10.3.0.49 255.255.255.240
Router3_3(config-if)#no shutdown
Router3_3(config-if)#interface FastEthernet0/1
Router3_3(config-if)#ip address 10.3.0.78 255.255.255.240
Router3_3(config-if)#no shutdown
```

9.8.9 任务九 Branch3 边界路由器基本配置

在路由器 Router3_1 上配置主机名及 IP 地址：

```
Router>enable
Router#configure terminal
Router(config)#hostname Router3_1
Router3_1(config)#interface GigabitEthernet0/0
Router3_1(config-if)#ip address 10.0.31.2 255.255.255.252
Router3_1(config-if)#no shutdown
Router3_1(config-if)#interface GigabitEthernet1/0
Router3_1(config-if)#ip address 10.3.0.30 255.255.255.240
Router3_1(config-if)#no shutdown
```

9.8.10 任务十 核心路由器 RouterC_0 配置

在路由器 RouterC_0 上配置主机名及 IP 地址：

```
Router>enable
```

```
Router#configure terminal
Router(config)#hostname RouterC_0
RouterC_0(config)#interface GigabitEthernet0/0
RouterC_0(config-if)#ip address 10.0.31.1 255.255.255.252
RouterC_0(config-if)#no shutdown
RouterC_0(config-if)#interface GigabitEthernet1/0
RouterC_0(config-if)#ip address 10.0.11.1 255.255.255.252
RouterC_0(config-if)#no shutdown
RouterC_0(config-if)#interface Serial2/0
RouterC_0(config-if)#ip address 10.0.21.1 255.255.255.252
RouterC_0(config-if)#clock rate 64000
RouterC_0(config-if)#no shutdown
RouterC_0(config-if)#interface Serial3/0
RouterC_0(config-if)#ip address 10.0.22.1 255.255.255.252
RouterC_0(config-if)#clock rate 64000
RouterC_0(config-if)#no shutdown
RouterC_0(config-if)#interface Serial3/0
RouterC_0(config-if)#ip address 10.0.22.1 255.255.255.252
RouterC_0(config-if)#clock rate 64000
RouterC_0(config-if)#no shutdown
RouterC_0(config-if)#interface Serial4/0
RouterC_0(config-if)#ip address 213.5.29.1 255.255.255.252
RouterC_0(config-if)#no shutdown
```

9.8.11 任务十一 运营商路由器基本配置

（1）在 ISP 上配置主机名、IP 地址及 SVI 地址

```
Router>enable
Router#configure terminal
Router(config)#hostname ISP
ISP(config)#interface FastEthernet0/0
ISP(config-if)#ip address 101.101.101.254 255.255.255.0
ISP(config-if)#no shutdown
ISP(config-if)#interface FastEthernet0/1
ISP(config-if)#ip address 202.202.202.254 255.255.255.0
```

（2）在路由器 Router2_2 上配置 OSPFv2

```
Router2_2(config)#router ospf 1
Router2_2(config-router)#network 10.2.2.0 0.0.0.255 area 0
Router2_2(config-router)#network 10.2.0.0 0.0.0.3 area 0
Router2_2(config-router)#network 10.0.22.0 0.0.0.3 area 0
Router2_2(config-router)#default-information originate
```

（3）在路由器 Router2_3 上配置 OSPFv2

```
Router2_3(config)#router ospf 1
Router2_3(config-router)#network 10.2.1.0 0.0.0.255 area 0
Router2_3(config-router)#network 10.2.0.4 0.0.0.3 area 0
```

（4）在路由器 Router2_4 上配置 OSPFv2

```
Router2_4(config)#router ospf 1
Router2_4(config-router)#network 10.2.1.0 0.0.0.255 area 0
Router2_4(config-router)#network 10.2.0.0 0.0.0.3 area 0
```

（5）在路由器 Router2_1 上查看路由表

```
Router2_1#show ip route | begin Gateway
Gateway of last resort is 0.0.0.0 to network 0.0.0.0

     10.0.0.0/8 is variably subnetted, 6 subnets, 2 masks
C        10.0.21.0/30 is directly connected, Serial0/0/0
O        10.0.22.0/30 [110/65] via 10.2.2.1, 00:08:49, FastEthernet0/0
O        10.2.0.0/30 [110/2] via 10.2.2.1, 00:08:49, FastEthernet0/0
C        10.2.0.4/30 is directly connected, FastEthernet0/1
O        10.2.1.0/24 [110/2] via 10.2.0. 6, 00:08:59, FastEthernet0/1
C        10.2.2.0/24 is directly connected, FastEthernet0/0
S*   0.0.0.0/0 is directly connected, Serial0/0/0
```

9.8.17　任务十七　被动接口配置

（1）在三层交换机 Switch1_1 上配置被动接口

```
Switch1_1(config)#router rip
```

```
Switch1_1(config-router)#passive-interface vlan 10
Switch1_1(config-router)#passive-interface vlan 20
Switch1_1(config-router)#passive-interface vlan 30
Switch1_1(config-router)#passive-interface vlan 40
```

（2）在路由器 Router3_2 上配置被动接口

```
Router3_2(config)#router eigrp 530
Router3_2(config-router)#passive-interface FastEthernet0/1
```

（3）在路由器 Router3_3 上配置被动接口

```
Router3_3(config)#router eigrp 530
Router3_3(config-router)# passive-interface FastEthernet0/1
```

9.8.18 任务十八 路由重分布配置

在路由器 Router3_1 上配置路由重分布功能：

```
Router3_1(config)#router eigrp 530
Router3_1(config-router)#redistribute static
```

9.8.19 任务十九 NAT 配置

（1）在路由器 RouterC_0 上配置 NAT 功能

```
RouterC_0(config)#ip access-list standard NAT
RouterC_0(config-std-nacl)#permit 10.0.0.0 0.3.255.255
RouterC_0(config-std-nacl)#exit
RouterC_0(config)#ip nat inside source list NAT interface Serial4/0 overload
RouterC_0(config)#ip nat inside source static 10.1.30.253 213.5.31.1
RouterC_0(config)#ip nat inside source static 10.3.0.17 213.5.31.3
RouterC_0(config)#ip nat inside source static 10.2.1.252 213.5.31.2
RouterC_0(config)#interface Serial2/0
RouterC_0(config-if)#ip nat inside
RouterC_0(config-if)#interface Serial3/0
RouterC_0(config-if)#ip nat inside
RouterC_0(config-if)#interface GigabitEthernet0/0
RouterC_0(config-if)#ip nat inside
```

```
RouterC_0(config-if)#interface GigabitEthernet1/0
RouterC_0(config-if)#ip nat inside
RouterC_0(config-if)#interface Serial4/0
RouterC_0(config-if)#ip nat outside
```

（2）在路由器 RouterC_0 上查看 NAT 转换表

```
RouterC_0#show ip nat translations
Pro    Inside global        Inside local        Outside local        Outside global
icmp 213.5.29.1:1           10.2.1.253:1        219.11.22.121:1      219.11.22.121:1
icmp 213.5.29.1:2           10.2.1.253:2        219.11.22.121:2      219.11.22.121:2
icmp 213.5.29.1:3           10.2.1.253:3        219.11.22.121:3      219.11.22.121:3
icmp 213.5.29.1:4           10.2.1.253:4        219.11.22.121:4      219.11.22.121:4
icmp 213.5.31.3:2           10.3.0.17:2         173.194.72.99:2      173.194.72.99:2
icmp 213.5.31.3:3           10.3.0.17:3         173.194.72.99:3      173.194.72.99:3
icmp 213.5.31.3:4           10.3.0.17:4         173.194.72.99:4      173.194.72.99:4
——     213.5.31.1           10.1.30.253         ——                   ——
——     213.5.31.2           10.2.1.252          ——                   ——
——     213.5.31.3           10.3.0.17           ——                   ——
```

9.8.20 任务二十 PAP 认证配置

（1）在路由器 RouterC_0 上配置 PPP，开启 PAP 认证

```
RouterC_0(config)#interface Serial4/0
RouterC_0(config-if)#encapsulation ppp
RouterC_0(config-if)#ppp pap sent-username bosea password YTLAI
```

（2）在路由器 ISP 上配置 PPP，开启 PAP 认证

```
ISP(config)#username bosea password YTLAI
ISP(config)#interface Serial0/0/0
ISP(config-if)#encapsulation ppp
ISP(config-if)#ppp authentication pap
```

9.8.21 任务二十一 IPv6 地址配置

（1）在路由器 Router2_1 配置 IPv6 地址

```
Router2_1(config)#ipv6 unicast-routing
Router2_1(config)#interface FastEthernet0/0
Router2_1(config-if)#ipv6 address 2013:0519:A528::254/64
Router2_1(config-if)#interface FastEthernet0/1
Router2_1(config-if)#ipv6 address 2013:0519:D531::/127
```

（2）在路由器 Router2_2 上配置 IPv6 地址

```
Router2_2(config)#ipv6 unicast-routing
Router2_2(config)#interface FastEthernet0/0
Router2_2(config-if)#ipv6 address 2013:0519:A528::1/64
Router2_2(config-if)#interface FastEthernet0/1
Router2_2(config-if)#ipv6 address 2013:0519:C530::/127
```

（3）在路由器 Router2_3 上配置 IPv6 地址

```
Router2_3(config)#ipv6 unicast-routing
Router2_3(config)#interface FastEthernet0/0
Router2_3(config-if)#ipv6 address 2013:0519:B529::254/64
Router2_3(config-if)#interface FastEthernet0/1
Router2_3(config-if)#ipv6 address 2013:0519:D531::1/127
```

（4）在路由器 Router2_4 上配置 IPv6 地址

```
Router2_4(config)#ipv6 unicast-routing
Router2_4(config)#interface FastEthernet0/0
Router2_4(config-if)#ipv6 address 2013:0519:B529::1/64
Router2_4(config-if)#interface FastEthernet0/1
Router2_4(config-if)#ipv6 address 2013:0519:C530::1/127
```

（5）在路由器 Router2_2 上查看 IPv6 地址配置

```
Router2_2#show ipv6 interface brief
FastEthernet0/0              [up/up]
    FE80::230:F2FF:FEBA:A2D4
```

```
    2013:519:A528::1
FastEthernet0/1              [up/up]
    FE80::203:E4FF:FE07:5B69
2013:519:C530::
Router2_3#show ipv6 interface brief
FastEthernet0/0              [up/up]
    FE80::2D0:BAFF:FEAB:B089
    2013:519:B529::254
FastEthernet0/1              [up/up]
    FE80::2D0:97FF:FE90:C940
    2013:519:D531::1
```

9.8.22　任务二十二　RIPng 配置

（1）在路由器 Router2_1 上配置 RIPng

```
Router2_1(config)#ipv6 router rip SUFEI
Router2_1(config-rtr)#interface FastEthernet0/0
Router2_1(config-if)#ipv6 rip SUFEI enable
Router2_1(config-if)#interface FastEthernet0/1
Router2_1(config-if)#ipv6 rip SUFEI enable
```

（2）在路由器 Router2_2 上配置 RIPng

```
Router2_2(config)#ipv6 router rip SUFEI
Router2_2(config-rtr)#interface FastEthernet0/0
Router2_2(config-if)#ipv6 rip SUFEI enable
Router2_2(config-if)#interface FastEthernet0/1
Router2_2(config-if)#ipv rip SUFEI enable
```

（3）在路由器 Router2_3 上配置 RIPng

```
Router2_3(config)#ipv6 router rip SUFEI
Router2_3(config-rtr)#interface FastEthernet0/0
Router2_3(config-if)#ipv6 rip SUFEI enable
Router2_3(config-if)#interface FastEthernet0/1
Router2_3(config-if)#ipv6 rip SUFEI enable
```

（4）在路由器 Router2_4 上配置 RIPng

```
Router2_4(config)#ipv6 router rip SUFEI
Router2_4(config-rtr)#interface FastEthernet0/0
Router2_4(config-if)#ipv6 rip SUFEI enable
Router2_4(config-if)#interface FastEthernet0/1
Router2_4(config-if)#ipv6 rip SUFEI enable
```

（5）在路由器 Router2_2 上查看 IPv6 路由表

```
Router2_2#show ipv6 route
IPv6 Routing Table - 7 entries
Codes: C - Connected, L - Local, S - Static, R - RIP, B - BGP
       U - Per-user Static route, M - MIPv6
       I1 - ISIS L1, I2 - ISIS L2, IA - ISIS interarea, IS - ISIS summary
       O - OSPF intra, OI - OSPF inter, OE1 - OSPF ext 1, OE2 - OSPF ext 2
       ON1 - OSPF NSSA ext 1, ON2 - OSPF NSSA ext 2
       D - EIGRP, EX - EIGRP external
C   2013:519:A528::/64 [0/0]
     via ::, FastEthernet0/0
L   2013:519:A528::1/128 [0/0]
     via ::, FastEthernet0/0
R   2013:519:B529::/64 [120/2]
     via FE80::260:3EFF:FE6C:4502, FastEthernet0/1
C   2013:519:C530::/127 [0/0]
     via ::, FastEthernet0/1
L   2013:519:C530::/128 [0/0]
     via ::, FastEthernet0/1
R   2013:519:D531::/127 [120/3]
     via FE80::260:3EFF:FE6C:4502, FastEthernet0/1
L   FF00::/8 [0/0]
     via ::, Null0
```

9.8.23 任务二十三 HFC 接入 WAN 配置

ISP 的 Cable 配置如图 9-2 所示。

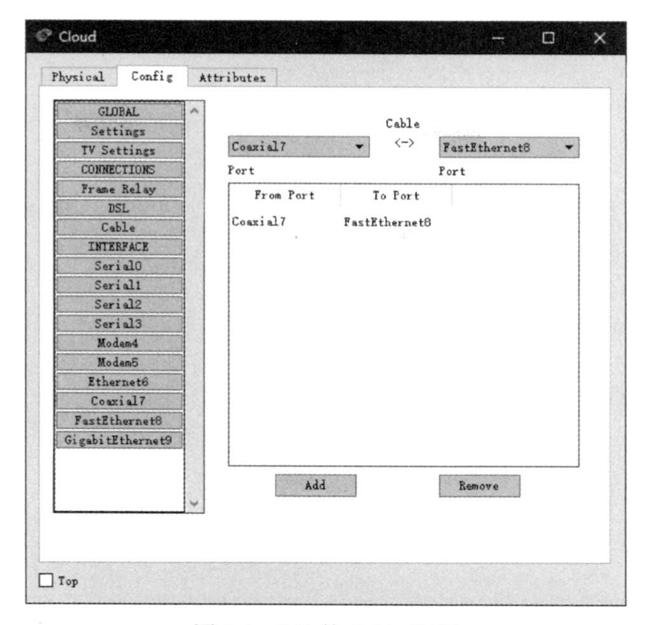

图 9-2　ISP 的 Cable 配置

9.8.24　任务二十四　DSL 接入 WAN 配置

ISP 的 DSL 配置如图 9-3 所示。

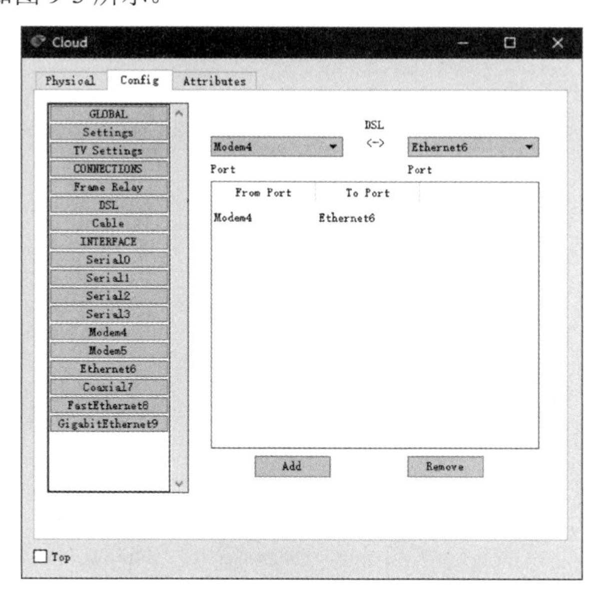

图 9-3　ISP 的 DSL 配置

9.8.25 任务二十五 Telnet 远程登录配置

在路由器 Router1_1 上配置 Telnet：

```
Router1_1(config)#enable secret ytvc
Router1_1(config)#line vty 0 4
Router1_1(config-line)#password CFL
Router1_1(config-line)#login
```

9.8.26 任务二十六 无线路由器配置

无线路由器 Angela-WiFi 网络配置如图 9-4 所示。

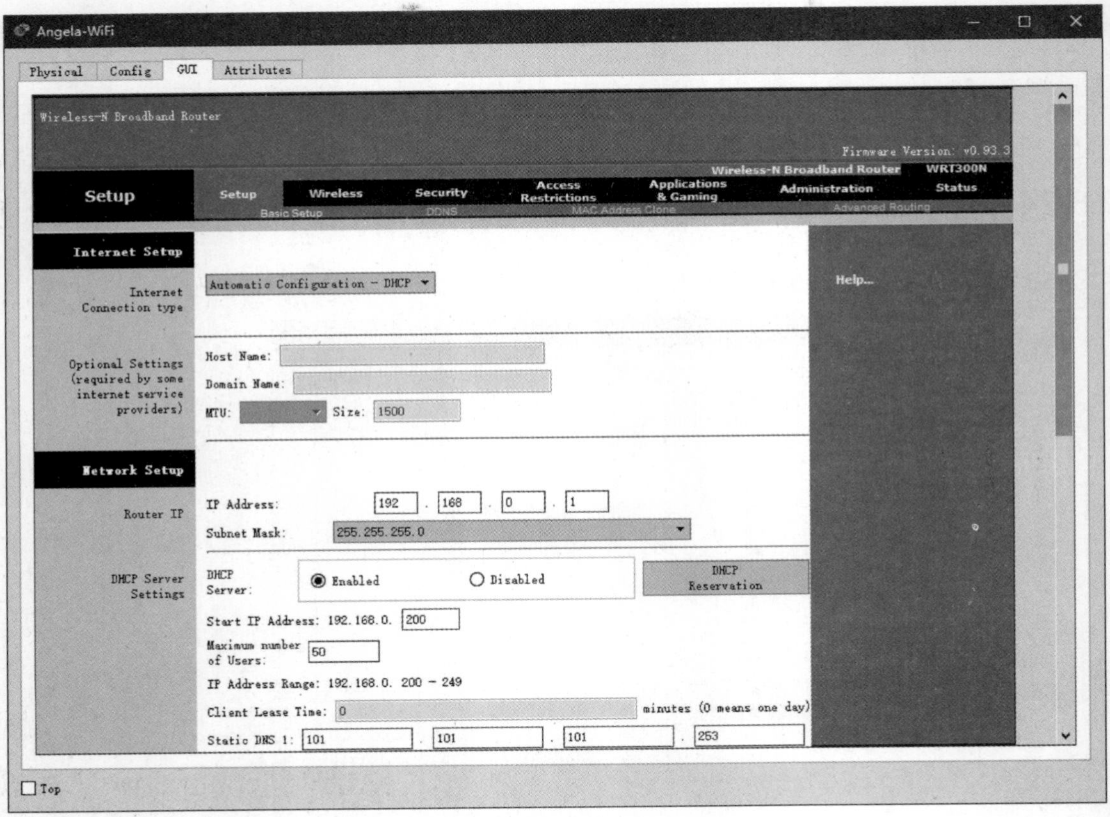

图 9-4 无线路由器 Angela-WiFi 网络配置

无线路由器 Angela-WiFi SSID 配置如图 9-5 所示。

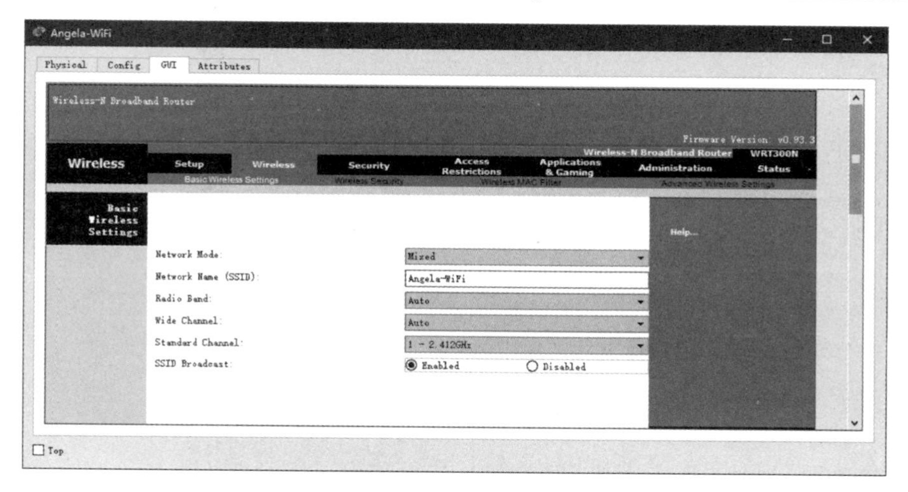

图 9-5　无线路由器 Angela-WiFi SSID 配置

无线路由器 Angela-WiFi 加密方式配置如图 9-6 所示。

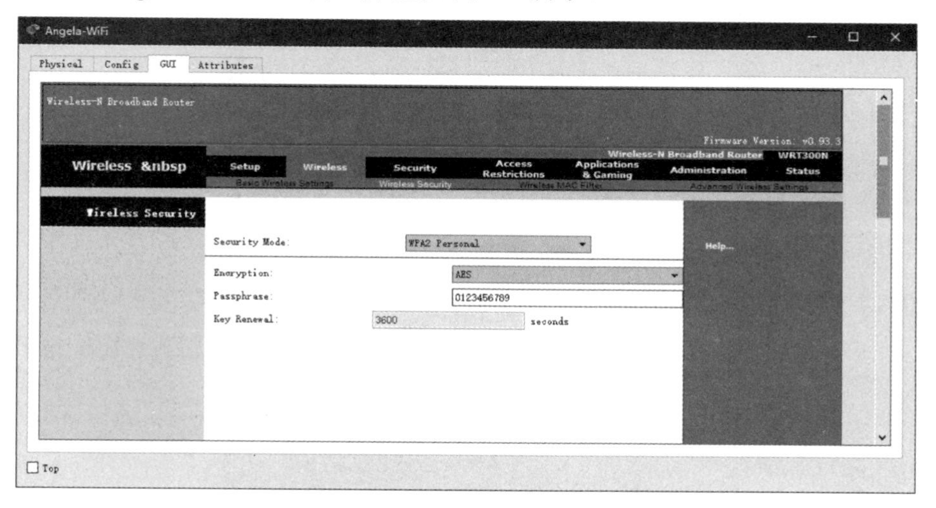

图 9-6　无线路由器 Angela-WiFi 加密方式配置

Rechie 家庭无线路由器及 Branch1 区域的无线路由器按照项目需求配置，请读者参照 Angela 家庭无线路由器的配置步骤完成。

9.8.27　任务二十七　无线 MAC 地址过滤

（1）在 Rechie 的 PC 上查看无线网卡的 MAC 地址

```
PC>ipconfig /all
```

```
Wireless0 Connection:(default port)

Connection-specific DNS Suffix..:
Physical Address................: 0090.0C61.5921
Link-local IPv6 Address.........: ::
IP Address......................: 192.168.0.11
Subnet Mask.....................: 255.255.255.0
Default Gateway.................: 192.168.0.1
DNS Servers.....................: 101.101.101.253
DHCP Servers....................: 192.168.0.1
DHCPv6 Client DUID..............: 00-01-00-01-5B-73-20-52-00-90-0C-61-59-21
```

（2）在 Rechie-WiFi 上配置无线 MAC 地址过滤功能

Rechie-WiFi MAC 地址过滤功能配置如图 9-7 所示。

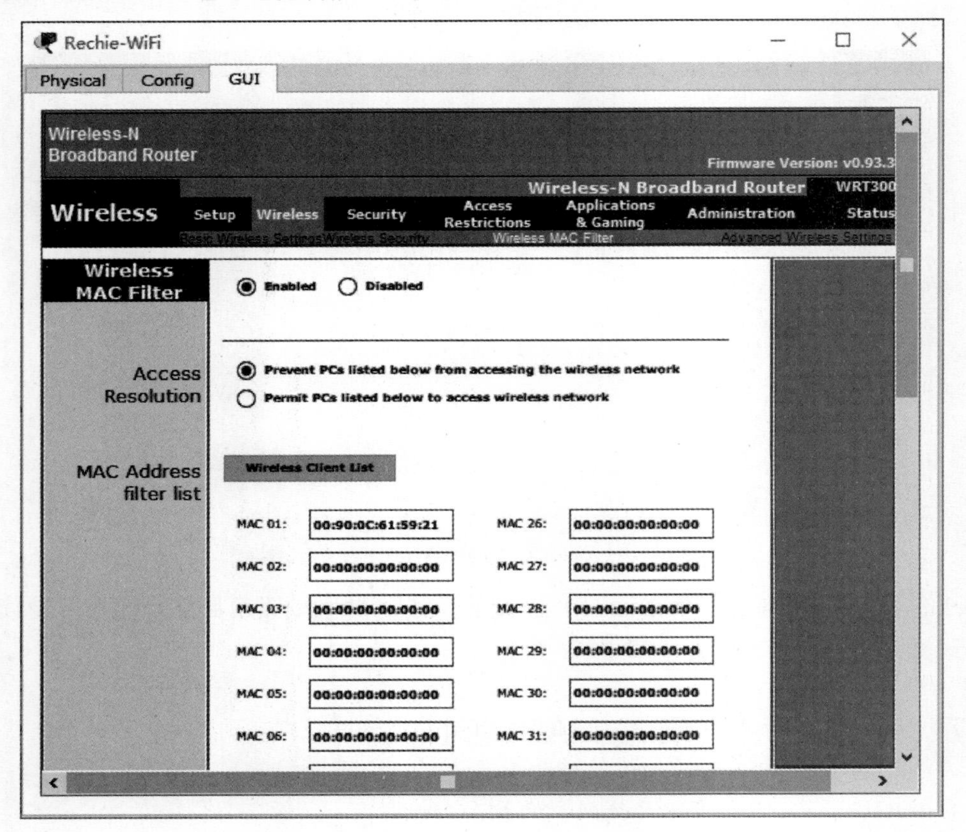

图 9-7 Rechie-WiFi MAC 地址过滤功能配置

9.8.28　任务二十八　DHCP 服务配置

（1）在三层交换机 Switch1_1 上配置 DHCP 服务

```
Switch1_1(config)#ip dhcp excluded-address 10.1.10.254
Switch1_1(config)#ip dhcp excluded-address 10.1.20.254
Switch1_1(config)#ip dhcp excluded-address 10.1.40.1
Switch1_1(config)#ip dhcp pool VLAN10
Switch1_1(dhcp-config)#network 10.1.10.0 255.255.255.0
Switch1_1(dhcp-config)#default-router 10.1.10.254
Switch1_1(dhcp-config)#dns-server 10.2.2.252
Switch1_1(dhcp-config)#ip dhcp pool VLAN20
Switch1_1(dhcp-config)#network 10.1.20.0 255.255.255.0
Switch1_1(dhcp-config)#default-router 10.1.20.254
Switch1_1(dhcp-config)#dns-server 10.2.2.252
Switch1_1(dhcp-config)#ip dhcp pool VLAN40
Switch1_1(dhcp-config)#network 10.1.40.0 255.255.255.252
Switch1_1(dhcp-config)#default-router 10.1.40.1
Switch1_1(dhcp-config)#dns-server 10.2.2.252
```

（2）在路由器 Router3_2 上配置 DHCP 服务

```
Router3_2(config)#ip dhcp excluded-address 10.3.0.40
Router3_2(config)#ip dhcp excluded-address 10.3.0.46
Router3_2(config)#ip dhcp excluded-address 10.3.0.49
Router3_2(config)#ip dhcp excluded-address 10.3.0.60
Router3_2(config)#ip dhcp excluded-address 10.3.0.62
Router3_2(config)#ip dhcp pool LAN3_2
Router3_2(dhcp-config)#network 10.3.0.32 255.255.255.240
Router3_2(dhcp-config)#default-router 10.3.0.46
Router3_2(dhcp-config)#dns-server 10.2.2.252
Router3_2(dhcp-config)#ip dhcp pool LAN3_3
Router3_2(dhcp-config)#network 10.3.0.48 255.255.255.240
Router3_2(dhcp-config)#default-router 10.3.0.62
Router3_2(dhcp-config)#dns-server 10.2.2.252
```

9.8.29 任务二十九 DNS 服务器配置

在服务器 Server2_4 上配置 DNS 服务。服务器 Server2_4 上的 DNS 服务配置如图 9-8 所示。

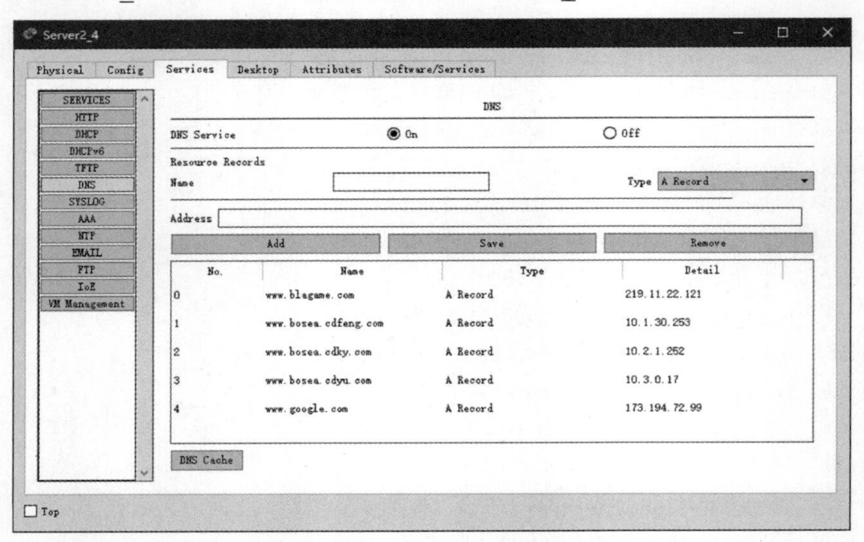

图 9-8 服务器 Server2_4 上的 DNS 服务配置

在服务器 D-Server 上配置 DNS 服务。服务器 D-Server 上的 DNS 配置如图 9-9 所示。

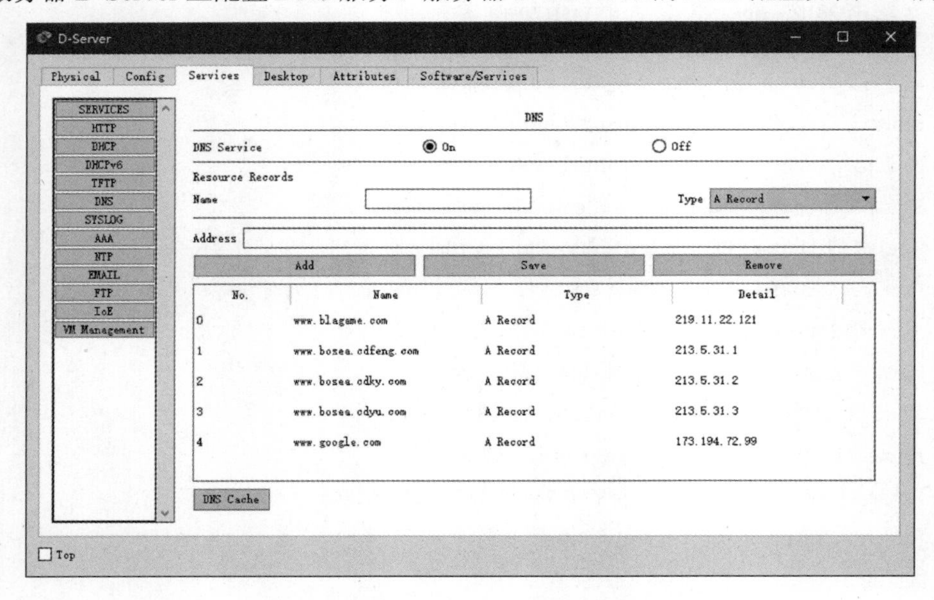

图 9-9 服务器 D-Server 上的 DNS 配置

9.8.30　任务三十　WEB 服务器配置

在服务器 Server1_1 上配置 WEB 服务。Server1_1 上的 WEB 服务配置如图 9-10 所示。

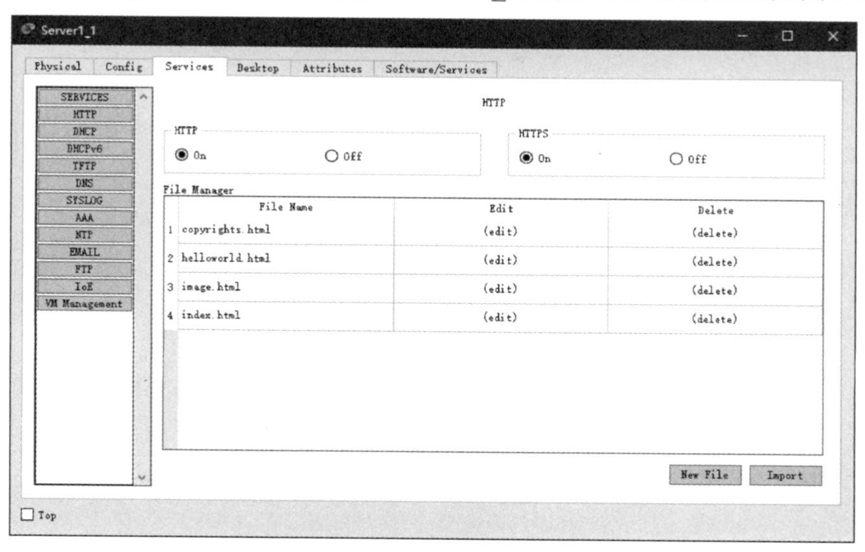

图 9-10　Server1_1 上的 WEB 服务配置

在服务器 Server2_2 上配置 WEB 服务。Server2_2 上的 WEB 服务配置如图 9-11 所示。

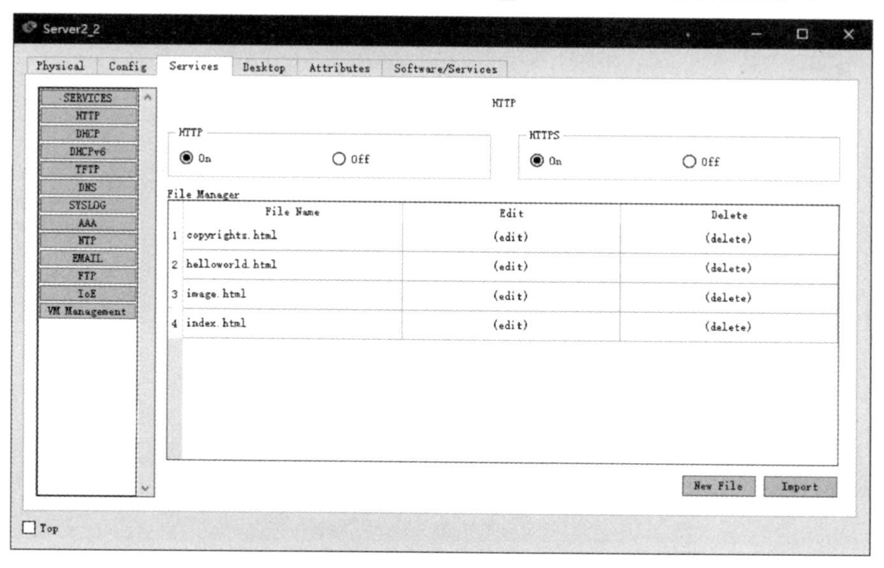

图 9-11　Server2_2 上的 WEB 服务配置

在服务器 Server3_1 上配置 WEB 服务。Server3_1 上的 WEB 服务配置如图 9-12 所示。

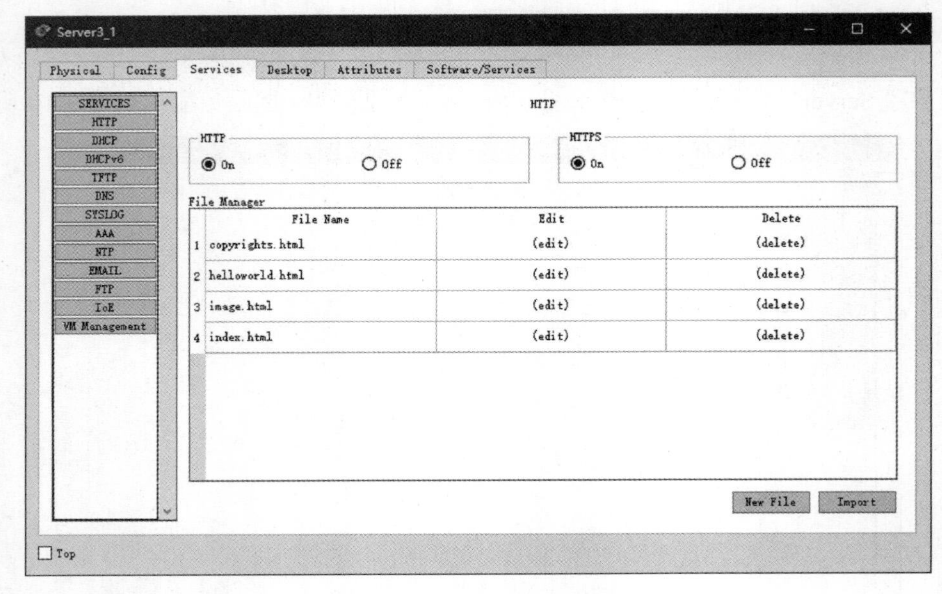

图 9-12 Server3_1 上的 WEB 服务配置

在服务器 www.google.com 上配置 WEB 服务。www.google.com 上的 WEB 服务配置如图 9-13 所示。

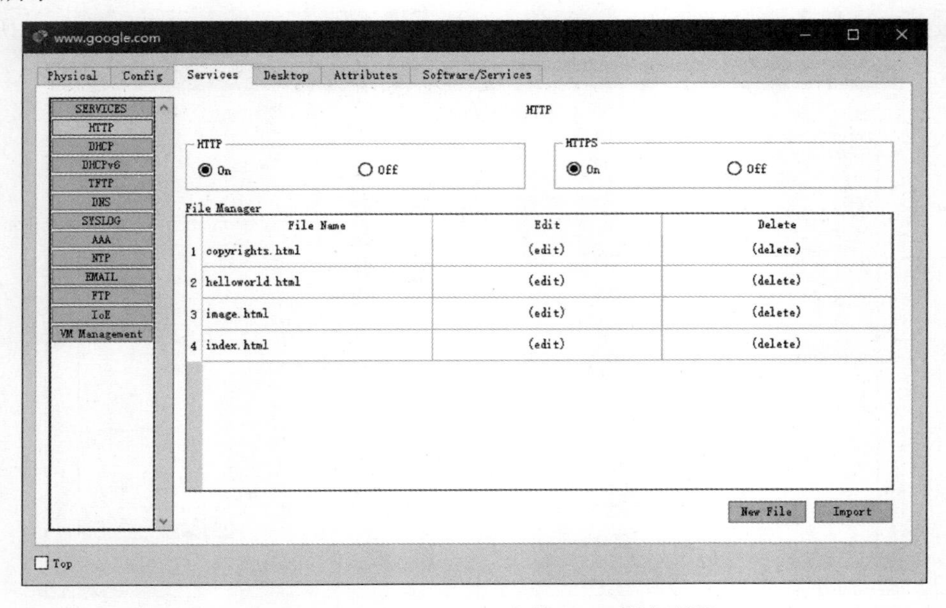

图 9-13 www.google.com 上的 WEB 服务配置

在服务器 www.blagame.com 上配置 WEB 服务。www.blagame.com 上的 WEB 服务配置如图 9-14 所示。

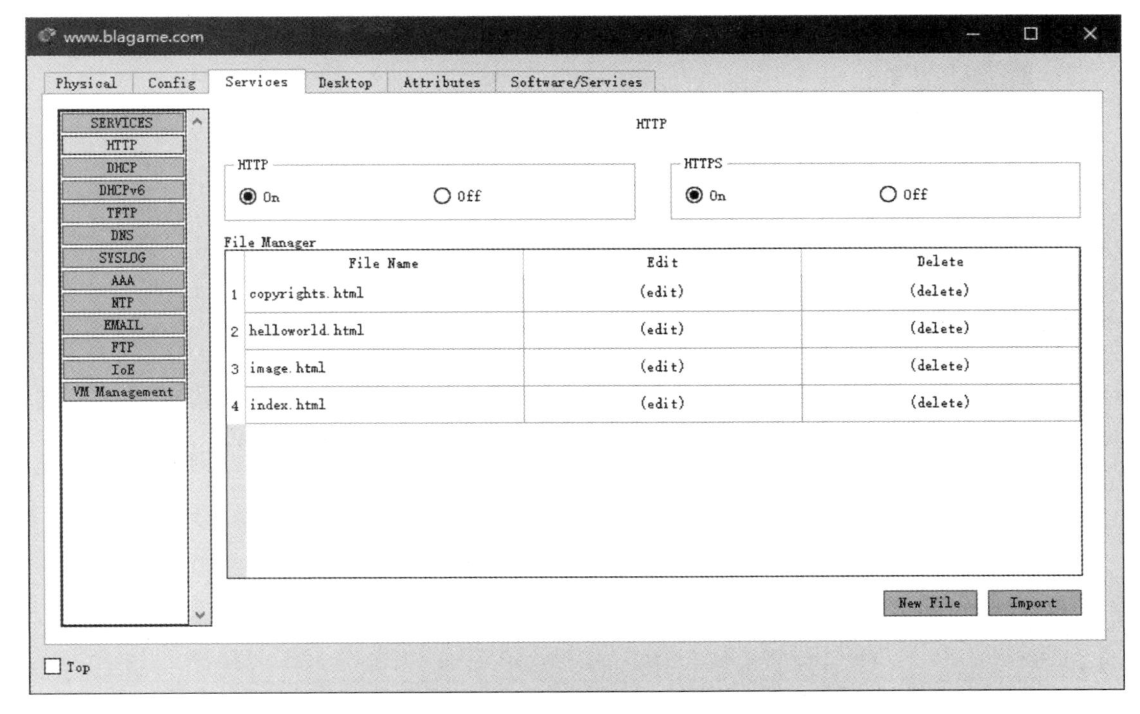

图 9-14　www.blagame.com 上的 WEB 服务配置

9.8.31　任务三十一　文件保存及备份

请将 Bosea 公司所有交换机与路由器的配置进行本地保存，并备份到 TFTP Server 上，同时将所有交换机和路由器的 IOS 映像在 TFTP Server 上进行备份。

9.9　功能测试

9.9.1　无线网络测试

Rechie 家庭网络 IP 地址获取测试如图 9-15 所示。

Angela 家庭网络 IP 地址获取测试如图 9-16 所示。

Rechie 和 Angela 家庭网络中的无线设备成功接入 WiFi，如图 9-17 所示。

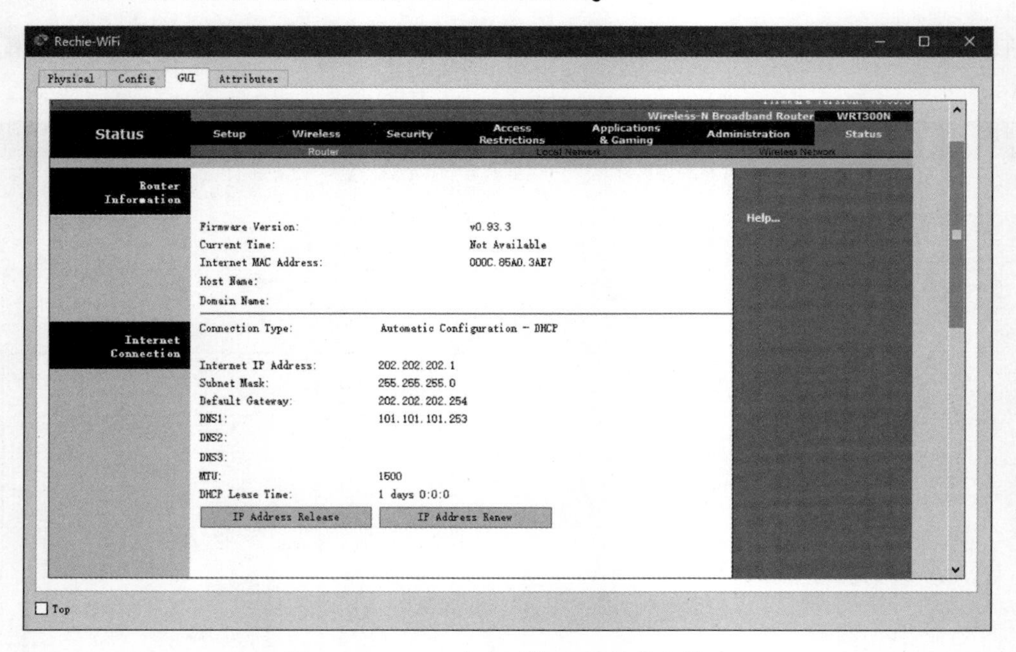

图 9-15 Rechie 家庭网络 IP 地址获取测试

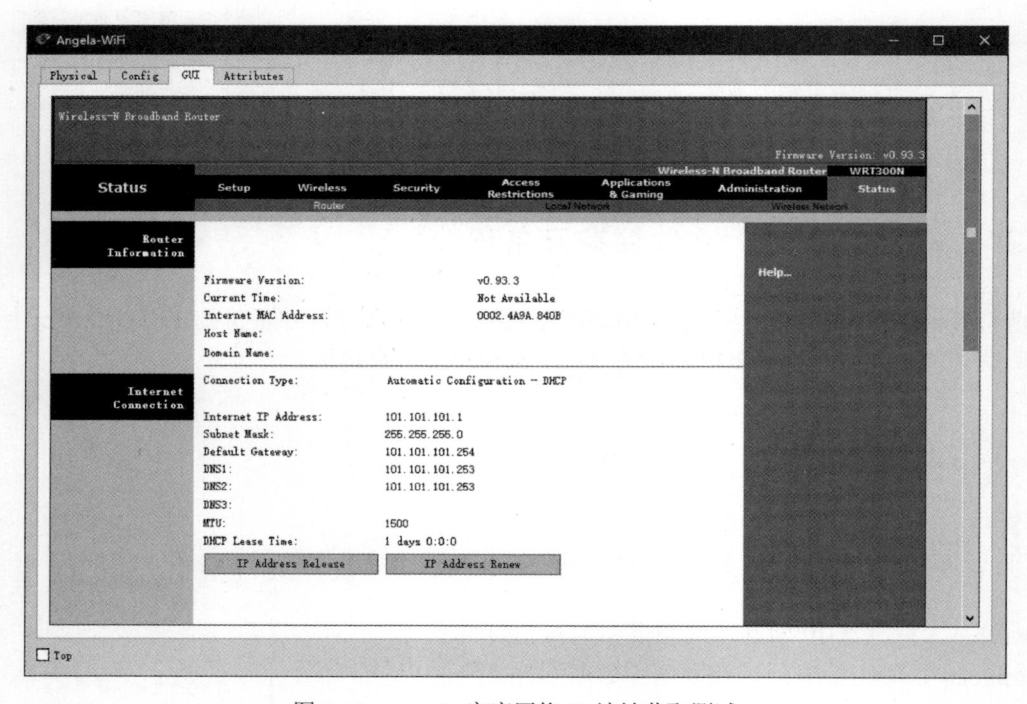

图 9-16 Angela 家庭网络 IP 地址获取测试

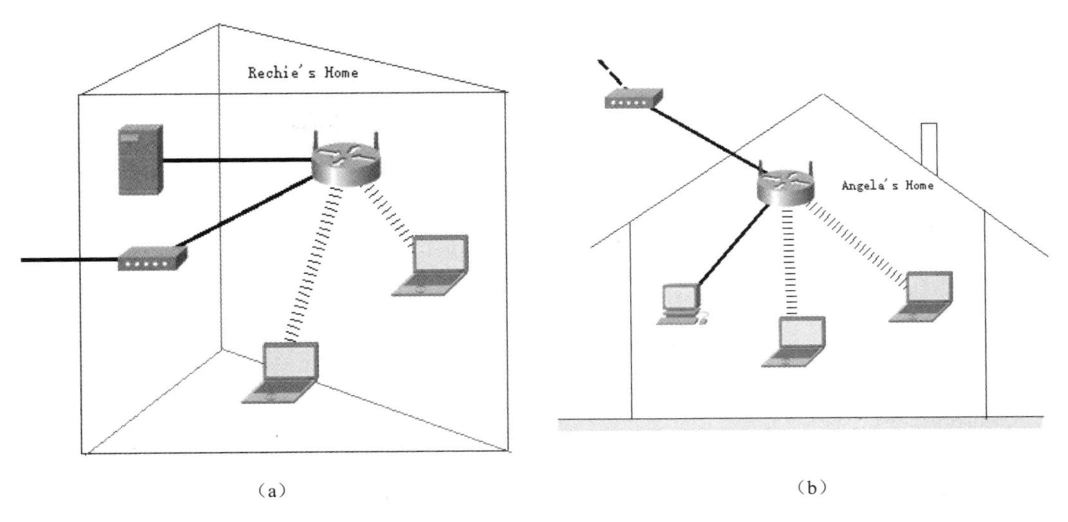

图 9-17　Rechie 和 Angela 家庭网络中的无线设备成功接入 WiFi

9.9.2　网络连通性测试

Rechie 可以成功访问 Balagame 游戏网站，如图 9-18 所示。

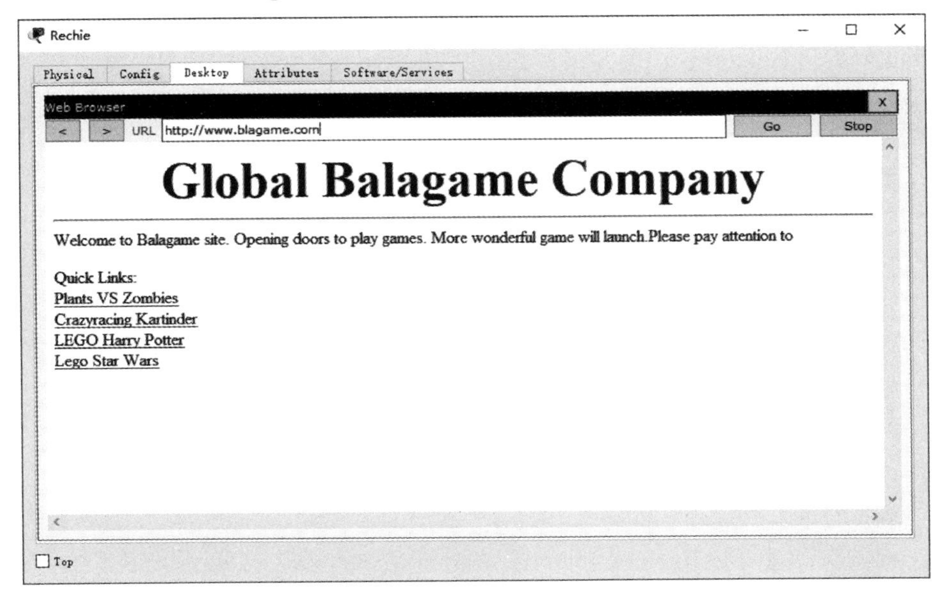

图 9-18　Rechie 可以成功访问 Balagame 游戏网站

Rechie 可以成功访问公司内部网页，如图 9-19 所示。

图 9-19　Rechie 可以成功访问公司内部网页

9.9.3　WEB 服务测试

Angelajack 访问 Google 公司的主页，如图 9-20 所示。

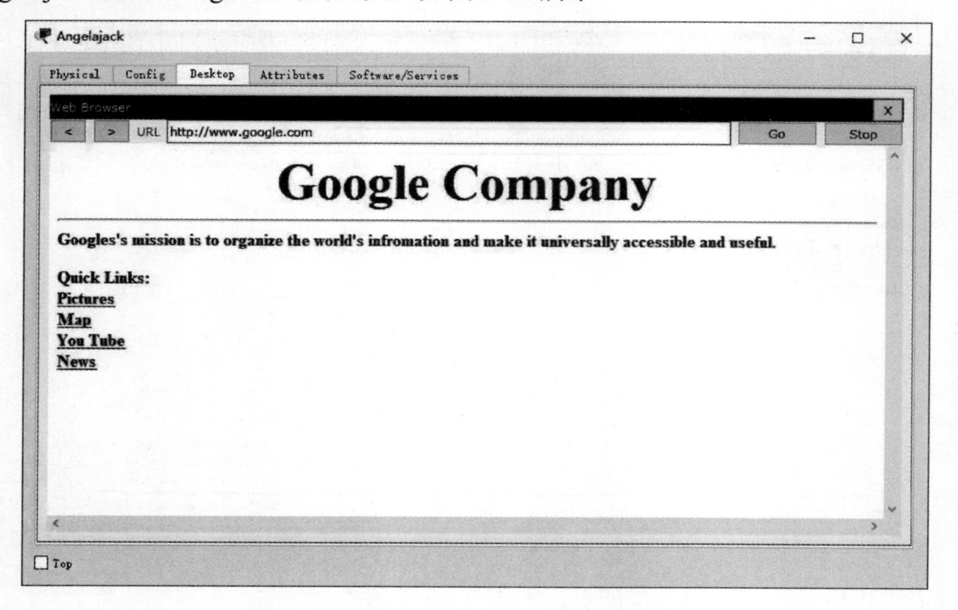

图 9-20　Angelajack 访问 Google 公司的主页

Angela 家庭网络可以访问公司内部网页，如图 9-21 所示。

图 9-21　Angela 家庭网络可以访问公司内部网页

Branch3 区域的 PC3_2 访问 Branch1 主页，如图 9-22 所示。

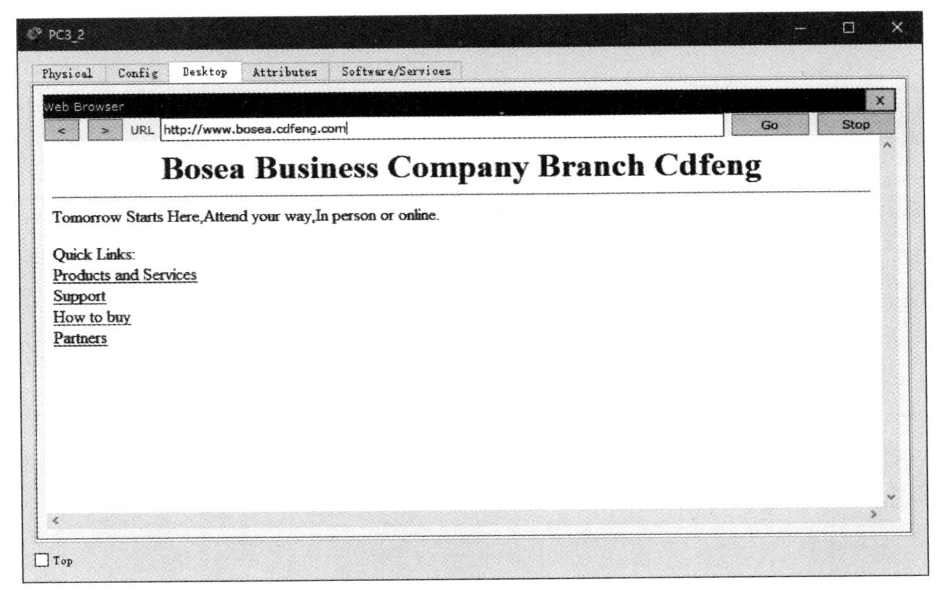

图 9-22　PC3_2 访问 Branch1 主页

9.9.4 MAC 地址过滤测试

图 9-23 所示为 MAC 地址过滤测试。

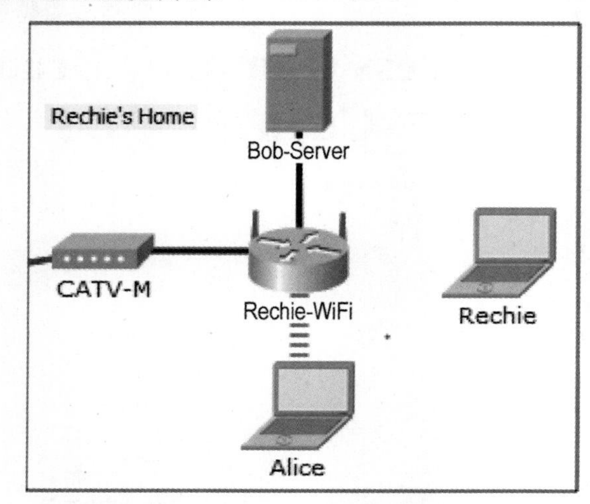

图 9-23 MAC 地址过滤测试

在路由器 Rechie-WiFi 上配置 MAC 地址过滤功能，之后 Rechie 的计算机将无法连接无线路由器。

9.10 本章小结

本章案例的项目背景是三个分支的企业网络与两个家庭网络的互联。本章案例中采用的技术包括路由、交换、无线、安全等内容；网络类型包括企业网络、家庭网络和运营商网络；传输介质包括串行缆线、双绞线、同轴电缆、光纤、电话线等。本章案例中网络协议包括 IPv4 和 IPv6；路由技术包括 IPv4 静态路由、IPv6 静态路由、RIPv2、RIPng、OSPFv2、EIGRP 等；WAN 技术包括 PAP 和 NAT；网络服务包括 WEB、DNS、DHCP、TFTP 等。在家庭网络中，通过设置 MAC 地址过滤来限制家庭网络的主人公玩游戏，让所设计网络更加贴近生活。本章案例的特点是模拟实现真正意义上的“三网融合”。通过学习本章案例，可使读者体会到该工程项目的综合性、复杂性、富有趣味性和挑战性，既开阔了读者的视野，又拓展了读者的思路，还进一步增强了读者对故障的排错能力。

第10章 >>>

综合项目扩展训练

本章要点

- 构建小型企业网络
- 部署 IPv6 企业网络
- 搭建多分支企业网络
- 升级公司企业网络
- 感受网络世界心跳
- 本章小结

通过学习前 9 章的内容，相信读者对各种网络技术及其应用场景有了更深入的理解。本章通过“构建小型企业网络”“部署 IPv6 企业网络”“搭建多分支企业网络”“升级公司企业网络”“感受网络世界心跳”5 个综合挑战项目（案例），对前面所提及的技术进行综合应用，让读者充分拓展丰富的想象空间，完善项目拓扑，把前面没有涵盖的内容，如 OSPF 特殊区域、GRE over IPSec 等内容，通过拓展网络拓扑展示出来，进一步提高读者的网络规划与设计能力。

10.1 构建小型企业网络

10.1.1 项目背景

LX 大学毕业后成立了一个网络工作室，由于刚刚起步，资金不足，于是她在二手市场购买了 1 台 Cisco 2811 路由器、2 台 Cisco 2950 交换机和 1 块 16 端口交换模块来搭建工作室网络。LX 初步打算将工作室划分为 5 个部门，分工合作，各司其职。

其合作伙伴得知 LX 目前资金紧张，决定赠送她 218.12.13.4/32 这个地址作为服务器公网 IP 地址，光纤接入 ISP 的费用也由合作伙伴承担。合作伙伴要求 LX 兼职管理合作伙伴公司网络，并将合作伙伴公司设备的配置文件备份到 LX 工作室的 TFTP 服务器上，LX 和合作伙伴的设备可以通过 SSH 或者 Telnet 远程管理。随着公司业务扩大，需要成立分公司，具体网络规划与设计由读者来完成。

10.1.2 项目拓扑

项目拓扑，如图 10-1 所示。

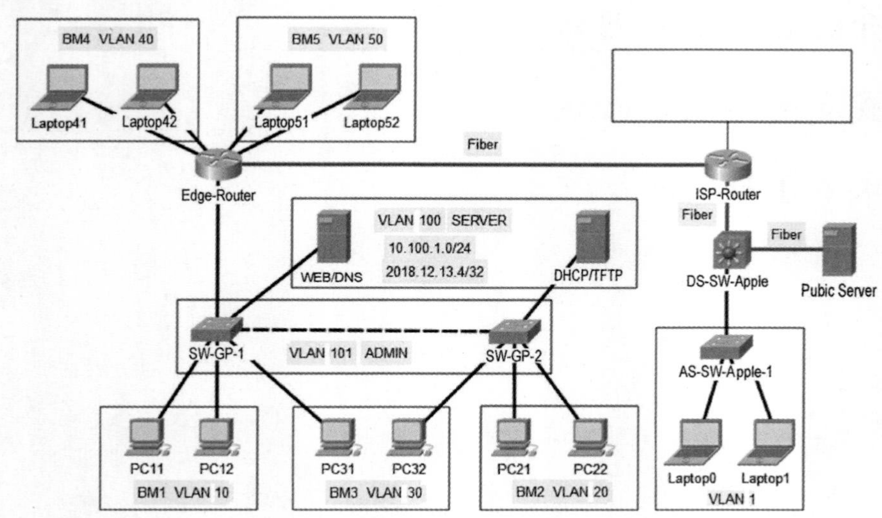

图 10-1 项目拓扑

10.1.3 项目需求

（1）设备命名及拓扑搭建

- 根据项目拓扑修改所有设备的名称；
- 根据项目拓扑完成设备连接。

（2）VLAN 及 Trunk 配置

- 根据 VLAN 规划表划分 VLAN，确保接口分配正确；
- 根据项目拓扑合理配置 Trunk，其封装模式均为 IEEE 802.1q。

（3）IP 地址配置

- 根据地址规划表配置物理接口或子接口 IP 地址；
- 根据地址规划表完成 SVI 地址配置；
- 根据地址规划表静态指定服务器 IP 地址。

（4）DHCP 服务配置

- 配置 DHCP 服务器，确保终端 PC 可以动态获取 IP 地址；
- 在路由器 Edge-Router 和三层交换机 DS-SW-Apple 上配置 DHCP 服务，为工作室内 BM4、BM5 的 PC 以及合作伙伴的 PC 动态分配 IP 地址，地址规划表如表 10-1 所示；

表 10-1 地址规划表

地址池名称	地 址 排 除	DNS 服务器	网 关
VLAN 40	10.4.40.101~10.4.40.254	10.100.1.253	10.4.40.254
VLAN 50	10.5.50.101~10.5.50.254		10.5.50.254
VLAN 1	17.100.1.100~17.100.1.254	17.248.0.210	17.248.1.254

- 配置 DHCP 中继，确保终端可以跨网段获取 IP 地址。

（5）单臂路由配置

- 在路由器 Edge-Router 上配置单臂路由，实现 VLAN 间通信。

（6）静态路由配置

- 在三层交换机 DS-SW-Apple 和路由器 Edge-Router 上配置静态默认路由；

- 在路由器 ISP-Router 上配置静态路由，指向合作伙伴的公司网段。

（7）NAT 配置

- 在路由器 Edge-Router 上配置 NAPT 功能，使内网设备可以访问公网；
- 在路由器 Edge-Router 上配置 NAT 端口映射；映射的公网地址是 218.12.13.4，要求从公网可以通过该地址采用 Telnet 访问交换机 SW-GP-1，可以通过该地址采用 SSH 访问路由器 Edge-Router，通过该地址也可以将合作伙伴设备配置文件备份到内网 TFTP 服务器上。

（8）TFTP 文件备份

- 备份本地以及合作伙伴网络设备的配置文件到 TFTP 服务器上。

（9）WEB 服务器配置

- 在 WEB/DNS 服务器上配置 WEB 服务，对内网提供 WEB 服务。

（10）DNS 服务器配置

- 在 WEB/DNS 服务器上配置 DNS 服务，域名自定义。

（11）远程登录配置

- 二层交换机 SW-GP-1 和 SW-GP-2 只允许采用 Telnet 登录；
- 路由器 Edge-Router 只允许采用 SSH 登录；
- 要求对所有明文密码进行加密操作。

Telnet 和 SSH 的用户名与密码对应表如表 10-2 所示。

表 10-2　用户名与密码对应表

Username	Password
Lx	17net2
Lqh	17net2
Lxl	17net2
Lyz	17net2

（12）域名解析配置

- 在路由器 Edge-Router 上配置主机名解析，使用主机名访问 SW-GP-1；
- 在三层交换机 DS-SW-Apple 上配置主机名解析，使用主机名访问 SW-GP-1。

注意：主机名访问不区分大小写。

（13）思维拓展挑战

请在空白处，完成以下挑战任务：

- 为新建分公司规划网络，根据所提要求搭建网络拓扑；
- 为新建分公司合理规划 IP 地址；
- 分公司网络规划要兼顾安全性、可靠性和可扩展性；
- 在分公司网络中应用 HSRP 和 PVST；
- 为分公司网络配置 IEEE 802.1x 端口认证，BPDU 防护、根防护和快速端口等功能；
- 对分公司接入层交换机部署端口安全，每个端口允许最多接入主机数为 3，违规端口进入 dis-error 状态；
- 分公司采用 OSPFv2 多区域，终端 PC 接入末节区域，区域间采用 MD5 验证。

10.1.4　设备选型

表 10-3 为设备选型表。

表 10-3　设备选型表

设 备 类 型	设 备 数 量	设备对应名称
Cisco 2950 Switch	2 台	SW-GP-1、SW-GP-2
Cisco 3650 Switch	1 台	DS-SW-Apple
Cisco 2960 Switch	1 台	AS-SW-Apple-1
Cisco 2811 Router	1 台	Edge-Router
Cisco 2911 Router	1 台	ISP-Router

10.1.5　地址规划

表 10-4 为地址规划表。

表 10-4　地址规划表

设 备 名 称	接　　口	地 址 规 划	描　　述
Edge-Router	Gig0/0/0	218.12.12.5/30	Link to ISP-Router Gig0/0/0
	Fa0/0.10	10.1.10.254/24	——
	Fa0/0.20	10.2.20.254/24	——
	Fa0/0.30	10.3.30.254/24	——
	Fa0/0.100	10.100.1.254/24	——

续表

设备名称	接口	地址规划	描述
Edge-Router	Fa0/0.101	10.0.101.254/24	——
	VLAN 40	10.4.40.254/24	BM4
	VLAN 50	10.5.50.254/24	BM5
	Loopback0	10.4.4.4/32	——
ISP-Router	Gig0/0/0	218.12.12.6/30	Link to Edge-Router Gig0/0/0
	Gig0/1/0	17.12.13.1/30	Link to DS-SW-Apple Gig1/1/1
SW-GP-1	VLAN 10	——	BM1
	VLAN 20	——	BM2
	VLAN 30	——	BM3
	VLAN 100	——	SERVER
	VLAN 101	10.0.101.1/24	设备管理 VLAN
SW-GP-2	VLAN 10	——	BM1
	VLAN 20	——	BM2
	VLAN 30	——	BM3
	VLAN 100	——	SERVER
	VLAN 101	10.0.101.2/24	设备管理 VLAN
DS-SW-Apple	Gig1/0/1	17.100.1.254/24	Link to D AS-SW-Apple-1 Gig0/1
	Gig1/1/2	17.248.0.254/24	Link to WEB/DNS Gig0
	Gig1/1/1	17.12.13.2/30	Link to ISP-Router Gig0/1/0
PC11	NIC	DHCP 获取	Link to SW-GP-1 Fa0/1
PC12	NIC	DHCP 获取	Link to SW-GP-1 Fa0/16
PC21	NIC	DHCP 获取	Link to SW-GP-2 Fa0/1
PC22	NIC	DHCP 获取	Link to SW-GP-2 Fa0/16
PC31	NIC	DHCP 获取	Link to SW-GP-1 Fa0/17
PC32	NIC	DHCP 获取	Link to SW-GP-2 Fa0/17
Laptop41	NIC	DHCP 获取	Link to Edge-Router Fa1/0
Laptop42	NIC	DHCP 获取	Link to Edge-Router Fa1/1
Laptop51	NIC	DHCP 获取	Link to Edge-Router Fa1/7
Laptop52	NIC	DHCP 获取	Link to Edge-Router Fa1/8
Laptop0	NIC	DHCP 获取	Link to AS-SW-Apple-1 Fa0/1
Laptop1	NIC	DHCP 获取	Link to AS-SW-Apple-1 Fa0/2
WEB/DNS	NIC	10.100.1.252/24	Link to AS SW-GP-1 Gig0/2
DHCP/TFTP	NIC	10.100.1.253/24	Link to AS SW-GP-2 Gig0/2
Public Server	NIC	17.248.0.210/24	Link to AS DS-SW-Apple Gig1/1/2

10.1.6　VLAN 规划

表 10-5 所示为 VLAN 规划表。

表 10-5　VLAN 规划表

设备名称	VLAN ID	VLAN 名称	接口分配	备　注
SW-GP-1	10	BM1	Fa0/1-16	——
SW-GP-2	20	BM2	Fa0/1-16	——
SW-GP-1、SW-GP-2	30	BM3	Fa0/17-23	——
Edge-Router	40	BM4	Fa0/13-24	——
Edge-Router	50	BM5	Fa0/13-24	——
SW-GP-1、SW-GP-2	100	SERVER	Gig0/2	服务器
SW-GP-1、SW-GP-2	101	ADMIN	——	设备管理 VLAN

10.2　部署 IPv6 企业网络

10.2.1　项目背景

WJ 网络科技有限公司是一家实力雄厚的公司。为拓展业务，公司又成立了两个分公司。两个分公司的网络通过边界路由器连接到 Internet 上，总公司网络直接通过三层交换机接入 ISP。目前，为更好地进行业务对接，要求总公司与各分公司之间，以及各分公司之间的网络均可以互连互通。为响应国家部署 IPv6 的号召，公司决定对全公司网络部署 IPv6。由于 IPv6 普及需要时间，各运营商目前依然使用的是 IPv4。

WJ 公司与 LXL 公司有密切的业务合作关系，为能与 WJ 公司更好地开展互联网业务，需要读者来重新规划 LXL 公司的网络。

10.2.2　项目拓扑

项目拓扑，如图 10-2 所示。

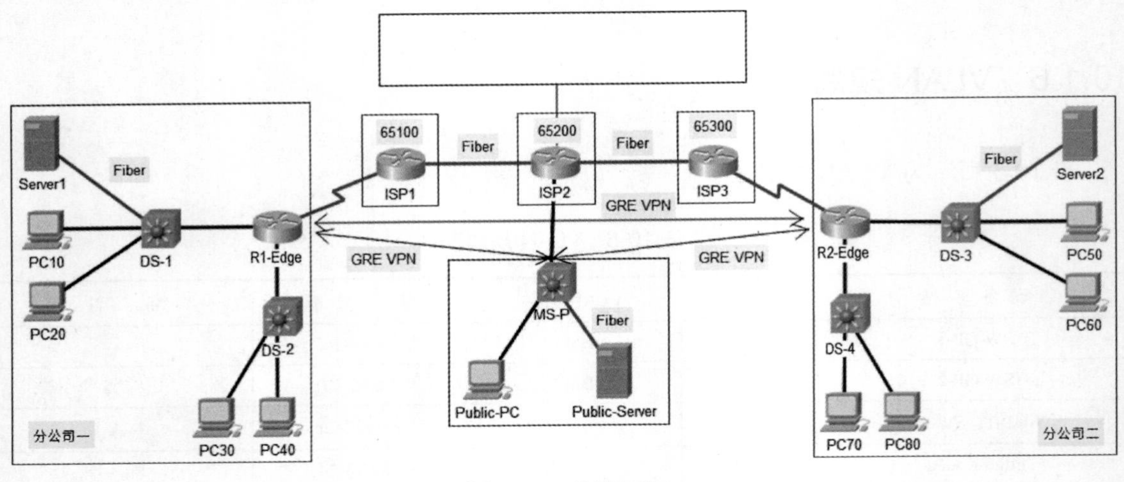

图 10-2　项目拓扑

10.2.3 项目需求

（1）设备命名及拓扑搭建

- 根据项目拓扑修改所有设备的名称；
- 根据项目拓扑完成设备连接。

（2）VLAN 及 Trunk 配置

- 根据 VLAN 规划表和地址规划表完成 VLAN 及 IP 地址配置；
- 根据项目拓扑合理配置 Trunk。

（3）静态路由配置

- 在分公司一内部网络之间配置静态路由实现互通。

（4）端口安全配置

- 在交换机 DS-1 和 DS-2 接入终端设备的端口开启端口安全功能；
- 允许接入最多主机数为 1，并对违规端口进行限制。

（5）PAP 认证配置

- Serial 接口使用 PPP 封装，使用 PAP 双向认证；
- 路由器 ISP1 和 ISP3 为认证端，路由器 R1-Edge 和 R2-Edge 为被认证端。

（6）BGP 配置

- 在路由器 ISP1、ISP2、ISP3 之间配置 BGP；
- 路由器 ISP1、ISP2 和 ISP3 的 AS 号分别为 65100、65200 和 65300。

（7）RIPng 配置

- 分公司二使用 RIPng 实现内部网络之间通信。

（8）GRE Tunnel（隧道）配置

- 在路由器 R1-Edge 与三层交换机 MS-P 间配置 GRE VPN 隧道，实现总部与分公司之间通信；
- 在路由器 R1-Edge 与 R2-Edge 间配置 GRE VPN 隧道，实现总部与分公司二之间通信；
- 在路由器 R1-Edge 与 R2-Edge 间配置 GRE VPN 隧道，实现分公司一与分公司二间通信；
- 隧道间使用静态路由进行互相访问。

（9）WEB 服务配置

- 在服务器 Public-Server 上配置 WEB 服务，使其对外提供 WEB 服务。

（10）DNS 服务配置

- 在服务器 Public-Server 上配置 DNS 服务，使其对 WEB 域名进行解析。

（11）远程访问配置

- 配置特权密码为 17net1，网络设备最多可同时支持 4 个用户采用 Telnet、SSH 远程登录，两者均需要提供本地用户名与密码，用户名与密码对应表如表 10-6 所示；

表 10-6　用户名与密码对应表

用　户　名	密　　码
Lcf	fcl
Yff	ffy
Lth	htl
Hmr	rmh
Zjq	qjz

- 要求对所有明文密码进行加密操作。

（12）思维拓展挑战

请在空白处，完成以下挑战任务：

- 为 LXL 公司重新规划网络，根据所提出的要求搭建网络拓扑；
- 公司通过边界路由器采用光纤接入；
- 根据网络拓扑规划 IP 地址；
- 网络规划要兼顾安全性、可靠性和可扩展性；
- 在新规划的网络中采用 OSPFv3；
- 边界路由器配置 IPv6 静态默认路由并传播至网内三层设备；
- 采用合适的技术使 LXL 公司的网络能与 WJ 公司网络实现互通；
- 限制 WJ 分公司的网络设备采用 SSH 访问 LXL 公司的网络，但允许其总部设备登录。

10.2.4 设备选型

表 10-7 为设备选型表。

表 10-7 设备选型表

设备类型	设备数量	扩展模块	对应设备名称
Cisco 3650 Switch	5 台	——	DS-1、DS-2、DS-3、DS-4、MS-P
Cisco 4321Router	2 台	串行接口模块	R1-Edge、R2-Edge
Cisco 2911 Router	3 台	串行接口模块、光模块	ISP1、ISP2、ISP3

10.2.5 地址规划

表 10-8 为地址规划表。

表 10-8 地址规划表

设备名称	接口	地址规划	接口描述
DS-1	Gig1/0/1	2018:12:25:13::1/64	Link to R1-Edge Gig0/0/0
	Gig1/1/1	2018:12:25:ABCD::/64	Link to Server1 Gig0
	VLAN 10	2018:12:25:A::/64	BM1
	VLAN 20	2018:12:25:B::/64	BM2
	Loopback0	A1::1/128	——
DS-2	Gig1/0/1	2018:12:25:23::2/64	Link to R1-Edge Gig0/0/1
	VLAN 30	2018:12:25:C::/64	BM3

续表

设备名称	接口	地址规划	接口描述
DS-2	VLAN 40	2018:12:25:D::/64	BM4
	Loopback0	A1::2/128	——
DS-3	Gig1/0/1	2019:1:17:35::3/64	Link to R2-Edge Gig0/0/0
	Gig1/1/1	2019:1:17:ABCD::/64	Link to Server2 Gig0
	VLAN 50	2019:1:17:A::/64	BM5
	VLAN 60	2019:1:17:B::/64	BM6
	Loopback0	B1::3/128	——
DS-4	Gig1/0/1	2019:1:17:45::4/64	Link to R2-Edge Gig0/0/1
	VLAN 70	2019:1:17:C::/64	BM7
	VLAN 80	2019:1:17:D::/64	BM8
	Loopback0	b1::4/128	——
MS-P	Gig1/0/1	219.3.2.1/30	Link to ISP2 Gig0/0
	Gig1/0/2	2019:3:2:A::/64	Link to Public-PC Gig0
	Gig1/1/1	2019:3:2:B::/64	Link to Public-Server Gig0
	Tunnel 0	2189:12::1/127	——
	Tunnel 1	2019:12::1/127	——
R1-Edge	Se0/2/0	218.12.25.2/30	Link to ISP1 Se0/1/0
	Gig0/0/0	2018:12:25:13::3/64	Link to DS-1 Gig1/0/1
	Gig0/0/1	2018:12:25:23::3/64	Link to DS-2 Gig1/0/1
	Tunnel 0	2189:12::/127	——
	Tunnel 12	2018:12:26:12::1/127	——
	Loopback0	A1::3/128	——
R2-Edge	Gig0/0/0	2019:1:17:35::5/64	Link to DS-3 Gig1/0/1
	Gig0/0/1	2019:1:17:45::5/64	Link to DS-4 Gig1/0/1
	Se0/2/0	219.1.17.2/30	Link to ISP3 Se0/0/0
	Tunnel 1	2019:12::/127	——
	Tunnel 21	2018:12:26:12::/127	——
	Loopback0	B1::5/128	——
ISP1	Gig0/2/0	218.12.24.1/30	Link to ISP2 Gig0/2/0
	Se0/1/0	218.12.25.1/30	Link to R1-Edge Se0/2/0
ISP2	Gig0/0	219.3.2.2/30	Link to MS-P Gig1/0/1
	Gig0/2/0	218.12.24.2/30	Link to ISP1 Gig0/2/0
	Gig0/3/0	219.1.1.2/30	Link to ISP3 Gig0/2/0
ISP3	Gig0/2/0	219.1.1.1/30	Link to ISP2 Gig0/3/0

续表

设备名称	接　口	地址规划	接口描述
ISP3	Se0/0/0	219.1.17.1/30	Link to R2-Edge Se0/2/0
PC10	NIC	2018:12:25:A::1/64	BM1
PC20	NIC	2018:12:25:B::1/64	BM2
Server1	NIC	2018:12:25:ABCD::254/64	Link to DS-1 Gig1/0/1
PC30	NIC	2018:12:25:C::3/64	BM3
PC40	NIC	2018:12:25:D::4/64	BM4
PC50	NIC	2019:1:17:A::50/64	——
PC60	NIC	2019:1:17:B::60/64	——
Server2	NIC	2019:1:17:ABCD::254/64	Link to DS-3 Gig1/1/1
PC70	NIC	2019:1:17:C::70/64	——
PC80	NIC	2019:1:17:D:80/64	——
Public-PC	NIC	2019:3:2:A::A/64	Link to MS-P Gig1/0/2
Public-Server	NIC	2019:3:2:B::B/64	Link to MS-P Gig1/1/1

10.2.6　VLAN 规划

表 10-9 为公司 VLAN 规划表。

表 10-9　公司 VLAN 规划表

设备名	VLAN ID	VLAN 名称	接口分配	备　注
DS-1	10	BM1	Gig1/0/2	——
	20	BM2	Gig1/0/3	——
DS-2	30	BM3	Gig1/0/2	——
	40	BM4	Gig1/0/3	——
DS-3	50	BM5	Gig1/0/2	——
	60	BM6	Gig1/0/3	——
DS-4	70	BM7	Gig1/0/2	——
	80	BM8	Gig1/0/3	——

10.3　搭建多分支企业网络

10.3.1　项目背景

SL 时装（中国）有限公司（简称 SL 公司）是 Yantai 市的集生产、设计、销售和品牌策划经营为一体的国内知名时装品牌公司。为适应当前互联网发展所带来的经济形势的新挑战，SL 公司已经采取线上和线下齐头并进的销售经营模式。目前公司已在全国各地建立了多个营销公司，100 多家专卖店。你作为公司 IT 部门的技术经理，当前需要完成 Yantai 总公司与北京、上海分公司网络的重新规划与部署，目前总公司和分公司网络均通过边界路由器采用光纤接入 ISP。

10.3.2　项目拓扑

项目拓扑，如图 10-3 所示。

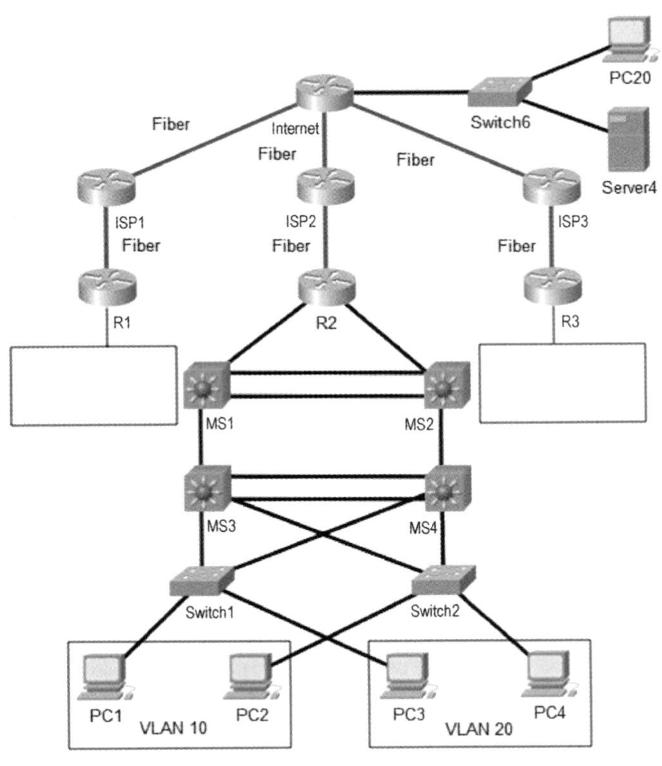

图 10-3　项目拓扑

10.3.3 项目需求

（1）设备命名及拓扑搭建

- 根据项目拓扑修改所有设备的名称；
- 根据项目拓扑完成设备连接。

（2）VLAN 及 IP 地址配置

- 根据 VLAN 规划表和地址规划表完成 VLAN 及 IP 地址的配置；
- 根据项目拓扑合理配置 Trunk。

（3）端口安全配置

- 在总公司二层交换机 Switch1 和 Switch2 上配置端口安全；
- 每个端口最多接入 3 个用户，违规端口将进入 dis-error 状态。

（4）链路聚合配置

- 在总公司的三层交换机 MS3 和 MS4 上配置链路聚合，使用 LACP，MS3 为主动模式，MS4 为被动模式；
- 在总公司 MS1 和 MS2 上配置链路聚合，采用手工指定方式。

（5）NAT 配置

- 在边界路由器 R1、R2、R3 上配置 NAPT 功能，使内网可以访问公网。

（6）GRE Tunnel（隧道）配置

- 在路由器 R1、R2、R3 间配置 GRE Tunnel（隧道），使各区域可以通过隧道互通；
- 隧道间使用静态路由实现互通。

（7）BGP 配置

- 在路由器 ISP1～ISP3 上配置 BGP，使它们之间可以互通。ISP1~ISP3 以及 Internet 的 AS 号分别为 65101、65202、65303 和 65404。

（8）CHAP 认证配置

- 在 R1、R2、R3 分别与 ISP1、ISP2、ISP3 连接的串行链路上配置 PPP，采用 CHAP 双向认证；
- 用户名和密码均为对端主机名。

（9）远程登录配置

- 在各设备上配置 SSH；
- 用户名和密码均为 cytyff；
- 登录后直接进入特权模式。

（10）HSRP 配置

- 在三层交换机 MS1 和 MS2 上配置 HSRP，实现主机网关冗余，HSRP 参数表如表 10-10 所示；

表 10-10　HSRP 参数表

VLAN	HSRP 组号	HSRP 虚拟 IP 地址
VLAN 10	10	10.1.10.254
VLAN 20	20	10.1.20.254

- 在三层交换机 MS1 和 MS2 的 HSRP 组中高优先级设置为 105，低优先级采用默认配置；
- MS1 和 MS2 均设置为抢占模式；
- 检测上行链路，如出现故障，可自行切换。

（11）STP 配置

- 采用 PVST，和 HSRP 配置保持一致；
- MS1 作为 VLAN 10、VLAN 99 的主根，VLAN 20 的备根；
- MS2 作为 VLAN 10、VLAN 99 的备根，VLAN 20 的主根。

（12）拓展思维挑战

请在空白处，完成以下挑战任务：

- 北京和上海分公司分别通过边界路由器 R1 和 R3 接入 ISP1 和 ISP2；
- 根据要求合理规划各分公司的网络拓扑及其 IP 地址；
- 网络规划要兼顾安全性、可靠性和可扩展性；
- 要求北京分公司网络内部重点部署 IP 语音电话，且需要跨网段呼叫；
- 要求北京分公司网络采用 OSPFv2，配置链路认证，采用 MD5 加密；
- 要求上海分公司网络内部重点部署无线网络，采用 WLC 和 Fit AP 部署；
- 北京分公司与总部通信对隧道内的数据要进行加密。

10.3.4　设备选型

表 10-11 为 SL 公司设备选型表。

表 10-11　SL 公司设备选型表

设 备 类 型	设 备 数 量	扩 展 模 块	对应设备名称
Cisco 3650 Switch	4 台	——	MS1、MS2、MS3、MS4
Cisco 4321 Router	4 台	光模块	Internet、ISP1、ISP2、ISP3
Cisco 1941 Router	3 台	光模块	R1、R2、R3
Cisco 2960 Switch	3 台	——	Switch6、Switch1、Switch2

10.3.5　地址规划

表 10-12 为 SL 公司地址规划表。

表 10-12　SL 公司地址规划表

设 备 名 称	接　　口	地 址 规 划	描　　述
R1	Gig0/1/0	217.9.1.2/30	Link to ISP1 Gig0/1/0
R2	Gig0/1/0	202.7.1.1/30	Link to ISP2 Gig0/1/0
	Gig0/1	10.0.1.5/30	Link to MS2 Gig1/0/1
	Gig0/0	10.0.1.1/30	Link to MS1 Gig1/0/1
R3	Gig0/1/0	220.10.1.1/30	Link to ISP3 Gig0/1/0
ISP1	Gig0/1/0	217.9.1.1/30	Link to R1 Gig0/1/0
	Gig0/3/0	219.8.19.1/30	Link to Internet Gig0/3/0
ISP2	Gig0/1/0	202.7.1.2/30	Link to R2 Gig0/1/0
	Gig0/2/0	199.3.29.1/30	Link to Internet Gig0/2/0
ISP3	Gig0/1/0	198.10.18.1/30	Link to Internet Gig0/1/0
	Gig0/2/0	220.10.1.2/30	Link to R3 Gig0/1/0
Internet	Gig0/1/0	198.10.18.2/30	Link to ISP3 Gig0/1/0
	Gig0/2/0	199.3.29.2/30	Link to ISP2 Gig0/2/0
	Gig0/3/0	219.8.19.2/30	Link to ISP1 Gig0/3/0
	Gig0/0	219.8.20.254/24	Link to Switch6 Gig0/1
Switch1	VLAN 99	172.16.100.100/24	ADMIN
Switch2	VLAN 99	192.168.20.100/24	ADMIN
PC1	NIC	DHCP	——
PC2	NIC	DHCP	——
PC3	NIC	DHCP	——
PC4	NIC	DHCP	——
MS1	Gig1/0/1	10.0.1.2/30	Link to R2 Gig0/0

续表

设备名称	接　口	地址规划	描　述
MS1	Gig1/0/2	10.0.1.9/30	Link to MS3 Gig1/0/2
	Port-channel1	10.0.1.17/30	Link to MS3 Port-channel1
MS2	Gig1/0/1	10.0.1.5/30	Link to R2 Gig0/1
	Gig1/0/2	10.0.1.13/30	Link to MS4 Gig1/0/2
	Port-channel1	10.0.1.18/30	Link to MS1 Port-channel1
MS3	VLAN 10	10.1.10.253/24	BM1
	VLAN 20	10.1.20.253/24	BM2
	VLAN 99	10.1.99.253/24	ADMIN
	Gig1/0/2	10.0.1.10/30	Link to MS1 Gig1/0/2
MS4	VLAN 10	10.1.10.252/24	BM1
	VLAN 20	10.1.20.252/24	BM2
	VLAN 99	10.1.99.252/24	ADMIN
	Gig1/0/2	10.0.1.14/30	Link to MS2 Gig1/0/2
PC20	NIC	219.8.20.206/24	——
Server4	NIC	219.8.20.250.24	——

10.3.6　VLAN 规划

表 10-13 为 SL 公司 VLAN 表。

表 10-13　SL 公司 VLAN 表

设备名称	VLAN ID	VLAN 名称	接口分配	备　注
Switch1、Switch2、MS3、MS4	99	ADMIN	——	设备管理 VLAN
Switch1、Switch2	10	BM1	Fa0/1-16	——
Switch1、Switch2	20	BM2	Fa0/17-23	——
MS3、MS4	10	BM1	——	——
MS3、MS4	20	BM2	——	——

10.4　升级公司企业网络

10.4.1　项目背景

CHANGDA 公司是一家致力于交通设备生产、销售及安装服务的公司，目前公司已具规模，拥有生产、销售、管理 3 个部门。为增加客户对公司企业文化以及产品的了解，公司内部设立了 WEB 服务器。为了更好地适应互联网时代，公司决定对企业网络进行重新规划与部署，你作为几年前入职的网络工程师被任命为项目经理。

10.4.2 项目拓扑

项目拓扑，如图 10-4 所示。

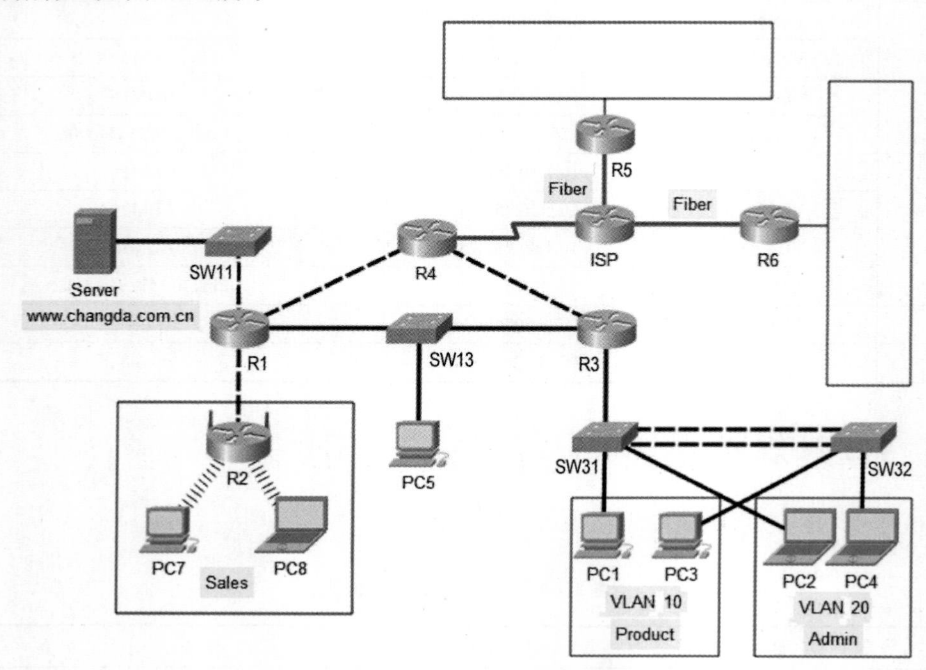

图 10-4　项目拓扑

10.4.3 项目需求

（1）设备命名及拓扑搭建

- 根据项目拓扑修改所有设备的名称；
- 根据项目拓扑完成设备连接；
- 在各设备上配置 SSH，用户名和密码均为 yff;
- 配置 Console 密码，密码为 passwd#123；
- 对所有明文密码进行加密。

（2）VLAN 及 IP 地址配置

- 根据 VLAN 规划表和地址规划表完成 VLAN 及 IP 地址的配置；
- 根据项目拓扑要求合理配置 Trunk。

（3）STP 配置

- 采用 PVST；
- SW31 为 VLAN 10 的主根，VLAN 20 的备根；
- SW32 为 VLAN 20 的主根，VLAN 10 的备根。

（4）静态路由配置

- 在路由器 R4 上配置静态默认路由。

（5）NAT 配置

- 在路由器 R4 上配置 NAPT 功能，使内网可以访问公网；
- 配置端口映射，使外网可以用边界路由器的公网 IP 地址访问公司的 WEB 服务器。

（6）OSPFv2 配置

- 在路由器 R1、R3、R4 上配置 OSPFv2，进程号为 1；
- 宣告内网网段；
- 在路由器 R4 上传播默认路由。

（7）无线路由器配置

- 配置路由器 R2，使其连接的设备可以通过无线方式访问外网，参数自定义。

（8）DHCP 服务配置

- 在路由器 R1 上配置 DHCP 服务，使 R2 可以自动获取 IP 地址。

（9）WEB 服务器配置

- 配置 Server 为 WEB 兼 DNS 服务器，域名见项目拓扑。

（10）CHAP 认证配置

- 串行链路采用 PPP 封装，采用 CHAP 单向认证。

（11）思维拓展挑战

请在空白处，完成以下挑战任务：

- 公司因业务需要将在 LZH 和 HLBE 建立两个分公司，根据要求分别规划分公司网络；
- 根据搭建的网络拓扑完成地址规划；
- 要求网络规划兼顾网络的安全性、可靠性和可扩展性；
- 在 LZH 分公司搭建服务器集群，提供 WEB、DNS、FTP、DHCP、EMAIL、AAA、Log 和 NTP 服务；
- 在 HLBE 分公司内建立 3G/4G 基站，让手机用户接入互联网；
- LZH、HLBE 分公司与总部间采用 GRE over IPsec 实现网络互通，分公司间直接通信无须加密；
- LZH 分公司出差员工可以通过 Easy VPN 接入公司网络，方便办公。

10.4.4 设备选型

表 10-14 为 CHANGDA 公司设备选型表。

表 10-14 CHANGDA 公司设备选型表

设备类型	设备数量	扩展模块	设备对应名称
Cisco 2960 Switch	4 台	——	SW11、SW13、SW31、SW32
Cisco 2811 Router	5 台	WIC-2T	R1、R3、R4、R5、R6
无线路由器	1 台	——	R2

10.4.5 地址规划

表 10-15 为 CHANGDA 公司地址规划表。

表 10-15 CHANGDA 公司地址规划表

设备名称	接口	地址规划	描述
R1	Fa0/0	10.4.4.1/24	Link to R4 Fa0/0
	Fa0/1	10.1.1.254/24	Link to SW11 Fa0/1
	Fa1/0	10.2.2.1/24	Link to SW13 Fa0/1
	Fa1/1	10.5.5.1/30	Link to R2 Fa0/0
R2	Internet	10.5.5.2/30	Link to R1 Fa1/1
	LAN	192.168.3.1/24	——

续表

设备名称	接口	地址规划	描述
R3	Fa0/0	10.2.2.3/24	Link to SW13 Fa0/2
	Fa0/1	10.3.3.3/14	Link to R4 Fa0/1
	Fa1/0.10	192.168.1.0/24	——
	Fa1/0.20	192.168.2.0/24	——
R4	Fa0/0	10.4.4.4/24	Link to R1 Fa0/0
	Fa0/1	10.3.3.4/24	Link to R3 Fa0/1
	Se0/0/0	200.1.1.1/30	Link to ISP Se0/0/1
SW11	VLAN 1	10.1.1.10/24	ADMIN
SW13	VLAN 1	10.2.2.254/24	ADMIN
PC1	NIC	192.168.1.1/24	——
PC2	NIC	192.168.2.1/24	——
PC3	NIC	192.168.1.2/24	——
PC4	NIC	192.168.2.2/24	——
PC5	NIC	10.2.2.10/24	——
PC7	NIC	DHCP	——
PC8	NIC	DHCP	——
www.changda.com.cn	NIC	10.1.1.1/24	——

10.4.6 VLAN 规划

表 10-16 为 CHANGDA 公司 VLAN 表。

表 10-16　CHANGDA 公司 VLAN 表

设备名称	VLAN ID	VLAN 名称	接口分配	备注
SW11、SW13	1	ADMIN	——	设备管理 VLAN
SW31、SW32	10	Product	Fa0/1-16	——
SW31、SW32	20	Admin	Fa0/17-23	——

10.5 感受网络世界心跳

10.5.1 挑战任务

来吧，挑战一下 YFF、LTH、HMR 三位同学给我们出的难题吧！

看到这个拓扑请不要吃惊，更不必担心模拟器会垮掉，毕竟我们的 Cisco Packet Tracer 是真的强大！这个拓扑有 4 个园区，设备之间有很多链路，看到它，是不是有一种想挑战它的冲动？那就来吧！

你可以自由发挥，地址你来定，协议任你选！你能数清有多少个网段吗？多长时间可以完成？对路由表的输出是不是充满了期待？那就赶紧行动吧！

10.5.2 挑战拓扑

挑战拓扑，如图 10-5 所示。

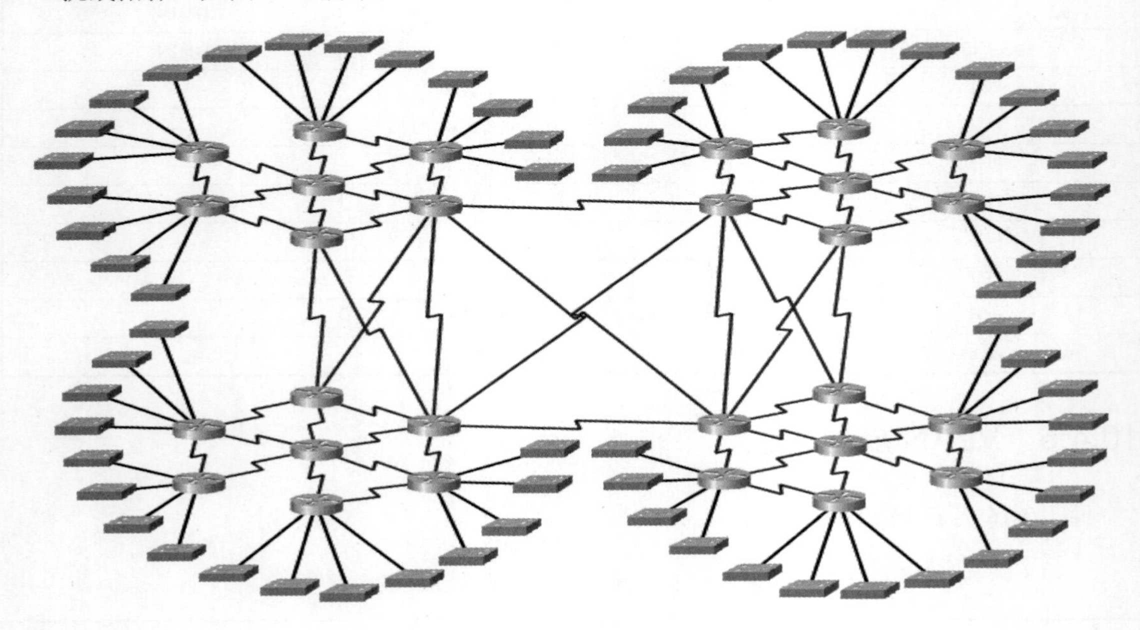

图 10-5 挑战拓扑

10.6 本章小结

本章通过“构建小型企业网络”“部署 IPv6 企业网络”“搭建多分支企业网”“升级公司企业网络”4 个挑战项目（案例）重点考查读者的网络规划与设计、工程实施以及逻辑推理能力；通过“感受网络世界心跳”1 个挑战项目（案例）重点考查读者地址规划、技术选型以及网络优化等方面的能力。希望这 5 个综合挑战项目（案例）可让读者打开思维，拓宽视野，提升其自主分析和解决问题的能力。

反侵权盗版声明